国家“双高”建设新形态教材

U0868825

单片机应用技术

主　编　孙晓明　刘　妍
副主编　田　佳
主　审　王　宇
参　编　薛昕泽　赵婉君

哈尔滨工程大学出版社
Harbin Engineering University Press

内容简介

本书以TI公司的MSP430单片机为例，全面讲述了MSP430单片机的原理及应用。全书共分十部分，首先简单介绍了MSP430单片机的类型，在此基础上对MSP430单片机的核心硬件结构和软件设计方法做了较为详细的介绍；其次详细介绍了MSP430单片机中典型的外围模块原理，并对MSP430单片机的典型外部接口电路及设计方法做了详细介绍；最后用实例介绍了MSP430单片机应用系统的开发。

本书可作为高职高专院校智能控制技术、计算机、通信、机电一体化技术、电子等专业的教学参考书，也可供对MSP430单片机有兴趣的技术人员学习和参考。

图书在版编目(CIP)数据

单片机应用技术/孙晓明，刘妍主编. — 哈尔滨：哈尔滨工程大学出版社，2024.3
ISBN 978-7-5661-4321-1

Ⅰ.①单… Ⅱ.①孙… ②刘… Ⅲ.①单片微型计算机 Ⅳ.①TP368.1

中国国家版本馆CIP数据核字(2024)第051012号

单片机应用技术
DANPIANJI YINGYONG JISHU

选题策划 雷 霞
责任编辑 张志雯
封面设计 李海波

出版发行 哈尔滨工程大学出版社
社 址 哈尔滨市南岗区南通大街145号
邮政编码 150001
发行电话 0451-82519328
传 真 0451-82519699
经 销 新华书店
印 刷 哈尔滨午阳印刷有限公司
开 本 787 mm×1 092 mm 1/16
印 张 16.25
字 数 420千字
版 次 2024年3月第1版
印 次 2024年3月第1次印刷
书 号 ISBN 978-7-5661-4321-1
定 价 55.00元
http://www.hrbeupress.com
E-mail:heupress@hrbeu.edu.cn

前　　言

为了更好地适应高职高专教育教学的改革和发展需要，有效提高教育教学质量，我们以为企业培养具有扎实理论知识和较强实践能力的高技能人才为目标，编写了这本集“教、学、做”于一体的教材。

MSP430 系列超低功耗单片机（简称 MSP430 单片机）是 TI 公司于 1996 年推出的，自推出以来凭借其优良的性能、方便灵活的开发方式、丰富的技术资料和应用案例在国内得到了非常广泛的应用。对于单片机的学习不仅要掌握单片机的硬件结构、指令集和编程方法，更重要的是要掌握如何使用单片机去解决实际问题。因此，本书中用了大量的篇幅来介绍 MSP430 单片机的硬件设计及接口技术，并给出了多个应用例程，为学生日后应用 MSP430 单片机打下坚实的基础，并可培养学生的创新意识。

本教材在编写上具有以下特点：

1. 在编写过程中，力求使知识内容更贴近职业的需要，以实践知识为重点，以理论知识为背景。

2. 既重视学生实践能力和应用能力的培养，又重视学生理论知识的积累。将知识点和能力有机结合在一起。

3. 在教学内容上，遵循由浅入深、循序渐进的教学规律，既突出实践性，又重视理论性。

由于编者水平有限，书中难免存在一些不足，真诚希望广大读者批评指正。

编　者

目　　录

项目1　初识 MSP430 单片机

［项目描述］

单片机是一种集成电路芯片，它通过采用超大规模集成电路技术将一个计算机系统集成在一个芯片内。单片机具有体积小、质量轻、价格便宜等优点，为计算机的学习、应用和开发提供了便利条件。1996 年，TI 公司面向市场推出了一种 16 位超低功耗、具有精简指令集（RISC）的混合信号处理器——MSP430 单片机。该单片机具有极低的功耗、丰富的片内外设和方便灵活的开发手段，因此迅速成为众多单片机系列中一颗耀眼的新星。经过多年的发展，TI 公司已开发了几百种 MSP430 单片机芯片，这些芯片在很多领域得到了广泛的应用。通过本项目的学习，读者可初步地了解和认识 MSP430 单片机，从而为后面的学习打下良好的基础。

［项目目标］

1. 认识单片机
2. 掌握 MSP430 单片机的特点及应用
3. 能够辨识 MSP430 单片机的常用产品

任务 1.1　认识单片机

1.1.1　什么是单片机

微型计算机凭借着体积小、价格低、使用方便、可靠性高等一系列优点，在国防、工业和商业等领域取得了飞速的发展。微型计算机的核心称为微处理器（MPU），随着时代的进步，微处理器正朝着两个方向发展：一是朝着以运行速度快、功能丰富、存储能力强、输入/输出设备齐全为特点的复杂计算机系统的方向发展，如大数据管理设备、网络通信设备等领域，其典型代表为 X86 构架及 ARM 构架处理器芯片；二是朝着对体积、成本及功耗有苛刻要求，但对设备运算性能无过高需求的专用领域方向发展，如自动控制设备、家用电器等领域。为了适应这种需求，一种将中央处理器（CPU）、存储器、I/O 接口电路以及连接它们的总线集成在一个芯片上的计算机——单片微型计算机（SCM，简称单片机）产生了。

单片机最初是按工业控制要求设计的，其通常处于测控系统的核心地位，国际上通常把单片机称为嵌入式控制器（EMCU）或微控制器（MCU），我国习惯称之为“单片机”。单片机可根据用途开发为通用型单片机和专用型单片机两类。通用型单片机可以将全部开发资源提供给开发者（使用者）。专用型单片机则是一种根据特殊使用场景或需求设计的专用单片机,也称专用微控制器。微控制器、微处理器、数字信号处理器(DSP)是目前最常用的三种可编程处理器,它们可根据确定的程序执行相应的指令。

从外形上看,微型计算机一般包括主机、显示器、键盘和鼠标等;而单片机是一个集成电路芯片,如图 1.1 所示。

(a)微型计算机　　(b)单片机

图 1.1　微型计算机与单片机

单片机从一出现就显示出强大的生命力,广泛应用于各种控制系统、智能仪器、家用电器等设备中,目前已渗透到人类生活的各个领域。

1. 单片机结构特点

单片机结构特点如下:

(1)时钟频率较 MPU 及 DSP 而言偏低,一般小于 100 MHz;

(2)功耗比 MPU 及 DSP 低得多;

(3)字长一般为 8~32 位;

(4)内存有限,通常小于 1 MB;

(5)具有上百个输入/输出引脚。

2. 单片机应用特点

单片机应用特点如下:

(1)小巧灵活、成本低、易于产品化,它能方便地组装成各种智能式控制设备以及各种智能仪表;

(2)面向控制,能针对性地解决从简单到复杂的各类控制任务,从而获得最佳性价比;

(3)抗干扰能力强,适应温度范围大,在各种恶劣条件下都能可靠地工作,这是其他机型所无法比拟的;

(4)可以方便地实现多机和分布式控制,使整个系统的效率和可试性大为提高。

1.1.2　单片机的应用

1. 工业控制

单片机的结构特点决定了它特别适合应用于控制系统。单片机既可作为控制器,也可作为控制系统的预处理设备,应用非常广泛,例如,应用于各种机床控制、电机控制、工业机器人、生产线、过程控制、检测系统等。在军事制导及汽车控制中也有单片机的身影。

2. 仪器仪表

单片机可用于温度、湿度、流量、流速、电压、频率、功耗、厚度、角度、长度、硬度、元素等测定仪器仪表中。单片机在仪器仪表中的应用使仪器仪表的数字化、智能化、微型化程度大幅提高。

3. 日常生活电器

单片机可用于电子秤、录像机、录音机、MP3 播放器、电视、洗衣机、冰箱、照相机、家用多功能报警器等。

4. 计算机网络与通信

单片机可用于 BITBUS、Modbus、CAN、以太网等构成分布网络系统，还可用于调制解调器、各种智能通信设备、无线遥控系统等。

5. 计算机外部设备

单片机可用于硬盘驱动器、打印机、显示器等设备。

1.1.3 主流单片机分类

目前，单片机的生产厂家已有几十家，生产种类有几百种之多。

美国 Intel 公司是最早的处理器生产厂家，8051 单片机是它的典型产品。由 8051 单片机发展起来的 MCS-51 系列单片机包含了多种型号，如 8031、8051、8751、8032、8052、8752 等，该系列其他单片机都是在 8051 单片机的基础上进行功能的增减改变而来的，人们习惯于用 8051 来称呼 MCS-51 系列单片机。MCS-51 单片机由 Intel 公司推出后，多家公司购买了 8051 的内核，并生产以 8051 为核心的单片机，使得以 8051 为内核的单片机产量最大，应用也最广泛。

Motorola 公司是世界上最大的单片机生产厂商，其产品品种齐全，选择余地大，新产品多，多年来，Motorola 公司生产的单片机一直雄踞单片机销售量的榜首。Motorola 单片机的特点之一是在同样的运行速度下，其所用的时钟频率较 Intel 类单片机低得多，使得其共高频噪声低、抗干扰能力强，更适合工业控制领域及恶劣环境。

Atmel 公司是全球著名的半导体生产公司，它生产了基于 8051 内核的 AT89 系列单片机和基于精简指令集的 AVR 系列单片机。20 世纪 90 年代初，Atmel 公司率先把 MCS-51 内核与其擅长的 Flash 技术相结合，推出了轰动业界的 AT89 系列单片机。AT89C51 系列单片机与 8051 系列完全兼容，在 MCS-51 系列单片机市场中占据主要份额，AVR 系列单片机是增强型 RISC，内载 Flash，芯片上的 Flash 存储器附在用户产品中，可随时编程和再编程，使用户的产品设计更容易，更新换代更方便。AVR 单片机采用了精简指令，使处理速度得到提高，处理能力也相应改进。几年来，AVR 单片机已形成系列产品，其 AT. iny 系列、AT90 系列与 ATn. cga 系列分别对应低、中、高档产品。AVR 系列单片机广泛应用于计算机外围设备、工业实时控制、仪器仪表、通信设备、家用电器、宇航设备等领域。

Microchip 单片机是市场份额增长最快的单片机，其发展非常迅速，主要产品是 PIC16C/F 系列、I7C/F 系列和 18F 系列 8 位单片机。该单片机 CPU 采用 RISC 结构，分别有 33 条、35 条、38 条指令，采用 Harvard 双点线结构，运行速度快，工作电压低，功耗低，有较大的输入/输出直接驱动能力。由于该单片机价格低、体积小，可一次性编程，因此在办公自动化、消费性电子产品、电信通信、智能仪器仪表、汽车电子、金融电子、工业控制、智能监控等领域都有广泛的应用。Microchip 单片机没有掩膜产品,全部是 OTP 器件,强调节约成本的最优化设计,适用于用量大、价格便宜的产品。

美国国家半导体公司主要生产 COP8 单片机。COP8 单片机内部集成了并不多见的 16 位 A/D 转换器并使用了抗 EMJ 电路,在看门狗电路和 STOP 方式上,以及在单片机的唤醒方式上都有其独到之处。此外,COP8 单片机的程序加密也做得比较好。

TI 公司主要生产 MSP430 系列单片机。MSP430 系列是一种超低功耗的 Flash 型单片机,其技术特征代表了单片机的发展方向,它的存储器模块是目前业界所有内部集成 Flash 存储器产品中能耗最低的一种,它的功耗仅为其他 Flash 单片机的五分之一。MSP430 系列单片机具有高效的 16 位 RISC 内核、27 条指令、125 ns 指令周期,绝大多数指令在一个时钟周期内完成,供电电压为 1.8~3.6 V,程序代码加密后无法解密,只需外接一个电阻、一个电容即可实现高精度斜率 A/D 转换,待机激活时间仅 6 μs,串行在线编程的并发方式可以迅速地开发新产品。另外,MSP430 系列单片机具有强大的中断功能、10 万次擦写、静电释放(ESD)保护和较强的抗干扰能力。MSP430 单片机广泛地应用于煤气表、电子电度表、火警智能接头、通信产品、家庭自动化产品、便携式监视器及其他低功耗产品。

韩国现代公司、三星公司,中国台湾华邦公司、义隆公司,日本 EPSON 公司、东芝公司也生产型号众多的单片机,并在我国广泛应用。

单片机种类繁多,不同品牌的单片机有着不同的硬件特性和软件特征,对于单片机初学者而言,最好的学习方法是选择一款单片机进行深入学习,学习一款后再触类旁通、举一反三,以便选择最合适的单片机完成实际工作任务。本书主要介绍 MSP430 单片机。

任务 1.2　MSP430 单片机的特点及应用

1.2.1　MSP430 单片机的特点

TI 公司开发的 MSP430 单片机是一种超低功耗的混合信号控制器。MSP430 单片机具有的 16 位寄存器和常数发生器可以使其达到最高代码效率,它的 RISC 结构具有丰富的寻址方式、简洁的内核指令、大量的模拟指令、较高的处理速度。MSP430 单片机将模拟电路、数字电路和微处理器集成在芯片的内部,只要配置少量的外围器件,就可满足一般应用的要求,它具有以下主要特点。

1. 超低功耗

(1)电源电压采用 1.8~3.6 V 低工作电压,在随机存取存储器(RAM)数据不丢失情况下耗电仅为 0.1 mA,活动模式耗电为 290 mA/MIPS,I/O 输入端口的最大漏电流仅为 50 nA。

(2)MSP430 单片机具有灵活的时钟系统,在该时钟系统下,不仅可以为具有不同速度的设备提供不同速度的时钟,而且可以随时将某些暂时不工作模块的时钟关闭。这种灵活独特的时钟系统还可以实现系统不同深度的休眠,让整个系统以间歇方式工作,最大限度地降低功耗。

(3)MSP430 单片机采用向量中断,支持十多个中断源并可以任意嵌套。利用中断将

CPU从休眠模式下唤醒只需3.5 ms,平时单片机处于低功耗状态,需要运行时通过中断唤醒CPU,这样既能降低系统功耗,又可以对外部中断请求做出快速反应。

2. 强大的处理能力

MSP430单片机内核是16位RISC处理器,一个时钟周期可以执行一条指令。目前MSP430单片机指令速度可高达25 MIPS。某些内部带有硬件乘法器的MSP430单片机,结合直接内存访问(DMA)控制器甚至能够完成某些DSP的功能,大大增强了MSP430单片机的数据处理和运算能力,可以有效地实现一些数字信号处理的算法,如快速傅里叶变换(FFT)、多音双频(DTMF)等。

3. 高性能模拟技术及丰富的片上外设

MSP430单片机拥有TI公司的高性能模拟技术及非常丰富的片上外设,主要包含以下功能模块:时钟模块(UCS)、Flash控制器、RAM控制器、DMA控制器、通用I/O端口(GPIO)、校验字符(CRC)模块、定时器(Timer)、实时时钟模块(RTC)、32位硬件乘法控制器(MPY32)、液晶显示屏(LCD)段式液晶驱动模块、10位/12位模数转换器(ADC10/ADC12)、12位数模转换器(DAC12)、比较器(COMP)、通用异步串行通信接口(UART)、同步串行外设接口(SPI)、集成电路总线(I^2C)、串行通用总线(USB)模块等。不同型号的单片机,实际上即为不同片上外设的组合,丰富的片上外设不仅给系统设计带来了极大的方便,同时也降低了系统成本。

4. 系统工作稳定

系统上电复位后,首先由数字振荡器(DCO)的时钟(DCO_CLK)启动CPU,以保证程序从正确的位置开始执行,保证晶体振荡器有足够的起振及稳定时间;然后可通过设置适当的寄存器控制位来确定最终的系统运行时钟频率。如果晶体振荡器在用作CPU时钟MCLK时发生故障,DCO会自动启动,以保证系统正常工作。另外,MSP430单片机还集成了看门狗定时器,可以配置为看门狗模式,让单片机在出现死机时能够自动重启。

5. 方便高效的开发环境

MSP430单片机有OTP型、Flash型和ROM型三种类型的器件,目前大部分使用的是Flash型,它可以多次编程。国内大量使用的是Flash型器件,Flash型MSP430单片机具有十分便捷的开发调试环境,这是由于其内部集成了JTAG调试接口和Flash存储器,使其可以在线实现程序的下载和调试。开发人员只需一台计算机、一个具有JTAG接口的调试器和一个软件开发集成环境即可完成系统的软件开发。对于MSP430单片机而言,由于引进了Flash型程序存储器和JTAG技术,不仅使开发工具变得简便,价格也相对低廉,而且还可以实现在线编程。

本书中大部分范例用到的单片机型号是MSP430F5529。

1.2.2 MSP430单片机的应用

在实际应用中,许多产品和系统都对功耗提出了越来越严格的要求,从而为MSP430单片机拓宽了应用领域。

1. 能量收集

MSP430单片机的超低功耗与功能强大的模拟和数字接口能从周围环境中采集被浪费的能量,从而实现无须更换电池的自供电方式。这种应用开启了使用传统电池供电系统无法实现的全新大门,从使用水果源电池为时钟供电,到利用车辆震动为桥梁上的传感器供电,MSP430 单片机使开发人员的设计不再停留在想象中,而是可以创造一个无电池的世界。MSP430 单片机适合用于对微弱能量的收集,例如,太阳能、热能、振动能、人体运动的动能等。

2. 计量仪表

MSP430 单片机可用在温度、湿度、流量功率、电流电压等各类计量仪表中,使计量仪表更加数字化、智能化、微型化。另外,MSP430 单片机可采用电池供电,功耗更低,其内部集成 LCD 段式液晶驱动器,为计量仪表的数字显示提供了最低功耗的最优解决方案。MSP430 单片机在计量仪表领域典型的应用有水表、电表、流量表等。

3. 消费类电子产品

MSP430 单片机内部集成了各种具有优异性能的片上外设,如通用输入/输出口(GPIO)、12 位模数转换模块(ADC)、比较器、定时器等。开发人员可利用这些内部外设开发出非常多的符合消费者需求的电子产品。特别是采用 MSP430 单片机实现电容式触控是目前触摸式电子产品理想的设计选择,这种方式利用 MSP430 单片机内部 GPIO、比较器和定时器组成张弛振荡器,可构成一个电容式触摸传感器,不需外部传感器,使其响应速度更快、灵敏度更高、功耗更低。

4. 安全与安防

随着节能问题越来越突出,包括安全与安防领域在内的所有应用都在寻找更省电的方式。低功耗和电池供电的安全与安防系统(如烟雾探测器、温控器和破损玻璃检测系统等)是目前该领域的发展需要,而 MSP430 单片机中采用了超低功耗和高性能集成外设组合,是极理想的选择。

5. 便携式医疗

在医疗产品中,便携性已越来越重要,制造商正在寻求各种技术以减少设计的复杂度和缩短产品开发周期。在大多数医疗设备中,实际的生理信号是模拟的,需要信号调理技术(如放大和滤波),才可以使设备进行测量、监视和显示。MSP430 单片机超低功耗的处理器及对模拟和数字外设的高度集成化为便携式医疗产品的开发提供了一个良好的平台,因此,单片机在便携式医疗市场取得了广泛的应用,例如,在血糖计、个人血压监控器、心率检测计、可植入等装置上的应用。

6. 无线通信

CC430 是一款外形小巧、性能优异的低功耗、低成本单片机,它在 MSP430 单片机中集成了射频(RF)功能。这款低功耗无线处理器适用于那些可用空间与成本受到限制的应用领域,如远程传感应用等。

7. 电机控制

MSP430 单片机集成了通信外设和高性能模拟外设,这使它成为控制打印机、风扇、天线及玩具等众多应用中的步进电机、直流无刷电机及直流电机的理想选择。

8. USB 通信应用

目前在大多数 MSP430F5xx/6xx 系列单片机中集成了全速 USB2.0 模块,这种结构为数据记录器、模拟和数字传感器系统及其他需要连接各种 USB 设备的应用提供了一个理想的解决方案。TI 公司还为设计者提供了 USB 开发工具、技术文档、参考设计等相关支持,简化了设计并加速了产品上市。

9. 物联网应用

在如今非常热门的智能家居和物联网领域，用户最关心的是人机界面。用户可以通过人机界面远程控制家电，同时能衡量家电能耗。通过MSP430单片机的数据采集和控制会达到一个很好的能量分配，可进一步节省能源，同时可以通过远程控制或信息采集自动地把过去几个月的家电使用习惯等收集起来，反馈给家电并进行智能控制。

随着单片机技术的不断发展，MSP430单片机将会被应用于更多的领域。

任务1.3 MSP430单片机的应用选型

1.3.1 MSP430单片机命名规则

MSP430单片机拥有400多种超低功耗微处理器器件。在介绍产品选型之前，首先需要了解MSP430单片机的型号命名规则，如图1.2所示。

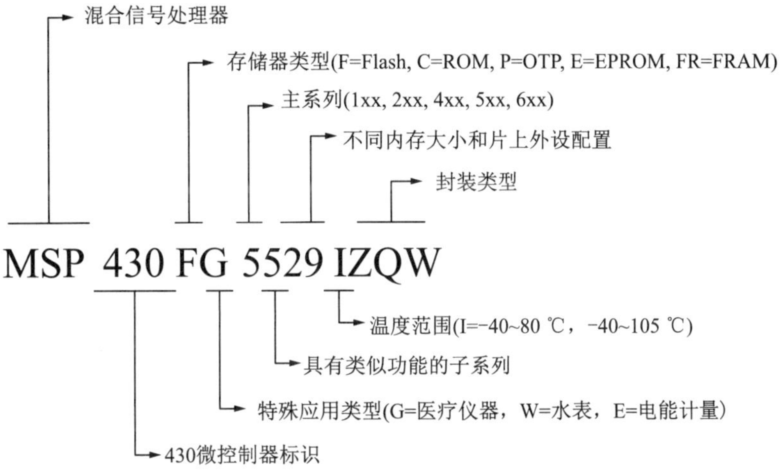

图1.2 MSP430单片机的型号命名规则

1. 在MSP430单片机型号中，除“430”以外的数字，从左向右其含义如下。

(1)第一位数字表示主系列，MCLK(主时钟)为8 MHz的MSP430F1xx系列、MCLK为16 MHz的MSP430F2xx系列、MCLK为16 MHz并具有LCD驱动器的MSP430F4xx系列、MCLK高达25 MHz的MSP430F5xx系列、MCLK高达25 MHz并具有LCD驱动器的MSP430F6xx系列。

(2)第二位数字表示子系列，在每个主系列中，又可分为若干个子系列，每个子系列含有的功能模块类似，即具有相似的功能。

(3)最后的两位数字表示不同的内存容量及片上外设的配置。

2. 存储器类型及特性

各类型存储器及其特性如表1.1所示。

表 1.1 各类型存储器特性

存储器类型	名称	特性
F	Flash	闪存,具有 ROM 的非易失性和 EPROM 的可擦除性
C	ROM	只读存储器,适合大批量生产
P	OTP	单次可编程存储器,适合小批量生产
E	EPROM	可擦除只读存储器,适合开发样机
FR	FRAM	铁电随机存储器,将 SRAM 的速度、超低功耗、耐用性、灵活性与 Flash 的可靠性和稳定性结合在一起

3. 针对特殊应用而设计的专用 MSP430 单片机

MSP430FG4xx 系列单片机为医疗仪器专用单片机,MSP430FW4xx 系列单片机为水表专用单片机,MSP430FE4xx 系列单片机为电能计量专用单片机。这些专用单片机都是在同系列通用单片机上增加专用模块而制成的。例如,MSP430FG4xx 系列在 F4xx 系列上增加了 OPAMP 可编程放大器;MSP430FW4xx 系列在 F4xx 系列上增加了 SCAN-IF 无磁流量检测模块;MSP430FE4xx 系列在 F4xx 系列上增加了 E-Meter 电能计量模块。

1.3.2 MSP430 单片机选型

MSP430 单片机具有非常多的种类,在构建应用系统之前,需慎重考虑单片机选型的问题。一般来说,在进行 MSP430 单片机选型时,可以考虑以下几个原则:

(1)选择内部功能模块最接近系统需求的型号;

(2)若系统开发任务重,且时间比较紧迫,可以首先考虑比较熟悉的型号;

(3)考虑所选型号的存储器和 RAM 空间是否能够满足系统设计的要求;

(4)考虑单片机的价格,尽量在满足系统设计要求的前提下,选用价格最低的 MSP430 单片机型号。

1.3.3 MSP430F5xx 系列单片机参数

MSP430F5xx 系列是基于闪存的产品系列,包含用于优化功耗的创新电源管理模块,具体参数如下:

(1)高达 25 MHz 的 CPU 速度;

(2)1.8~3.6 V 工作电压;

(3)高达 256 KB 的闪存;

(4)集成的 USB 连接;

(5)独特的 USB 开发套件。

MSP430F5xx 系列单片机有以下优点:

(1)RAM 保持模式仅需 0.1 μA 电流;

(2)实时时钟模式仅需 2.5 μA 电流;

(3)MIPS 工作模式仅需 165 μA 电流;

(4)从待机模式唤醒只需 5 μs;

(5)USB 数据传输;
(6)面向消费类电子产品。

项 目 小 结

1996 年,TI 公司推出了一种基于 RISC 的 16 位混合信号处理器,即 MSP430 单片机。这款单片机是专为满足超低功耗需求而精心设计的。经过了多年的发展,TI 公司已拥有超过 530 种的 MSP430 单片机的芯片,这些芯片在很多领域取得了广泛应用。本项目介绍了 MSP430 单片机的发展历程、应用领域、特点及应用选型。通过本项目的学习,读者对 MSP430 单片机有了初步的了解和认识,这为之后的学习打下了良好的基础。

思考与习题

1. 简述 MSP430 单片机的发展历史。
2. 举例说明 MSP430 单片机的应用领域。
3. MSP430 单片机具有哪些特点,为什么其具有超低功耗的特性?
4. 请列举 MSP430 单片机所具有的片上外设。
5. 了解 MSP430 单片机的命名规则。
6. 对 MSP430 单片机进行选型时应考虑哪些原则?

项目 2 MSP430 单片机工程开发基础

[项目描述]

所有的 MSP430 单片机都包含一个嵌入式仿真模块(EEM),此模块可实现通过易于使用的开发工具进行高级调试和编程。对 MSP430 单片机进行开发,需要配备合适的硬件环境和软件环境。MSP430 单片机的 CPU 属于 RISC 处理器,RISC 处理器基本上是为高级语言所设计的,因为精简指令系统很大程度上降低了编译器的设计难度,有利于产生高效紧凑的代码。初学者完全可以在不深入了解汇编指令系统的情况下,直接开始 C 语言的学习。本项目介绍了 MSP430 单片机工程开发基础,主要讲解了 MSP430 单片机的 C 语言编程基础、MSP430 单片机的软件集成开发环境的基本操作。

本书以 MSP430F5529 为例进行介绍,其他产品的开发过程与此类似。

[项目目标]

1. 掌握 MSP430 单片机的 C 语言基础
2. 能够安装 IAR 软件
3. 能够设置和调试 IAR 软件

任务 2.1 MSP430 单片机的 C 语言基础

C 语言是一种结构化的高级语言,其优点是语言简洁、表达能力强、使用方便、可读性好、可移植性强。C 语言程序本身不依赖单片机硬件,如果要更改工程项目中单片机的型号,对 C 语言程序稍加修改就可以进行程序移植,而且移植程序时不要求程序开发人员详细掌握新型号单片机的指令系统。

C 语言程序的书写格式相对自由。一条语句可以写成一行,也可以写成几行,还可以在一行内写多条语句,需要注意的是,每条语句都必须以分号“;”作为结束符。为了 C 语言程序能够书写清晰,便于阅读、理解和维护,在书写 C 语言程序时最好遵循以下原则。

一个声明或一条语句在一行;不同结构层次的语句,从不同的起始位置开始,并且缩进相同的字符;用{}括起来的部分表示程序的某一层次结构。

目前有几种 C 语言编译器可以进行 MSP430 单片机程序开发,这些 C 语言编译器的基本功能大致相同,但在某些细节上有所区别。因此,选择了某个 C 语言编译器后应该掌握相应的 C 编译语言用法。本项目将以 IARforMSP430 编译器为例讲解 MSP430 程序设计的 C 语言基础。为了叙述方便,以下将 MSP430 的 C 语言简称为 C430。

2.1.1 标识符和关键字

1. 标识符

标识符用来标识程序中某个对象的名字，这些对象可以是语句、数据类型、函数、变量、常量、数组等。标识符的第一个字符必须是字母或下划线，随后的字符必须是字母、数字或下划线。例如，count_data、text2 是正确形式，而 2count 是错误形式。

C 语言对大小写字符敏感，因此，在编写程序时要注意大小写字符的区别。例如，对于 sec 和 SEC 这两个标识符来说，C 语言会认为它们是两个完全不同的标识符。

注意：在 C430 中，标识符的命名应该做到简洁、明了、含义清晰，这样便于程序的阅读和维护。例如，在比较最大值时，最好使用 max 来定义该标识符；在片内模块初始化函数部分，函数命名后面尽量加上_init，如 ADC12_init( )表示 ADC12 模块初始化函数。

2. 关键字

关键字是一种具有特定含义的标识符，由于系统已经对这些标识符进行了定义，程序就不能再次对其定义，需要加以保留。用户不能将关键字用作自己定义的标识符。

C 语言中，关键字主要有以下三类。

(1)数据类型关键字：auto，char，const，double，enum，extern，float，int，long，register，sizeof，short，static，typedef，union，unsigned，void，volitile。

(2)程序控制关键字：break，case，continue，default，do，else，for，goto，if，return，switch，whlie。

(3)预处理功能关键字：define，endif，elif，ifdef，ifndef，include，line，undef。

2.1.2 数据基本类型

1. 整型常量

C 语言中有十进制、八进制和十六进制三种形式的整型常量。

十进制：如 123、-123、0 等。

八进制：以 0 开头，如 012 表示十进制的 10，034 表示十进制的 28。

十六进制：以 0x 开头，如 0x12 表示十进制的 18，-0x2c 表示十进制的-44。

2. 整型变量

整形变量的基本类型是 int 型(占 2 B)，在 int 前面加修饰符 short、long 分别表示短型和长整型，再加上 signed、unsigned 表示有符号数和无符号数。它们的组合可以表示为六种类型，如表 2.1 所示。

表 2.1 整形变量组合类型

类型	大小/bit	取值范围
int	16	-32 768~+32 767($-2^{15}\sim(2^{15}-1)$)
shortint	16	-32 768~+32 767($-2^{15}\sim(2^{15}-1)$)
longint	32	$-2^{31}\sim(2^{31}-1)$
unsignedint	16	0~65 535($0\sim(2^{16}-1)$)

表 2.1（续）

类型	大小/bit	取值范围
unsignedshortint	16	0~65 535（0~($2^{16}-1$)）
unsignedlongint	32	0~($2^{32}-1$)

3. 实型常量

实型常量是一个用十进制表示的有符号实数，它有下面两种表示方法。

（1）十进制小数形式：与日常的数的表示方法十分接近，下面这些表示形式都是正确的

-12.34, 12.0, .12, 0, -.12

（2）指数形式：包括整数部分、尾数部分和指数部分。小数点之前是整数部分，小数点之后是尾数部分，它们是可以省略的。小数点在没有尾数时可以省略。指数部分用 E 或 e 开头，幂指数可以为负。下面这些表示形式都是正确的

12.34E0, 1.234e1, 1234e-2, -0.01234e3

其中，1.234e1 是标准的指数形式（小数点前面为 1 位非 0 位）。所有的实型常量均视为双精度类型。字母 E 或 e 之前必须有数字，且 E 或 e 后面的指数必须为整数，下面这些表示形式是错误的

1e2.3, e3, e, .e3

4. 实型变量

实型变量分为单精度（float 型）、双精度（double 型）和长双精度（longdouble 型）。实型变量应该在使用前进行定义，例如：

```
float a, b; //声明 a、b 为单精度实数
double c; //声明 c 为双精度实数
longdouble d; //声明 d 为长双精度实数
```

对变量赋值的数，如果与变量的类型不同，则会发生有效数字的改变。例如，将 double 型实型常量赋值给一个 float 型变量时，有效数字位数会减少，并产生截尾误差。相反，把 float 型赋值给 double 型则会增加有效数字位数。

5. 字符常量

字符型数据是面向字符的，通常会用多个字符组成一个字符串进行使用。

字符常量是指用一对起定界作用的单引号括起来的一个字符。在 C 语言中，字符是按照所对应的 ASCII 码值来存储的（可查 ASCII 表获取），一个字符占 1 B。

需要注意的是：'1' 与 1 是不同的，前者是字符常量，后者是整型常量。

6. 字符变量

字符变量用来存放字符常量。注意，一个字符变量只能存放一个字符，占用 1 B。当需要同时定义多个变量时，需要使用逗号隔开。其定义形式为：

```
Char 变量名 1, 变量名 2;
```

7. 字符串常量

字符串常量是一串字符,表示时用一对起定界作用的双引号括起来表示。在C语言中,字符串常量在内存中存放时,会自动在字符串末尾加一个结束标志:"\0",即ASCII码值为0的字符null。因此,程序中长度为n个字符的字符串常量,在内存中占有n+1字节的存储空间。例如,字符串"china"存储于内存中共占8 B,系统自动在后面加上null字符,实际存储形式为:

c	h	i	n	a	\0

因此,字符常量与字符串常量是有区别的。除了表示形式不同外,其存储方式也不同。字符常量'A'只占用1 B,而字符串常量"A"占用2 B。

8. 转义字符

转义字符是C语言中表示字符的一种特殊形式。一般使用反斜杠加一个字符来表示,如表2.2所示。

表2.2 转义字符表示方式

转义字符	描述
\n	换行
\r	回车
\f	换页
\a	警告

对于转义字符,需注意:

转义字符中只能使用小写字母,每个转义字符只能看作一个字符;在C语言程序中,使用不可打印字符时,通常用转义字符来表示。

9. 格式化字符

C语言的输入和输出格式是用格式化字符来控制的。C语言中提供了较多的输入和输出函数,下面以printf函数和scanf函数为例做简单的说明。

(1)printf函数

printf函数的作用是向终端输出若干个数据。格式为:

printf("格式控制",数据1,数据2,...);

例如:data1=1(int型),data2=2(float型)执行下列语句

printf("data1=%d,data2=%f",data1,data2);

系统输出结果为:data1=1,data2=2.0000。

(2)scanf函数

scanf函数是C语言中常用的输入函数,格式与printf函数类似:

scanf("输入格式控制",&数据1,&数据2,...);

输入定义的格式要与输入的数据匹配,否则无效。

输入变量名前要加 &,& 是取地址运算符,&a 指 a 在内存中的地址。

输入格式中输入的多个数据之间,如果是用逗号分开的,那么输入数据时数据间也要用逗号隔开;如果是连续或用空格隔开的,输入数据时可以用空格或回车隔开。

变量用于存储数据,程序运行中其值可以被改变,每个变量都必须有一个名字,即变量名。程序定义了一个变量,即表示在内存中拥有了一个可供使用的存储单元,用来存放数据,即变量的值。而变量名则是编程者给该存储单元所起的名称。程序运行过程中,变量的值存储在内存中。从变量中取值,实际上是根据变量名找到相应的内存地址,从该存储单元中读取数据。在定义变量时,变量的类型必须与其被存储的数据类型相匹配,以保证程序中变量能够被正确地使用。当指定了变量的数据类型时,系统将为它分配若干相应字节的内存空间。C430 中变量类型及描述如表 2.3 所示。

表 2.3　C430 中变量类型及描述

变量类型	大小/B	值域
char	1	-128~127
unsigned char		0~255
int	2	-32 768~32 767
unsigned int		0~65 535
long	4	-231~(231-1)
unsigned long		0~(232-1)
long long	8	-263~(263-1)
unsigned long long		0~(264-1)
float	4	-3.402 82e38~3.402 82e38
doublt	8	-1.797 69e308~1.797 69e308

10. C 语言运算符

C 语言运算符分类如图 2.1 所示。

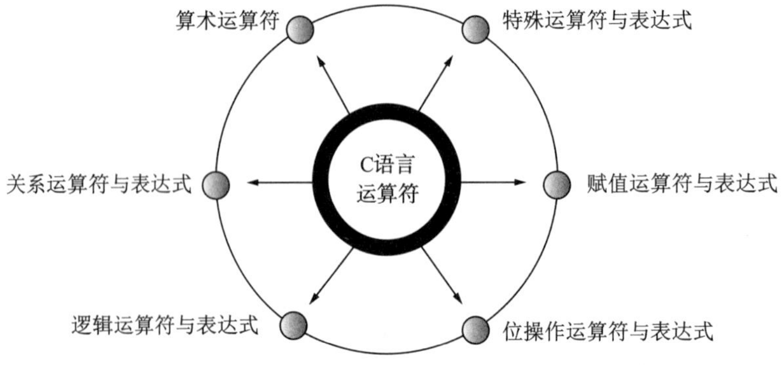

图 2.1　C 语言运算符分类

(1)算术运算符

C 语言中有 5 种基本的算术运算符:+、-、*、/和%,具体描述如表 2.4 所示。

表 2.4　基本算术运算符描述列表

运算符	含义	说明
+	加法或正值运算符	例如,3+5、+3
-	减法或负值运算符	例如,5-3、-3
*	乘法运算符	例如,5 * 3
/	除法运算符	当两个整数相除时,结果为整数,小数部分舍去,例如,-5/3 的运算结果为-1
%	模运算符或求余运算符	参加运算的均应是整数,例如,5%3 结果为 2

C 语言中表示加 1 与减 1 时可以采用自增(++)和自减(--)运算符。运算符"++"使操作数加 1,而"--"使操作数减 1,操作数可以在前,也可以在后,它们的作用和差异如表 2.5 所示。

表 2.5　自增与自减运算符列表

类型	含义	举例(设 i 的初值为 5)
i++	自加 1 在执行语句之后	j=i++;执行语句后 i 为 6,j 为 5
++i	自加 1 在执行语句之前	j=++i;执行语句后 i 为 6,j 为 6
i--	自减 1 在执行语句之后	j=i--;执行语句后 i 为 4,j 为 5
--i	自减 1 在执行语句之前	j=--i;执行语句后 i 为 4,j 为 4

(2)关系运算符与表达式

当两个表达式用关系运算符连接起来时就成为关系表达式,通常关系运算符用来判断某个条件是否成立。当条件成立,运算的结果为真;当条件不成立,运算的结果为假。用关系运算符的结果只有"0"和"1"两种,关系运算符描述如表 2.6 所示。

表 2.6　关系运算符描述列表

符号	含义	举例(设:a=4,b=5)
>	大于	a>b 返回值 0
>=	大于等于	a>=b 返回值 0
==	等于	a==b 返回值 0
<	小于	a<b 返回值 1
<=	小于等于	a<=b 返回值 1
!=	不等于	a!=b 返回值 1

(3)逻辑运算符与表达式

C 语言中有 3 种逻辑表达式:与、或、非,具体描述如表 2.7 所示。

表 2.7 逻辑运算符描述列表

符号	含义	举例(设:a=4,b=5)
&&	逻辑与,二者均为非零数,结果为真,否则为假	a&&b 返回值 1
||	逻辑或,只要有一个非零数,结果为真,否则为假	a||b 返回值 1
!	逻辑非,非真即假,非假即真	! a 返回值 0

(4)位操作运算符与表达式

位操作运算符主要有 6 种,具体描述如表 2.8 所示。

表 2.8 位操作运算符描述列表

符号	说明	举例
&	按位相与,均为 1 时,结果为 1	若 P1 端口输出寄存器 P1OUT=00001111,则执行 P1OUT = P1OUT&111111110;语句后,P1OUT = 00001110,即把最后一位输出拉低,其余位不变
|	按位相或,有 1 则结果为 1,均为 0 时结果为 0	若 P1OUT = 00001111,则执行 P1OUT = P1OUT | 10000000;语句后,P1OUT = 10001111,即把第一位输出拉高,其余位不变
^	按位异或,两个变量相同时,结果为 0;两个变量不同时,结果为 1	若 P1OUT = 00001111,则执行 P1OUT = P1OUT^00111100;语句后,P1OUT=00110011
~	按位取反,1 取反后为 0,0 取反后为 1	若 P1OUT=00001111,则执行 P1OUT=~P1OUT;语句后,P1OUT=11110000
<<	左移,把第一个变量的二进制位左移第二个变量指定的位数,其左移出的数据丢弃,变量右侧补“0”	若 a = 00100010,则执行 a<<2;语句后,a = 10001000
>>	右移,把第一个变量的二进制位右移第二个变量指定的位数,其右移出的数据丢弃,变量左侧补“0”	若 a = 00100010,则执行 a>>2;语句后,a = 00001000

(5)赋值运算符与表达式

通常把“=”称为赋值运算符,赋值运算符主要有 11 种,具体描述如表 2.9 所示。

表 2.9　赋值运算符描述列表

运算符	描述	运算符	描述
=	简单赋值	&=	按位与赋值,x&=a;等价于 x=x&a;
+=	加法赋值,x+=a;等价于 x=x+a;	|=	按位或赋值,x|=a;等价于 x=x|a;
-=	减法赋值,x-=a;等价于 x=x-a;	^=	异或赋值,x^=a;等价于 x=x^a;
* =	乘法赋值,x * =a;等价于 x=x * a;	>>=	右移赋值,x>>=a;等价与 x=x>>a;
/=	除法赋值,x/=a;等价于 x=x/a;	<<=	左移赋值,x<<=a;等价于 x=x<<a;
%=	求余赋值,%=a;等价于 x=x%a;		

(6)特殊运算符与表达式

特殊运算符包括条件运算符、逗号运算符和强制类型转换运算符,在此仅做简要介绍。

条件运算符主要用于条件求值运算,其表达式一般形式为“表达式 1? 表达式 2:表达式 3”,运算符“?”的作用是在计算表达式 1 之后,如果表达式 1 的值为真,则执行表达式 2,并将结果作为整个表达式的数值;如果表达式 1 的值为假,则执行表达式 3,并以其结果作为整个表达式的值。例如,y=‘a’>‘b’? 3:5;执行完该语句后,y 的值为 5。

逗号运算符的作用是把几个表达式串在一起,成为逗号表达式,其格式为“表达式 1,表达式 2,…,表达式 n”,运算顺序为从左到右,整个逗号表达式的值是最右边表达式的值。

强制类型转换运算符的作用是将一个表达式或变量转换成所需类型,符号为“()”。例如,(int)a 是将 a 转换为整型;(float)(a+b)是将 a+b 的结果转换为浮点数。

2.1.3　选择结构

1. if 语句

(1)一般形式

```
if(表达式)
{
}
```

(2)执行过程

如果表达式为真(非 0),那么执行一条语句;如果表达式为假(0),则语句将被绕过不执行。如果大括号里只有一条语句,则可以省略大括号。

(3)注意事项

① if(表达式)和后面的语句合在一起,是一条语句,称为 if 语句。

② if 只影响后面的一条语句。如果希望影响多条语句,可以用大括号把这些语句括起来,称为复合语句(复合语句被视为一条语句)。

③ if(a)也可以写作 if(a! =0)。

2. if-else 语句

(1)一般形式

```
if(表达式)
```

```
{
    语句 1
}
else
{
    语句 2
}
```

(2)执行过程

如果表达式为真,执行语句 1,否则执行语句 2,不存在两个语句都执行的情况。如果大括号里只有一条语句,则可以省略大括号。

(3)注意事项

在 if 和 else 之间只能有一条语句(或一条复合语句)。

3. if 语句的嵌套

在 if 语句中又包含 3 一个或多个 if 语句,称为 if 语句的嵌套。

注意事项:

① else 总是与它前面最靠近的尚未配对的 if 配对使用。

② else 后面必须有语句,如果没有这个空语句,程序语法有错。

4. switch 语句

switch 语句是 C 语言的多路分支语句,它根据表达式的值来执行不同的程序部分。

(1)一般形式

```
switch(表达式)
{
    case 常量表达式 1: 代码段 1
    case 常量表达式 2: 代码段 1
    case 常量表达式 3: 代码段 1
    ……
    case 常量表达式 N: 代码段 N
    default:     代码段 N+1
}
```

(2)执行过程

表达式的值与 case 语句中的常量表达式相比较,若发现与之相匹配,则执行该 case 语句后面的代码段;如果不存在匹配的常量表达式,那么执行 default 后面的代码段,default 是可选的。如果没有相匹配的 case 语句,也没有 default 语句,则什么也不执行。

(3)注意事项

① switch 语句括号里的表达式和 case 之后的常量表达式必须是整型、字符型,不能是 float 或 double 类型。

② case 之后各常量表达式的值不能相同。

③ “case 常量表达式”只起语句标写作用,不在此处进行条件判断,不能写诸如 a>3 之类的表达式,也不能写变量。

④ case 与常量表达式之间一定要加空格。

⑤ 在 case 之后允许有多个语句,可以不用括起。

⑥ 各 case 和 default 子句的先后顺序可以变动。

⑦ switch 语句中最多只能出现一条 default 标签,defaut 子句是可选项。

⑧ 有些时候要求执行完 case 方面的语句之后,不再顺序执行, 而是直接退出 switch 语句,这时可以使用 break 语句。

5. break 语句

在 switch 语句中可以使用 break 语句,它的一般形式如下:

```
switch(表达式)
{
    case 常量表达式 1: 代码段 1
    break:
    case 常量表达式 2: 代码段 2
    break;
    case 常量表达式 N: 代码段 N
    break:
    default: 代码段 x+1
}
```

在 switch 语句中使用 break 语句将使程序跳出 switch 语句,到 Switch 语句后面的第一条语句开始执行,break 语句不能使程序终止。break 只能出现在 switch 语句或者循环语句中。

break 语句也是可选的。switch 语句表达式的值与某个常量表达式的值相匹配,就执行其后的代码段,如果省略了 break 语句,程序将不再进行判断,继续执行下一条 case(或 default)后的代码段。

6. 条件运算符 if 与 switch 语句的比较

(1)处理一些简单的问题时,使用条件运算符 if 语句可以实现同样的功能。

(2)switch 语句与 if 语句的不同之处在于,switch 语句仅查找表达式的值与某个 case 常量是否匹配(仅能测试相等的情况),而 if 语句能够计算任何类型的表达式。

2.1.4 循环结构

1. while 语句

while 语句是 C 语言中最基本的循环语句,当控制条件为真时,它重复执行一个语句或一个复合语句。

(1)一般形式

```
while(表达式)
{
    语句
}
```

(2)执行过程

whil 语句只要表达式的值为真(非 0),循环体语句就被执行;当条件表达式为假(0)时,终止循环。具体执行步骤是:

① 执行表达式,它是循环条件,如果表达式为假,则终止循环;

② 如果表达式为真,那么执行循环体语句;

③ 转到第①步执行。

(3)注意事项

① 如果循环体只有一条语句,那么大括号可以省略。

② 通常在 while 语句之前为循环变量赋初值,例如 i=1;在 while 的条件表达式里循环变量参与比较,例如 i<=3;在循环体语句里修改循环变量的值,例如 i++。

2. do-while 语句

(1)一般形式

```
do
{
    语句
}while(表达式);
```

(2)执行过程

① 执行循环体语句;

② 执行表达式,它是循环的条件,如果表达式为假,则终止循环;

③ 如果表达式为真,那么转到第①步执行。

(3)注意事项

① 如果循环体只有一条语句,那么大括号可以省略。

② do-while 语句条件表达式括号后面的分号不能省略。

3. for 语句

for 语句是最常用的循环语句。

(1)一般形式

```
for(表达式 1; 表达式 2; 表达式 3)
{
    语句
}
```

(2)执行过程

① 执行表达式 1,通常用于设置变量的初值,表达式 1 只执行 1 次;

② 执行表达式 2,它是循环的条件,如果表达式 2 为假,则终止循环;

③ 如果表达式 2 为真,那么执行循环体,如果循环体只有一条语句,那么大括号可以省略;

④ 执行表达式 3,通常是增加或减少变量的值;

⑤ 转到第②步执行。

(3)注意事项

① for 语句是在表达式 2、循环体和表达式 3 之间构成循环。

② 省略的 for 语句：

- 如果省略表达式 1，表示不对循环控制变量赋初值。
- 如果省略表达式 2，则认为循环条件一直为真，相当于一个死循环（一个永远也不会终止的循环）。
- 如果省略表达式 3，则可以在循环体中加入修改变量的语句。
- 3 个表达式都可以省略，但用于分隔 3 个表达式的 2 个分号不能省略。

4. while for 与 do-while 语句的比较

while 循环和 for 循环都是先判断条件表达式，后执行循环体，如果最初条件表达式为假，那么循环体将不会执行。我们称 while 循环和 for 循环为“当型”循环，即当条件为真时执行循环，循环体执行次数大于或等于 0。

而 do-while 循环先执行循环体，后判断条件表达式，循环体至少执行 1 次。

当已经知道循环次数的时候，用 for 语句比较方便。当循环次数无法确定、需要根据某个条件控制循环次数时通常使用 while 语句；当需要先执行循环体，后判断循环条件时，使用 do-while 语句。

5. 循环语句嵌套

循环语句里又包含了循环语句，称为循环语句嵌套（无论循环嵌套多少层，无论循环体有多少语句，每个循环语句执行的流程是不变的）。

6. break 语句

break 语句可以出现在 switch 语句中，也可以出现在循环语句中，用于退出循环转到循环后的下一条语句继续执行。

当 brea 语句用在一组嵌套的循环中时，用于终止 switch 或循环语句，break 不能使整个程序终止。

7. continue 语句

continue 语句的作用是结束本次循环，即跳过循环体中下面尚未执行的语句，进行下一次是否执行循环的判定。

（1）一般形式

```
{
    语句 1
    continue;
    语句 2
}
```

在 while 和 do-while 循环中执行 continue，直接跳到表达式。

```
for(表达式 1; 表达式 2; 表达式 3)
{
    语句 1
    continue;
    语句 2
}
```

在 for 循环中执行 continue,跳转到表达式 3,然后执行表达式 2,判断是否继续循环。

对于这两个循环,中间的代码(语句 2)被绕过了。

(2)注意事项

① continue 语句常和计语句配合使用。

② continue 语句只能出现在循环语句中,它不能直接终止循环。

2.1.5 数组

1. 一维数组

(1)一维数组的定义形式

类型说明符　数组名[整型常量表达式];

如 int a[5];语句定义了一个有 5 个整数的一维数组。

C 语言数组的下标从 0 开始,上面的 a 数组,能够使用的数组元素是 a[0]、a[1]、a[2]、a[3]和 a[4],没有 a[5]这个元素。

定义数组时方括号中是数组元素个数,必须是常量,不能含有变量。例如 int n=5,a[n];是错误的。

(2)一维数组的初始化

在定义数组的同时,可以直接为数组赋初始值,称为数组的初始化。

示例	数组元素
int a[5]={1.2.3,4,5};	1.2.3.4.5
int a[5]={1};	1.0.0.0.0
int a[5]={};	程序有错
int a[5]={1.2,3,4,5,6,7};	程序有错
int a[ ]={1,2,3,4,5};	1.2.3.4.5
int a[ ];	程序有错
int a[ ];	值不确定
int a[5]; a[5]={1.2,3,4,5};	程序有错
int a[5]; a[0]=1;a[I]=2;a[2]=3;a[3]=4;a[4]=5;	1.2.3.4.5
int a[5]; a[0]=1;a[1]=2;	1.2.???

C 语言对数组元素下标越界(超出范围)不加限制,需要程序员自行检查。

(3)输出一维数组

输出一维数组的值通常会用到 while、do-while、for 三种循环语句,一般使用 for 语句比较方便。

使用数组元素时,下标必须是整型数据。

2. 二维数组

当数组中的每个元素有两个下标时,称为二维数组。

(1)二维数组的定义形式

类型说明符 数组名[常量表达式];

注:常量表达式必须是常量,不能含有变量。

(2)二维数组的初始化

① 可以把每一行的数组元素分别用大括号括起来,即按行为数组赋初值,各大括号之间要以逗号分隔,如 int a[3][4]={{1,2,3,4},{5,6,7,8},{9,10,11,12}};。

② 可以把所有数据写在一个大括号内,如 int a[3][4]={1,2,3,4.5,6,7,8,9,10,11,12};。

③ int a[3][4]= {{1},{5.6},{9}};对数组进行了初始化,将自动对没有赋值的元素赋值为0。

④ 初始化时,数组前面的苦干行数据用大括号括起,最后面的数据可以不使用大括号,如 inta[3][4]={{1,2},5,6,7,8,9};。但如果后面的数据有大括号,前面的每一行数都必须加大括号。

⑤ 如果对数组元素赋初值,则定义数组时对第一维(行)的长度可以不指定但,第二维(列)的长度不能省略,且定义数组时若未进行初始化那么不能省略数组行数。

(3)输出二维数组

输出二维数组的值通常用两层循环嵌套,外层循环次数与数组行数相同,内层循环次数与数组列数相同,并且每行之后输出一个换行符,就形成了方阵形式。

2.1.6 函数

1. 函数的一般形式

(1)一般形式

```
函数类型  函数名(参数类型 1 参名, 函数类型 2 参名 2, ...)
{
函数体
}
```

函数类型指定了该函数返回值的数据类型,可以是任何数据类型。如果需要函数返回整数函数类型通常设置为 int;如果需要函数返回实数,函数类型通常设置为 float 或 double;如果不需要函数返回值,函数类型通常设置为 void(空类型)。如果未设置函数类型,默认是 int 类型。

(2)无参函数

无参函数的构成:

void 函数名( )

在定义无参函数和调用无参函数时尽管没有参数,但是必须保留函数名后面的括号。

(3)注意事项

void 类型的函数不能试图保存和输出函数的值。

在由多个函数组成的 C 语言程序中,各个函数定义的顺序是任意的,不影响程序运行时的执行顺序。man 函数可以出现在程序中的任何位置,但程序执行时总是从 main 函数开始,一般情况下在 main 函数结束。其他函数总是被 main 函数直接或间接调用。

调用无返回值的函数,如同使用一条语句。

(4)实参与形参

在调用函数中给出的参数称为实际参数(简称实参);在被调用函数列表中给出的参数称为形式参数(简称形参)。

如 main 函数执行 fun(a,b)时,a 和 b 是实参,被调用函数 fun 中的 a 和 b 是形参。

实参和形参具有以特点:

① 实参和形参应该顺序相同、类型一致,如果类型不同,系统将自动进行类型转换。

② 实参可以是表达式,形参必须是变量。因为形参需要一个变量来保存实参传递的值。

③ 形参只有在被调用时才分配内存单元,在调用结束时释放所分配的内存单元。因此,形参只在函数内部有效。

④ 形参的数据类型必须逐一声明,不能省略形参前的数据类型。

(5)函数参数传递的原则:单向值传递

实参的值单向传递给形参,形参的值不传递给实参(不是双向的),修改形参不会影响实参。在调用函数时,给形参分配存储单元,并将实参对应的值传递给形参,实参和形参占用不同的内存单元。调用结束后,形参占用的内存单元被释放,形参的值不传回给实参,实参仍保留原值。

(6)有返回值的函数

① 在函数被调用时,一般情况下不要将运行结果返回给调用它的函数,在函数中使用 return 语句可把一个值返回给调用的程序。

② 在一个函数中调用另一个函数时,程序控制将从调用函数中转换到被调用函数,并从被调用函数体起始位置开始执行此函数的语句;在执行完函数体中的所有语句,或者遇到 retumrn 语句时,程序控制将返回调用函数中原来的断点位置继续执行。

③ 调用有返回值的函数,如果使用一个数值,函数返回值可以参与运算,也可以直接输出函数的返回值。

(7)return 语句

① 函数类型不是 void 的函数可以使用 return 语句把一个值返回给调用的程序。

② 函数返回值的类型取决于函数类型。

③ 函数的 return 语句可以没有表达式,只有一个分号,例如 return;:

- 在有返回值的函数中执行该语句,将返回一个随机数;
- 在无返回值的函数中执行该语句,程序将从被调用函数直接返回到调用函数。

④ return 语句后面的表达式可以没有括号。

⑤ 函数中可以有多个 return 语句,但是每次最多只能执行其中一个 return 语句。

⑥ 调用一次函数通过 return 语句最多只能返回一个值。

2. 库函数的调用

C 语言的库函数并不是 C 语言本身的一部分,它是由编译程序根据一般用户的需要编制并提供给用户使用的一组程序。

在调用库函数时要使用 include 命令。

3. 函数声明

(1)函数的“定义”和“声明”是两个不同的概念。“定义”是指对函数功能的确立，包括指定函数名函数类型、形参类型和函数体等，它是个完整、独立的函数单位。而“声明”的作用是把函数的名字、类型以及形参的类型、个数和顺序通知编译系统，以便在调用该函数时进行检查。

(2)在一个函数内部不能定义其他函数，也就是函数的定义不能嵌套，此规定保证了每个函数都是一个相对独立的程序块。

(3)除 main 函数外，用户自定义函数要遵循先定义后使用的规则。如果某函数在定义之前被调用，需要在该函数被调用之前做函数声明。只需简单地照写已定义函数的第 1 行(函数首部)，再加一个分号，就成了对函数的“声明”。在函数声明时，可以不写参数名，但必须写参数类型。

4. 全局变量与局部变量的作用域

(1)在函数内部(或复合语句内)定义的变量和函数的形参称为局部变量，局部变量的作用域(作用范围)是定义该变量的函数(或复合语句)。

(2)局部变量只能在各自的作用域内使用，如果不同函数的局部变量同名，那么它们之间互不影响。

(3)在所有函数外部定义的变量称为全局变量，全局变量的作用域是从定义该变量的位置开始，到整个文件结束。

(4)同一个文件的若干函数都可以使用全局变量。如果在一个函数中改变了全局变量的值，那么在执行到其他函数时，使用的全局变量就是变化之后的值。

(5)在某函数中，如果局部变量与全局变量同名，那么优先使用局部变量。如果没有局部变量，才能使用全局变量。

5. 函数调用

(1)函数嵌套调用

C 语言中的函数都是并列的，一个函数不从属于其他函数，即函数不能嵌套定义。函数可以嵌套调用，即一个函数在被其他函数调用的同时，也可以调用其他函数，函数的嵌套调用为自上向下、逐步求精的模块化程序设计提供了支持。

函数调用和返回的基本原则是：从哪儿出去，就回到哪儿。

(2)函数递归调用

函数调用了自身，称为函数的递归调用。

递归调用的过程，就是一层一层地调用函数，直到不需要递归调用再一层一层返回。

采用递归的方法可以将原来的问题转化为解决方法相同的新问题，而新问题的规模要比原来的问题小。新问题又转化为规模更小的问题，直到归结为最基本的情况，是递归的终结条件。

当函数调用自身时，会给出新的局部变量和为参数分配新的存储空间，函数就带着这些新的变量从头执行递归调用，不会生成新的函数副本，只有参数是新的。当每个递归调用返回时，旧的局部变量和参数将会被从内存中清除，然后从函数中的调用点重新开始运行。函数递归调用能够实现循环语句的功能。

编写递归函数时,必须有一条 if 语句以强迫函数返回。如果不这样做,一旦调用了这个函数,它将永远不会返回。

6. 变量的存储类别

从变量的作用域(空间)角度划分变量可将其分为全局变量和局部变量;从变量的生存期(时间)角度划分变量可将其分为静态存储方式和动态存储方式。静态存储方式是指在程序运行期间分配固定的存储空间的方式,而动态存储方式则是指在程序运行期间根据需要分配存储空间的方式。

C 语言的变量存储类别分为以下几种:

(1)自动变量(auto)

在变量说明时使用 auto 修饰的局部变量是自动变量。由于 auto 只适用于局部变量,并且在未指定存储类别时,局部变量都是自动变量,所以 auto 经常省略,自动变量是在调用该函数时动态分配存储空间的。在函数调用结束时就释放这些存储空间。自动变量的作用域是从它声明的位置起至它所属语句块结束位置止;自动变量的生存期为执行到它的声明位置时起至离开它所属语句块止。

(2)静态变量(static)

在变量声明时使用 static 修饰的变量是静态变量。静态变量可以是局部变量,也可以是全局变量,但都具有全局生存期,即生存周期从程序启动开始,直到程序结束为止,在声明静态变量时,如果未指定初值,则其值为 0。静态变量的作用域与普通全局变量和自动变量相同,在整个程序运行期间,静态变量在内存的静态存储占据永久性的存储单元,即使已经退出函数,下次再进入该函数时,静态变量仍使用原来的存储单元和原来的值。静态变量具有“记忆”功能,即使退出非主函数,下次再次调用该函数时,静态变量仍然保存了上次退出该函数时的值。

(3)寄存器变量(register)

使用 register 修饰的局部变量是寄存器变量。register 用于指示编译器,在可能的时候,将它所修饰的变量放在 CPV 的寄存器中使用,以提高程序的运行效率,只有自动变量和函数形参可以指定为寄存器存储类别,它的作用域和生存期与自动变量完全相同。

(4)外部变量(extern)

在函数外部定义的变量称为外部变量(即全局变量)。外部变量的作用域是从变量定义处开始到本程序文件的末尾为止。外部变量只需在某个程序文件中定义一次,其他文件引用此变量时,用 extern 加以说明即可。外部变量是由程序编译时为其分配空间的,属于静态存储方式,如果未指定初值,默认初值为 0。

2.1.7 编译预处理

在 C 语言程序中,用一个指定的标识符来代表一个字符串称为“宏”。宏名通常用大写字母表示。宏包括无参宏和带参数的宏。

1. 无参宏

无参宏又称符号常量,使用#define 将一个标识符用另一个字符串替换。

例如:#define　　N　　2+4

　　a=N * 2;　　→　　a=2+4 * 2

　　b=2 * N;　　→　　b=2 * 2+4

宏替换的过程,相当于使用 Word 编辑器中“查找并替换”的功能,将所有 N 替换为 2+4,原来的程序文件保持不变,只是创建一个副本,对其进行修改。

程序中的数值由一个有意义的标识符代替,比直接用数值更好理解。

定义无参宏,后面通常不加分号。

简单的宏替换在编译预处理时,替换的是文本,而不是数值。

2. 带参数的宏

可以用编译指令#define 来创建带参数的宏,称为函数宏。因为这种宏能接受参数,简单的变量和表达式都能作为参数,就像真正的函数那样。

在创建带参数的宏时,为避免将表达式作为参数传递给宏时产生副作用,必须把每个参数和整个表达式用括号括起来。

3. 文件包含命令

文件包含命令#include 的功能是把指定文件插入该命令位置取代该命令行,从而把指定的文件和当前源文件连成一个源文件,包含命令中的文件名可以用实拾号括起来,也可以用双引号括起来。

在程序设计中,一个大的程序可以分为多个模块,由多个程序员分别编写。

任务 2.2　MSP430 单片机硬件开发环境

TI 的 MSP430 单片机的超低功耗微控制器包含数个采用外设集的器件,可广泛应用。此架构与多种低功耗模式配合使用,是延长便携式测量应用电池寿命的最优选择。该微控制器具有一个强大的 16 位 RISC CPU,使用 16 位寄存器以及常数发生器,以便获得最高编码效率。此数字振荡器可使器件在 3.5 μs(典型值)内从低功耗模式唤醒至激活模式。其开发板特点如下:

(1)板厚 1.6 mm。

(2)4 层 PCB 设计,工作更稳定。

(3)焊盘、过孔均镀金,确保高质量、可靠连接。

(4)所有接插件均选用高品质接插件。

(5)所有元器件均为工业级,工作温度范围为-40~85 ℃。

(6)大厂机器焊接,确保电路板的可靠性。

MSP430 口袋板硬件设计原理简介 1

该电路板可用于传感器测量、工业测控和评估 TI MSP430F552x 系列 MCU 等场合。

任务 2.3　MSP430 单片机软件开发环境

IAR 公司是全球领先的嵌入式系统开发工具和服务的供应商。该公司成立于 1983 年，提供的产品和服务涉及嵌入式系统的设计、开发和测试的每一个阶段，包括带有 C/C++语言编译器和调试器的集成开发环境(IDE)、实时操作系统和中间件、开发套件、硬件仿真器以及状态机建模工具。

MSP430 单片机开发软件种类较少，主要有 IAR 公司的 Embedded workbench for MSP430(EW430)和 TI 公司集成开发环境 Code composer studio(CCS)。目前 IAR 的用户居多。IAREW430 软件提供了工程管理、程序编辑、代码下载、调试等所有功能。并且软件界面和操作方法与 IAR EW for ARM 等开发软件一致。因此，掌握了 IAREW430 之后，就可以很顺利地过渡到另一种新处理器的开发工作。下面以 IAR 的 V6.50 版本进行讲解。

2.3.1　IAR 软件的安装

在百度或 Google 上，很容易搜索到并下载 IAREW430 安装源文件，也可以在 IAR 官网上下载，这里以“EW430-6502-Autorun.exe”为例简要介绍 IAR 软件的安装。

运行 EW430-6502-Autorun.exe 文件，出现如图 2.2 所示的交互界面，单击安装按钮“Install IAR Embedded Workbench®”，随后出现图 2.3~图 2.10 所示窗口，这里选择默认路径安装，也可以根据需要选择合适的安装路径。

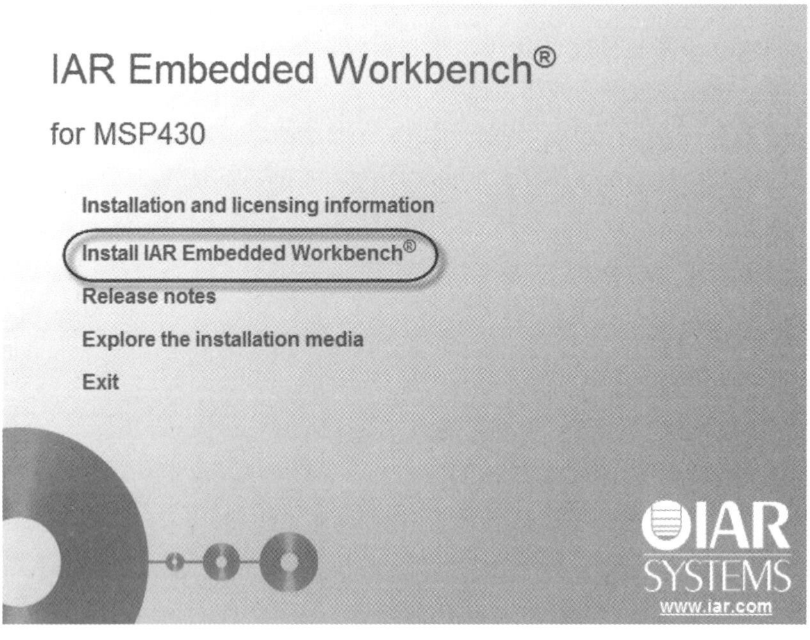

图 2.2　运行文件

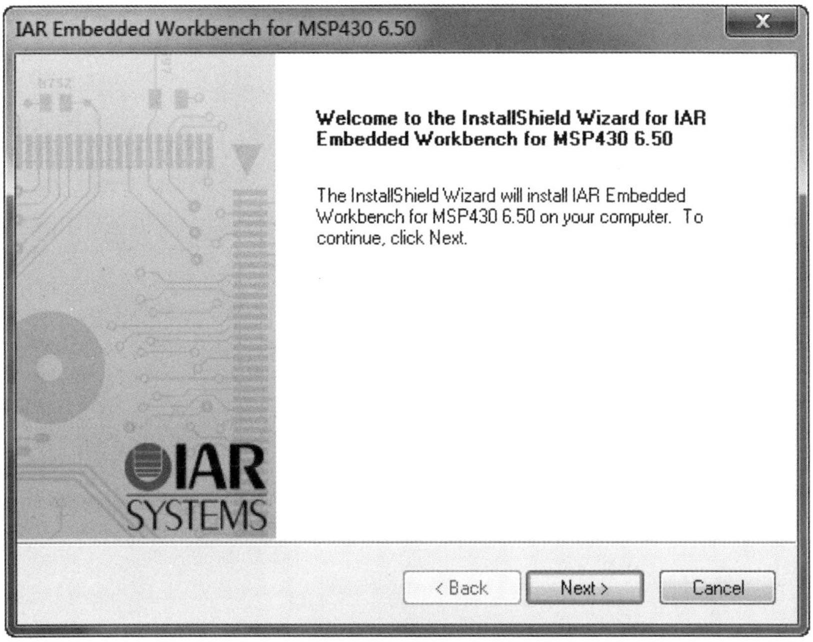

图2.3 窗口(一)

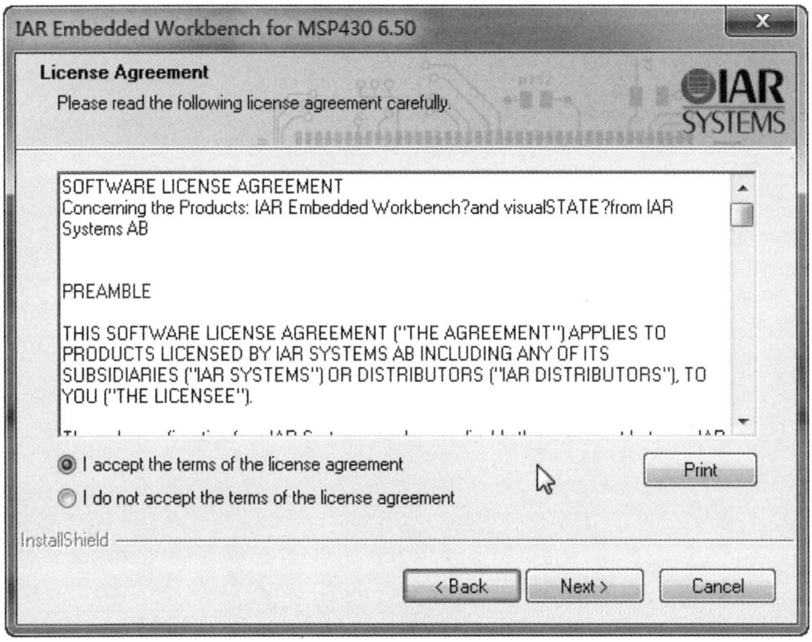

图2.4 窗口(二)

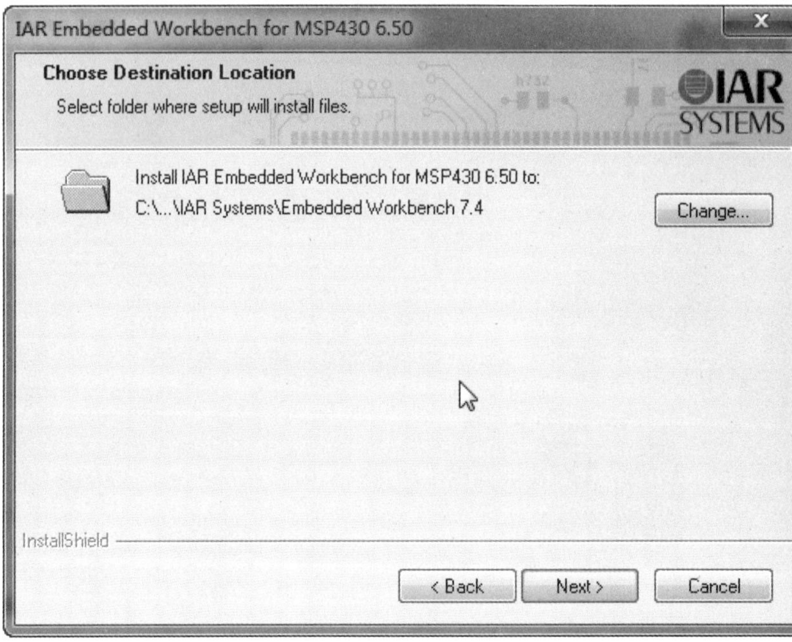

图 2.5　窗口(三)

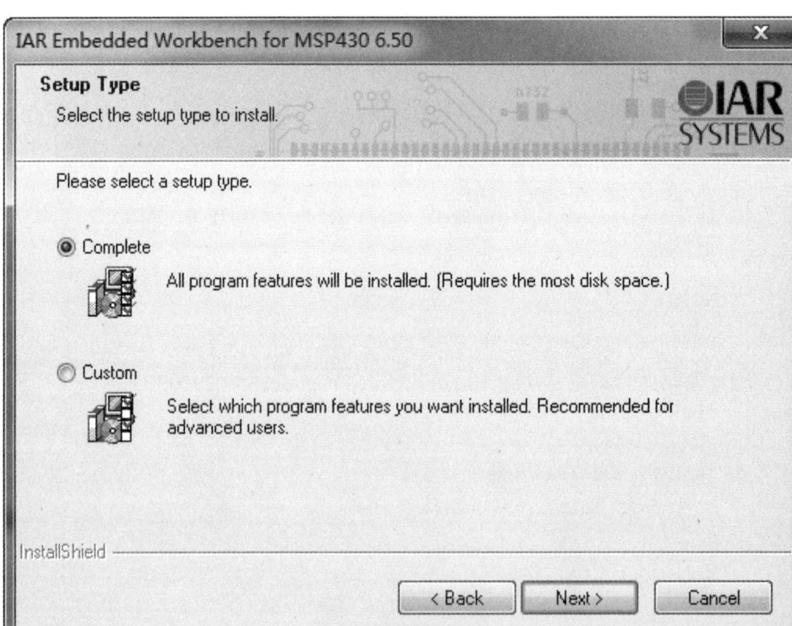

图 2.6　窗口(四)

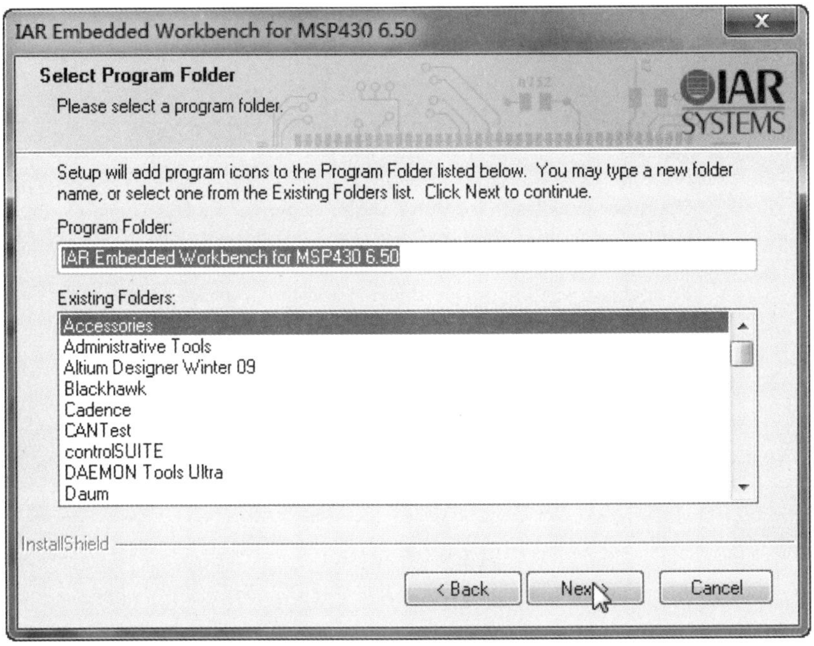

图2.7 窗口(五)

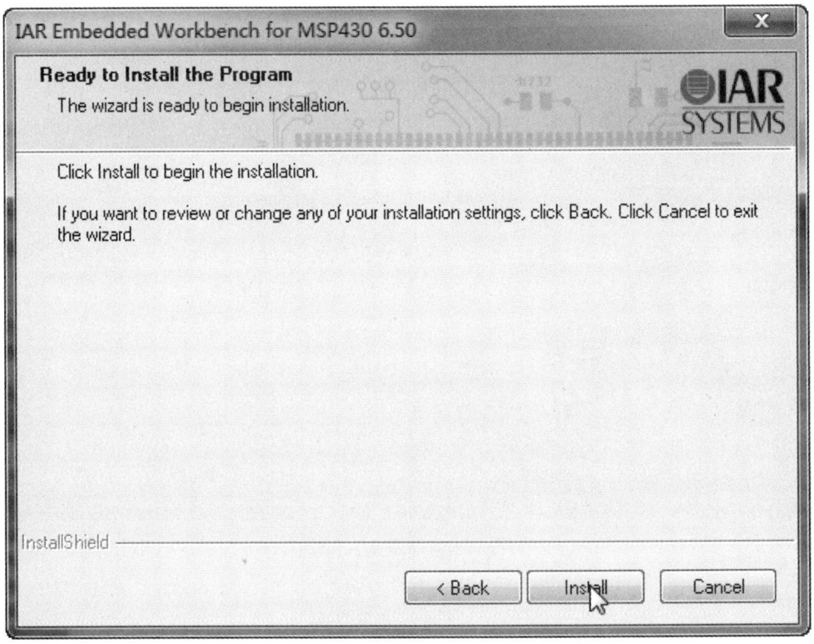

图2.8 窗口(六)

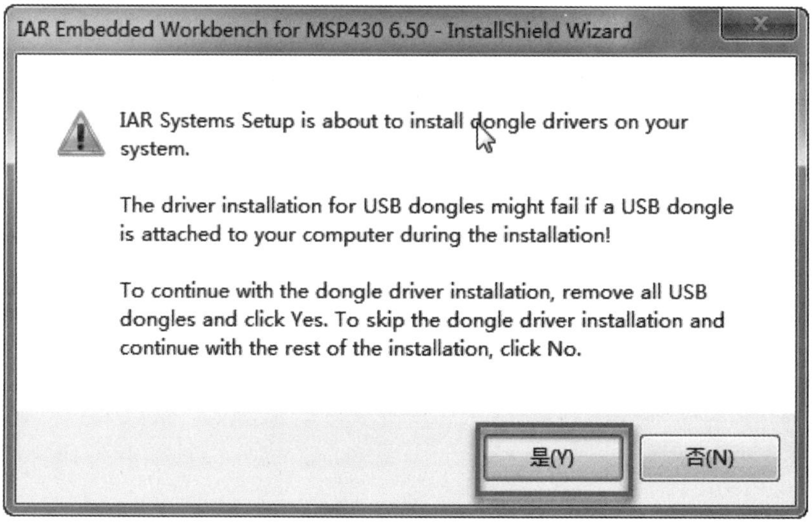

图 2.9 窗口(七)

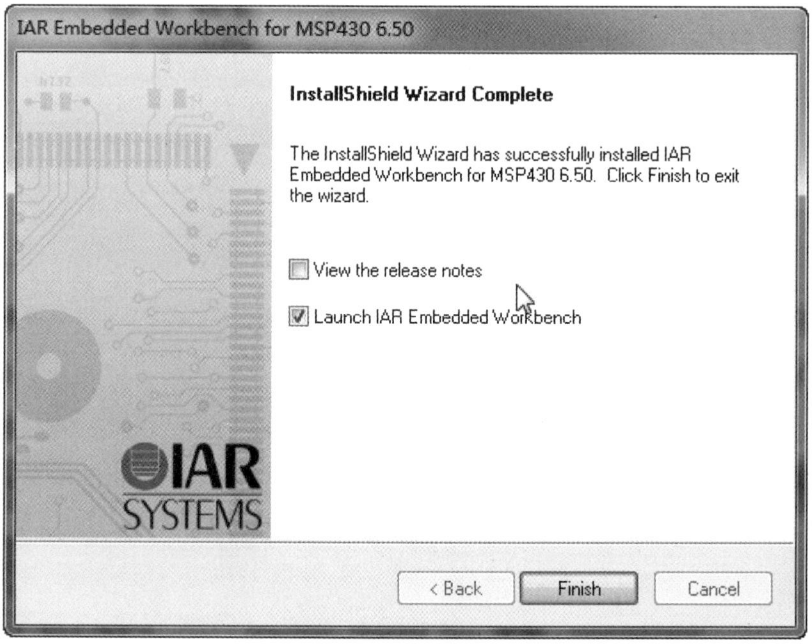

图 2.10 窗口(八)

2.3.2 IAR 软件的设置与调试

首先将开发板和仿真器 MSP-FET430UIF 通过 USB 线缆与电脑相连,系统会自动安装相关驱动程序,安装完毕后,在设备管理器中可以查看到相应的设备,具体如图 2.11 所示。

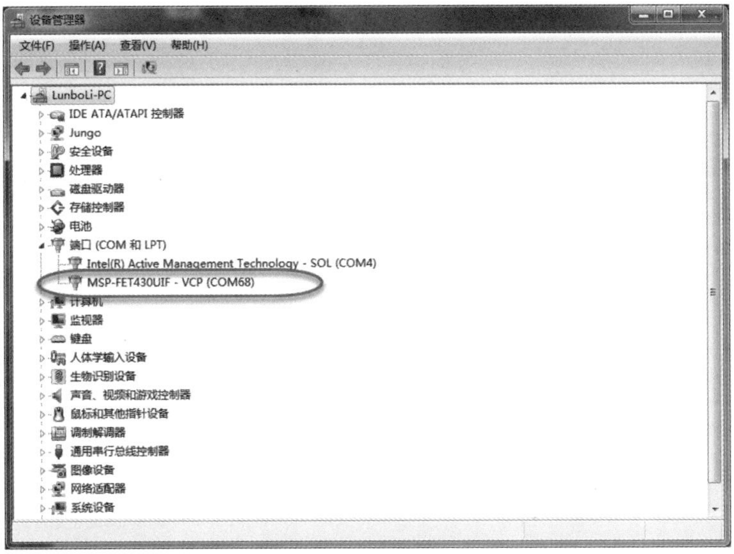

图 2.11　设备驱动

插上仿真器后，系统如未自动安装驱动，则可通过手动定位驱动程序的位置“C:\Program Files (x86)\IAR Systems\Embedded Workbench 7.4\430\drivers\TIUSBFET”，从中选择与操作系统匹配的驱动，然后更新驱动即可。

1. 创建工程

单击菜单命令“File”→“New”→“Workspace”，创建一个新的工作空间，如图 2.12 所示。一个工作空间可以包含多个工程项目，习惯上将相关联的工程放在同一个工作空间下。例如，将 MSP430F5529-EVM 开发板的外设基本例程放在“Basic Examples.eww”工作空间下，它位于“D:\Projects_IAR\IAR_MSP430\MSP430F5529-EVM-V30\Basic Examples”目录下。

MSP430 口袋板
硬件设计原理
简介 2

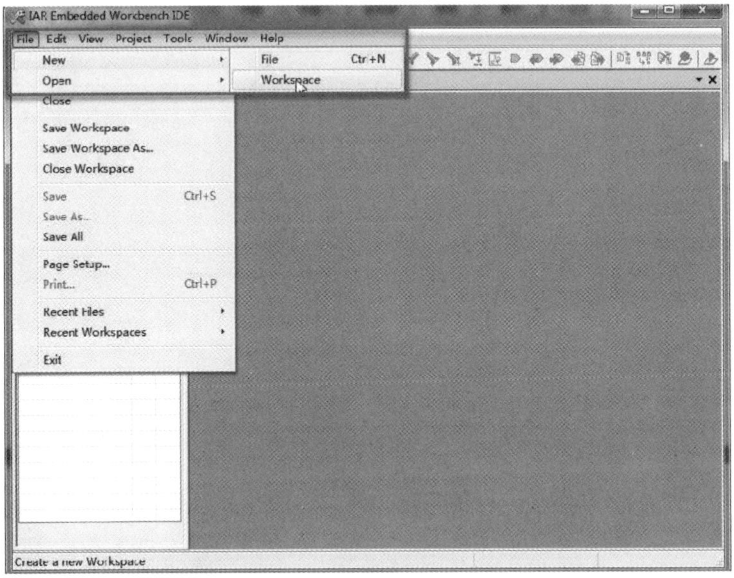

图 2.12　新建工作空间

然后单击菜单命令“Project”→“Create New Project...”,在此工作空间下创建一个新的工程,这里选择工程类型为“Empty project”,工程名为“UCS_00”,如图 2.13 所示。

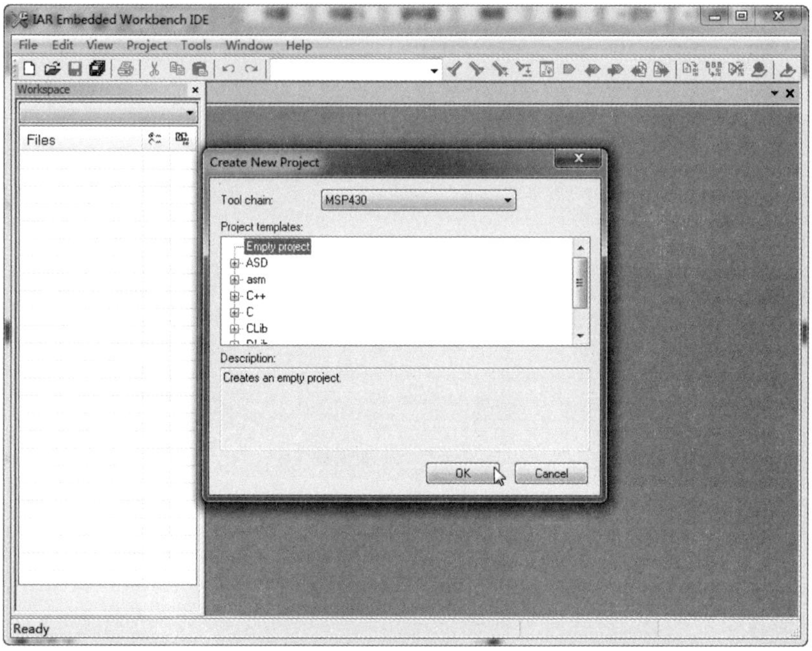

图 2.13　创建工程

对于该新建的工程,可以通过菜单命令“File”→“New”→“File”创建新的源文件,这里通过菜单命令“Project”→“AddFiles...”添加已经编辑好的源文件,如图 2.14 所示。

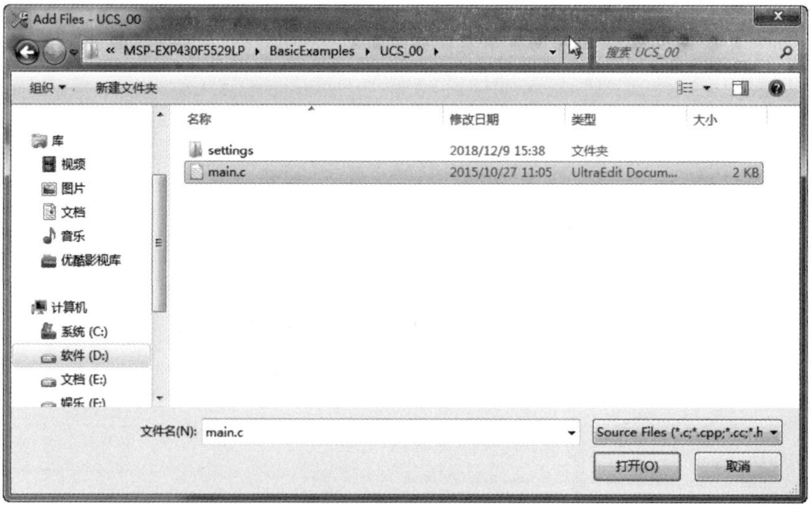

图 2.14　添加文件

为该工程添加文件之后,可以点击快捷菜单中的保存按钮保存该工作空间,此处将工作空间保存到该工程的父目录下,如图 2.15 所示。

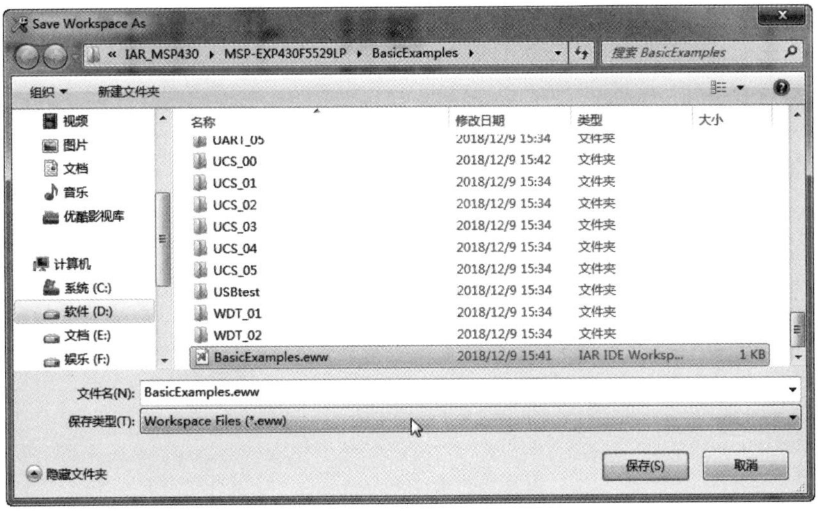

图 2.15　保存工作空间

2. 工程设置

创建工程之后，需要根据目标硬件对该工程进行相关设置。单击菜单“Project”→“Options...”，或者在左侧工程名称处单击鼠标右键，从中选择“Options...”命令。如图 2.16 所示。

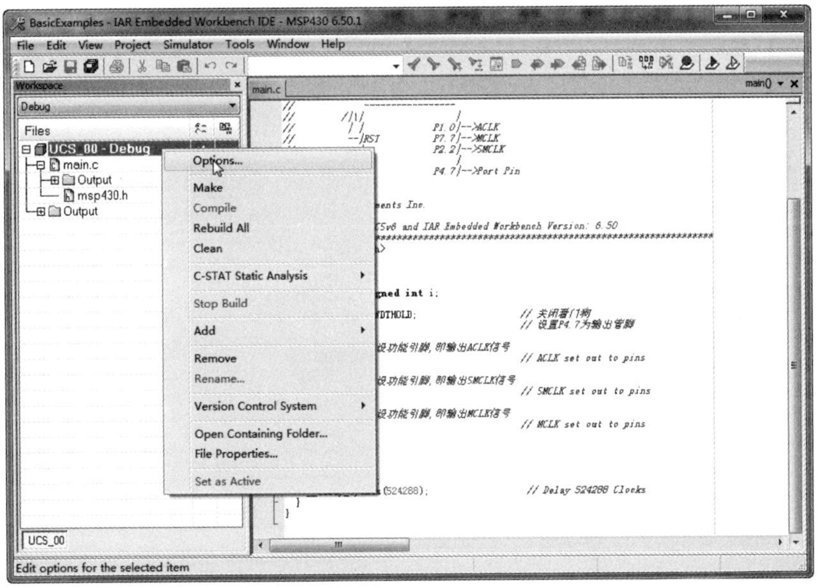

图 2.16　工程设置

首先，设置该工程所针对的目标芯片，由于开发板为“MSP430F5529-EVM”，其所用的 MCU 为 MSP430F5529，所以在“Device”选项中选择 MSP430F5529 芯片，如图 2.17 所示。

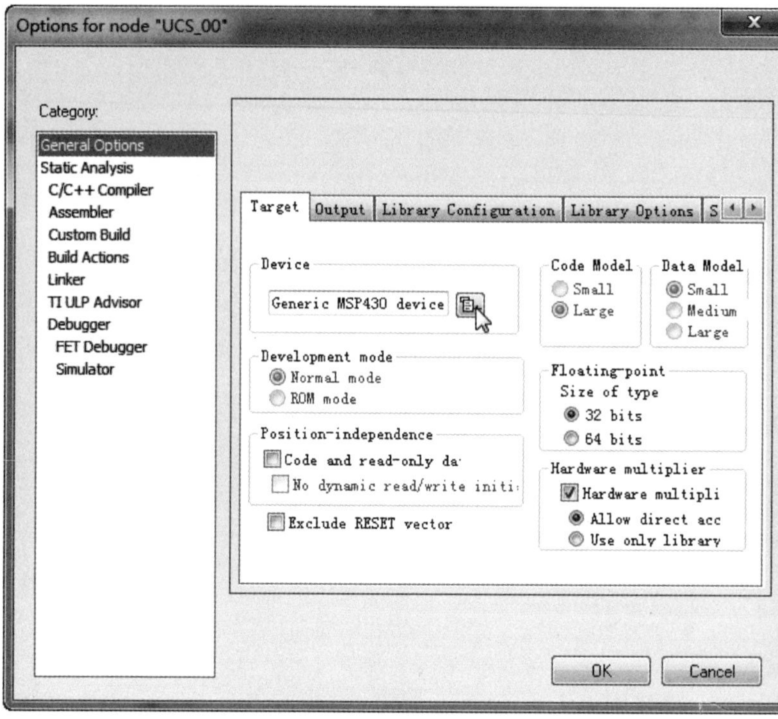

图 2.17　设置目标芯片

其次,设置该电路的调试工具。在"Debugger"一项中,"Driver"设置为"FET Debugger",如图 2.18 所示。

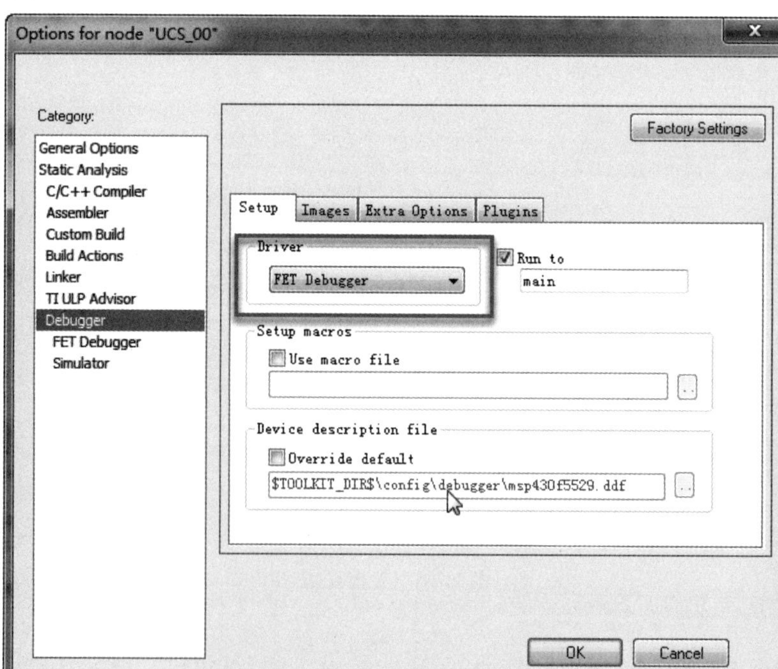

图 2.18　调试工具设置

最后,根据开发板的硬件选择调试器的类型与通信端口(硬件设备管理器中可查看到),如图2.19所示。

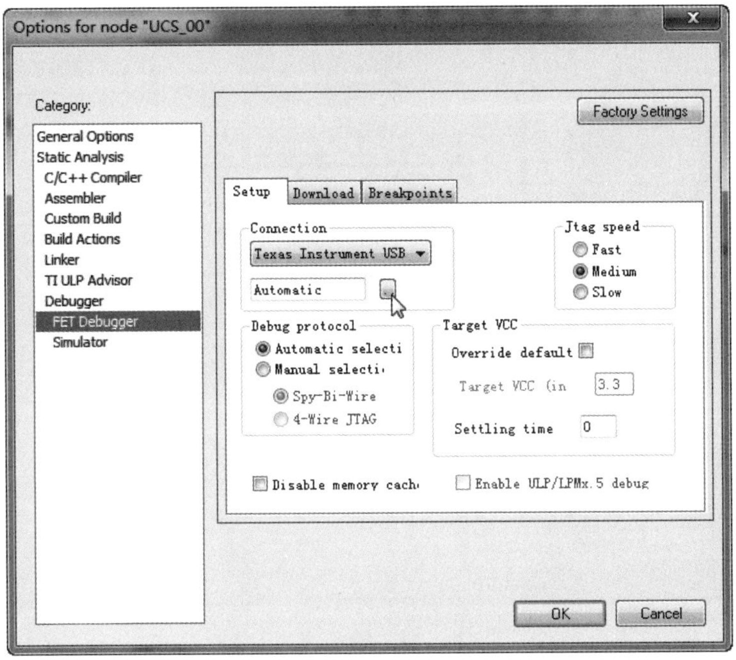

图2.19 调试器的类型

考虑到不同的仿真器所用的串行接口号不同,这里建议选择"Automatic"选项,由系统自动确定端口号,如图2.20所示。

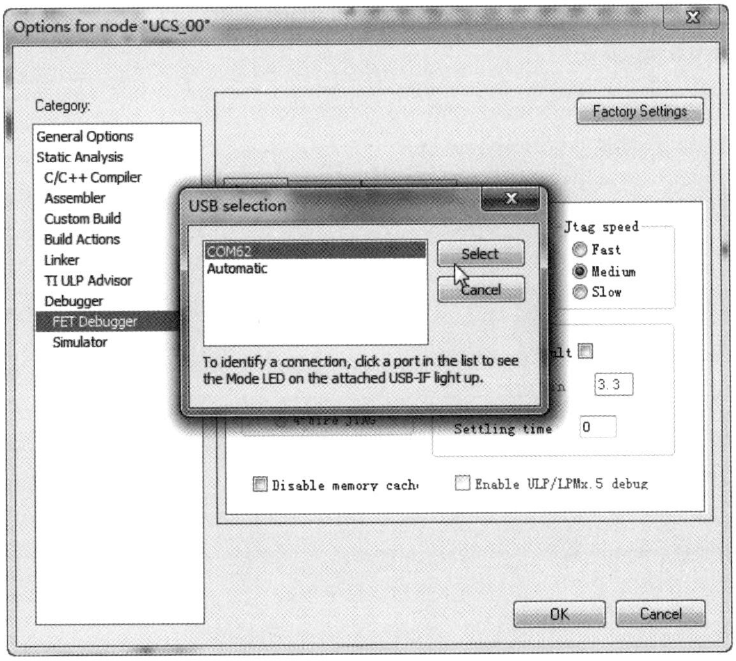

图2.20 调试器端口设置

3. 工程调试

设置好调试器之后,可以进行程序调试。将鼠标放在工程名称处单击鼠标右键,或通过左键单击菜单“Project”→“RebuildAll”,编译、链接直至没有错误,如图 2.21 所示。

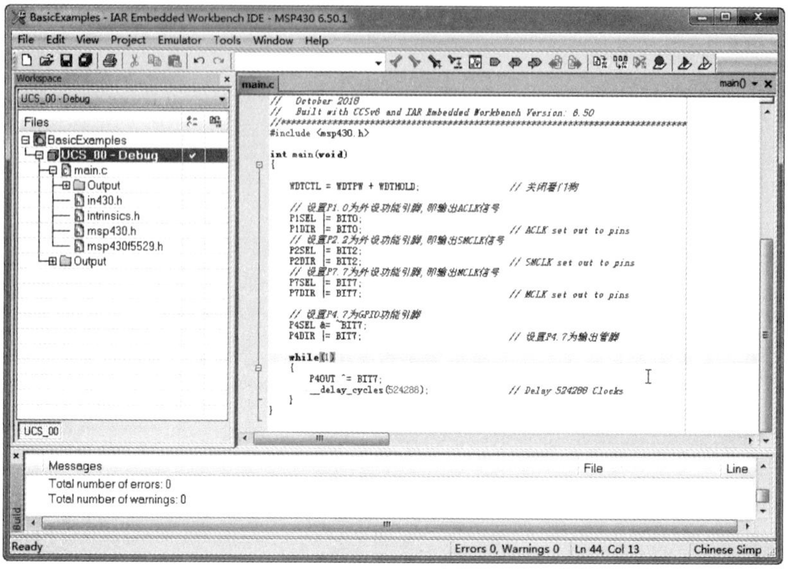

图 2.21 编译、链接

单击快捷命令“”,可将程序下载到 MSP430 单片机芯片内,如图 2.22 所示。接下来可以对该工程进行调试,譬如设置断点、单步运行等,直至运行结果与期望相同,如图 2.23 所示。

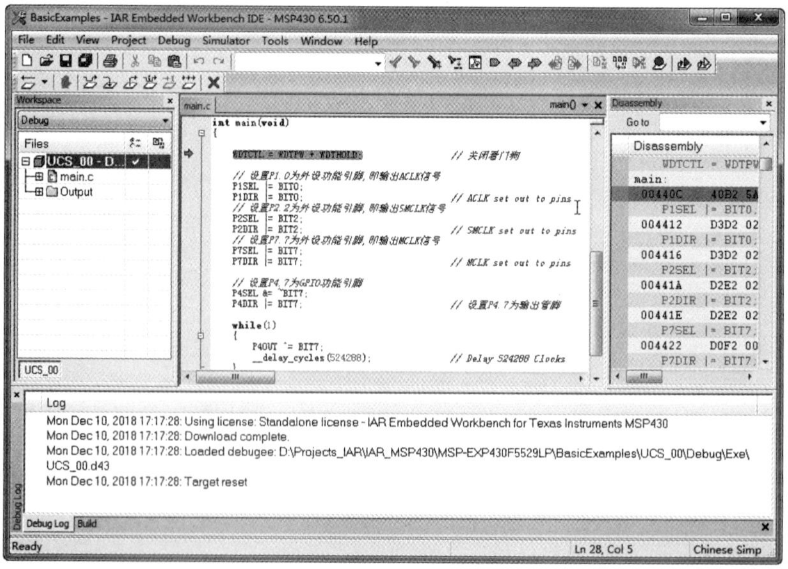

图 2.22 程序下载

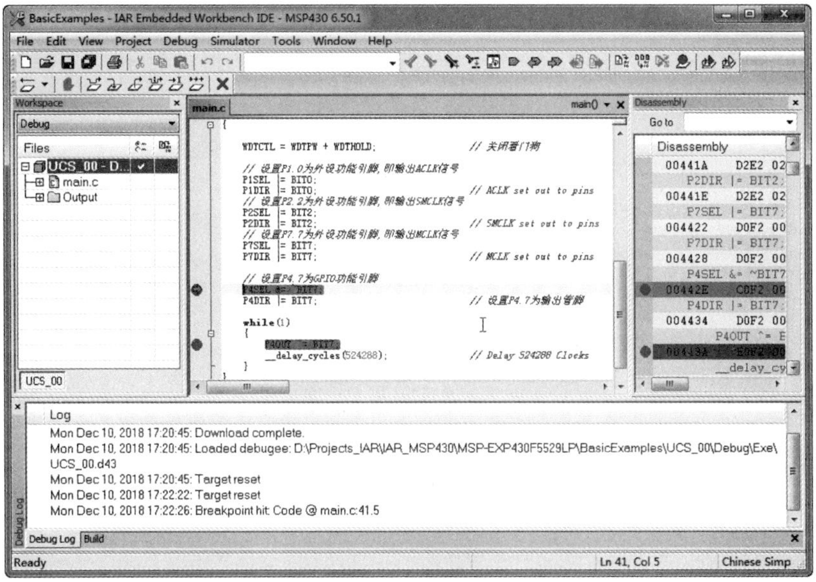

图 2.23　程序调试

调试过程中,常用的命令如表 2.10 所示。

表 2.10　调试命令

命令选项	快捷键	工具按钮	功能说明
Reset			程序复位,控制程序重新从 main( ) 函数开始处执行
Break			暂停运行程序
StepOver	F10		在同一函数中将运行至下一步,而不会跟踪进入调用函数内部
StepInto	F11		控制程序从当前位置运行至正常控制流中的下一步,无论它是否在同一个函数内
StepOut	Shift+F11		使用 StepInto 单步运行进入一个函数体内之后,如果不想一直跟踪到该函数的末尾,运行此命令可执行完整函数调用并返回到调用语句的下一条语句
NextStatement			直接运行到下一条语句
RuntoCursor			使程序运行至用户光标所在的源代码处,也可在反汇编窗口以及堆栈调用窗口中使用
Go	F5		从当前位置开始,一直运行到一个断点或程序末尾
StopDebugging	Ctrl+Shift+D		退出调试器,返回 IAREWARM 环境

4. 添加其他工程

采用同样的方法,可以在该工作空间内创建其他工程项目。对于已经存在的工程,可以采用添加工程的方法将其导入。单击菜单命令"Project"→"Add Existing Project..",找到相应的工程,即可实现导入。图 2.24 给出了工作空间概貌视图。

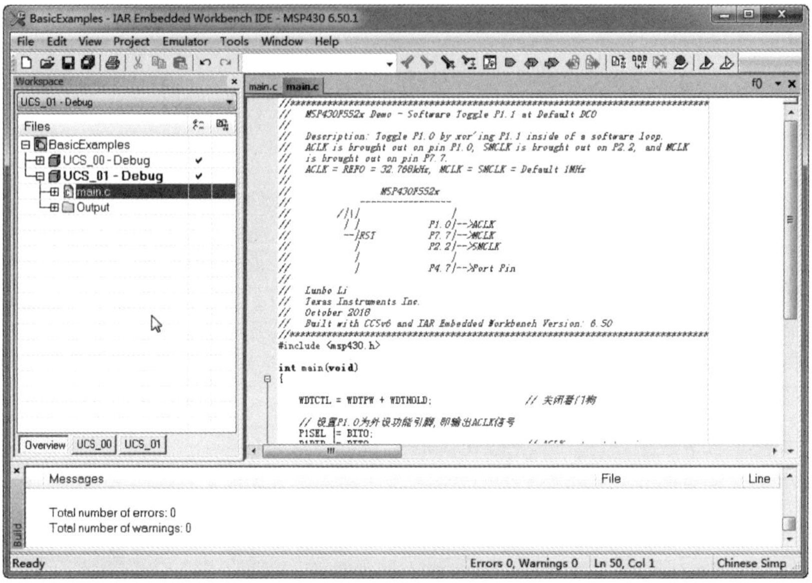

图 2.24 工作空间概貌视图

项 目 小 结

本项目详细介绍了 MSP430 单片机软件工程开发基础。软件是一个单片机系统的灵魂,一个高质量的软件工程可以使整个系统运行更稳定、维护更方便。针对初学者,更适宜采用 C 语言进行 MSP430 单片机软件的开发,因此,首先介绍了 MSP430 单片机 C 语言基础,使读者不仅了解标准 C 语言的语法,还可以区分 C430 与标准 C 语言。其次,针对 MSP430 单片机,介绍了一种简单、清晰的编程方法,即在正常情况下,MSP430 单片机处于主循环或低功耗模式,当片上外设产生中断事件时,单片机转而执行中断服务程序。相应的中断事件可在中断服务程序中处理,也可通过设置标志位在主循环中处理。中断事件处理完毕后,MSP430 单片机再次进入主循环或低功耗模式。这种编程结构可将 MSP430 单片机的功耗降至最低。因此,应紧跟 MSP430 单片机技术的发展趋势,使用最新的 MSP430 单片机开发软件,其中有很多非常实用的功能,能够最大限度地缩短 MSP430 单片机系统开发的周期。本项目介绍的是 IAR 的基本操作,其他功能还需读者在以后的学习和实践中不断掌握。

思考与习题

1. 列举C语言所具有的运算符,并了解各运算符的优先级。
2. 程序设计的基本结构包括哪3种?可通过什么语句进行实现?
3. 分析全局变量与局部变量的区别与联系。
4. 了解内部函数与外部函数的区别与定义方式。
5. 预处理命令包含哪3个主要部分?各部分可通过什么命令来具体实现?
6. 描述MSP430单片机软件编程方法。
7. 高质量的程序软件应具备哪些条件?

项目 3　MSP430 单片机硬件结构和原理

[项目描述]

CPU 是单片机的核心部件,其性能直接关系到单片机的处理能力。本项目以 MSP430F5xx/6xx 系列单片机为例,简单介绍 MSP430 单片机的结构和特性,重点介绍 MSP430F5529 单片机的 CPU 和存储器特点。

[项目目标]

1. 了解 MSP430 单片机的结构特点
2. 了解 MSP430F5529 单片机的引脚及功能
3. 掌握 MSP430F5529 单片机的 CPU 和存储器的特点

任务 3.1　MSP430F5xx/6xx 系列单片机结构

MSP430F5xx/6xx 系列单片机采用的是冯・诺依曼架构,其内部结构主要包含 CPU、存储器、片上外设、时钟系统、仿真系统,以及连接它们的数据总线 MDB 和地址总线 MAB,如图 3.1 所示。

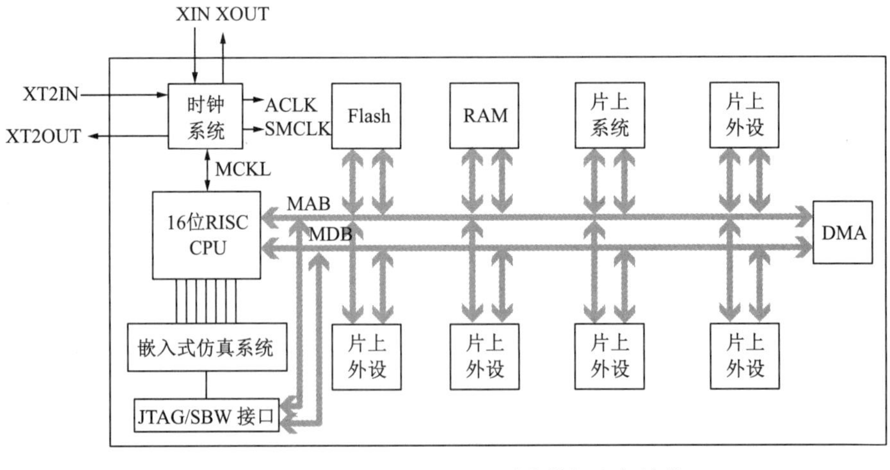

图 3.1　MSP430F5xx/6xx 系列单片机内部结构

3.1.1　MSP430F5xx/6xx 系列单片机的结构特点

从图 3.1 中可以看出,MSP430F5xx/6xx 系列单片机具有以下特点:

(1)16位精简指令集CPU通过总线直接与存储器和片上外设相连;

(2)单片机内部包含嵌入式仿真系统,具有JTAG/SBW接口;

(3)智能时钟系统支持多种时钟,能够最大限度地降低功耗;

(4)DMA控制器可显著提高程序执行效率。

3.1.2 MSP430F5xx/6xx系列单片机的主要部件

1. CPU

MSP430单片机的CPU是按照RISC和高透明的宗旨而设计的,使用的指令有硬件执行的内核指令和基于现有硬件结构的仿真指令,这样可以提高指令执行速度和效率,增强MSP430的实时处理能力。

2. 总线

MSP430单片机内部具有数据总线和地址总线。

(1)数据总线

数据总线用于传达数据信息,是双向总线。它既可以把CPU的数据传送给存储器或片上外设等其他部件,也可以将其他部件的数据传送给CPU。

(2)地址总线

地址总线用于传送地址信息,是单向总线。只能由CPU向外传送地址信息,以便选择需要访问的存储单元或片上外设。

3. 存储器

存储器用于存储程序、数据以及外围模块的运行控制信息,分为程序存储器和数据存储器。对程序存储器访问总是以字的形式取得代码,而对数据存储器可以用字或字节方式访问。

4. 片上外设

MSP430单片机的片上外设经过数据总线和地址总线与CPU相连。MSP430单片机所包含的片上外设有时钟系统、看门狗、定时器、比较器、液晶驱动模块、12位ADC、DMA控制器和GPIO等。

5. 嵌入式仿真系统

每个Flash型MSP430单片机都具有一个嵌入式仿真系统。该嵌入式仿真系统可以通过四线JTAG或者SBW(两线JTAG)进行访问和控制,可以实现在线编程和调试,使Flash型MSP430单片机的开发调试更方便。

任务3.2 MSP430F5529单片机的主要特性

MSP430F5529单片机具有支持USB2.0的集成USB和PHY、4个16位计时器、1个高性能12位ADC、2个USCI、1个硬件乘法器、DMA、1个带有警报功能的RTC模块和63个I/O引脚。

MSP430F5529单片机的典型应用包括需要与多种USB主机连接的模拟和数字传感器系统、数据记录器和其他应用。

■ 低电源电压范围：从 3.6 V 低至 1.8 V。

■ 超低功耗。

• 激活模式（AM），所有系统时钟激活：

☆ 8 MHz 时为 290 μA/MHz、3.0 V、闪存程序执行（典型值）；

☆ 8 MHz 时为 150 μA/MHz、3.0 V、RAM 程序执行（典型值）。

• 待机模式（LPM3）：

☆ 含晶体的实时时钟（RTC）、看门狗、电源监控器可用，完全 RAM 保持，快速唤醒：2.2 V 时为 1.9 μA，3.0 V 时为 2.1 μA（典型值）；

☆ 低功耗振荡器（VLO）、通用计数器、看门狗、电源监控器可用，完全 RAM 保持，快速唤醒：3.0 V 时为 1.4 μA（典型值）。

• 关闭模式（LPM4）：

☆ 完全 RAM 保持，电源监视器可用，快速唤醒：3.0 V 时为 1.1 μA（典型值）。

• 关断模式（LPM4.5）：

☆ 3.0 V 时为 0.18 μA（典型值）。

■ 在 3.5 μs（典型值）内从待机模式唤醒。

■ 16 位精简指令集（RISC）计算机架构，扩展内存，高达 25 MHz 的系统时钟。

■ 灵活的电源管理系统。

• 内置可编程的低压降稳压器（LDO）；

• 电源电压监控、监视和临时限电。

■ 统一时钟系统。

• 针对频率稳定的锁相环（FLL）控制环路；

• 低功耗低频内部时钟源（VLO）；

• 低频修整内部基准源（REFO）；

• 3 2 kHz 手表晶振（XT1）；

• 高达 32 MHz 的高频晶振（XT2）。

■ 具有 5 个捕捉/比较寄存器的 16 位定时器 TA0，Timer_A。

■ 具有 3 个捕捉/比较寄存器的 16 位定时器 TA1，Timer_A。

■ 具有 3 个捕捉/比较寄存器的 16 位定时器 TA2，Timer_A。

■ 具有 7 个捕捉/比较影子寄存器的 16 位定时器 TB0，Timer_B。

■ 2 个通用串行通信接口。

• USCI_A0 和 USCI_A1 均支持：

☆ 增强型通用异步收发器（UART）支持自动波特率检测；

☆ IrDA 编码和解码；

☆ SPI。

• USCI_B0 和 USCI_B1 每个都支持：

☆ I^2C；

☆ SPI。

■ 全速 USB。

• 集成的 USB 物理层（PHY）；

- 集成 3.3 V 和 1.8 V USB 电源系统;
- 集成 USB 锁相环(PLL);
- 8 输入和 8 输出端点。

■ 具有内部基准、采样保持和自动扫描功能的 12 位 ADC(仅限 MSP430F5529)。

■ 比较器。

■ 硬件乘法器支持 32 位运算。

■ 串行板上编程,无须外部编程电压。

■ 3 通道内部 DMA。

■ 具有 RTC 特性的基本计时器。

任务 3.3　MSP430F5529 单片机的基本结构

MSP430F5529 单片机结构如图 3.2 所示。

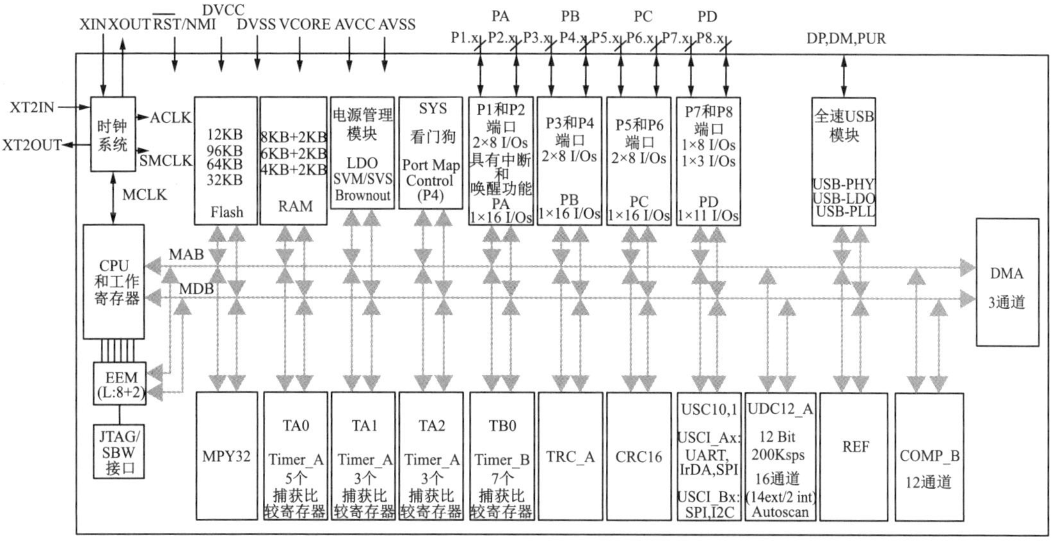

图 3.2　MSP430F5529 单片机结构示意图

3.3.1　MSP430F5529 单片机的 CPU

CPU 是单片机的核心部件,其性能直接关系到单片机的处理能力。MSP430F5529 单片机的 CPU 采用 16 位 RISC,集成了 16 个寄存器。寄存器是 CPU 的重要组成部分,是有限存储容量的高速存储部件,可用来暂存指令、数据和地址。寄存器操作是系统操作最快捷的途径,能够缩短指令执行的时间,在一个周期之内完成寄存器与寄存器之间的操作。

在 MSP430F5xx/6xx 系列单片机的 CPU 中,R4~R15 为通用寄存器,用来保存参加运算的数据及运算的中间结果,也可用来存放地址。R0~R3 为具有特殊功能的寄存器,MSP430F5xx/6xx 系列单片机寄存器资源简要说明如表 3.1 所示。

表 3.1 MSP430F5xx/6xx 系列单片机寄存器资源简要说明

寄存器简写	功能	
R0(20 位)	特殊功能寄存器	程序计数器(PC),指示下一条将要执行的指令地址
R1(20 位)		堆栈指针(SP),指向堆栈栈顶
R2(16 位)		状态寄存器(SR)
R3(20 位)		常数发生器(CG2)
R4~R15(20 位)	通用寄存器	

下面对这些寄存器分别进行介绍。

1. R0:程序计数器

程序计数器存放着下一条将要从程序存储器中取出的指令的地址。程序中的所有指令都存放在存储器的某一区域,每一条指令都有自己的存放地址,需要执行哪条指令时,就将哪条指令的地址送到地址总线。程序计数器的实现依赖于指令使用的字节数(2,4,6,8,总是偶数)。

2. R1:堆栈指针

堆栈是一种具有“后进先出”特殊访问属性的存储结构,R1 可用于保存堆栈指针。堆栈是在片内 RAM 中实现的,通常将堆栈指针设置为片内 RAM 的最高地址加 1。使用 C 语言编程时,集成编译软件 IAR 会自动设置堆栈指针初始值。使用汇编语言编程时必须注意堆栈指针的正确设置,否则堆栈可能会覆盖变量区,导致程序出错。

3. R2:状态寄存器

状态寄存器用来存储状态位和控制位。根据运算结果,CPU 会自动改变系统标志。MSP430 单片机的状态寄存器为 16 位,其中只用到 9 位,其结构见表 3.2。

表 3.2 MSP430 单片机中 9 位状态寄存器结构

15~9	8	7	6	5	4	3	2	1	0
保留	V	SCG1	SCG0	OSCFF	CPUOFF	GIE	N	Z	C

V 为溢出标志位,当算术运算结果超出有符号变量的范围时,V=1。

SCG1 为时钟控制标志位,SCG1=1(置位)关闭 DCO 数字时钟发生器;SCG1=0(复位)开启 DCO 数字时钟发生器。

SCG0 为时钟控制标志位,SCG0=1(置位)关闭 FLL 倍频环;SCG0=0(复位)开启 FLL 倍频环。

OSCFF 为晶振控制标志位,OSCFF=1(置位)关闭晶体振荡器。

CPUOFF 为 CPU 控制标志位,CPUOFF=1(置位)CPU 进入关闭模式,可用允许的中断将 CPU 唤醒。

GIE 为中断使能控制位,GIE=1(置位)CPU 可影响可屏蔽中断;GIE=0(复位)CPU 不影响可屏蔽中断。

N 为求反标志位,当运算结果为负时,N=1(置位);否则 N 复位。

Z为零标志位，当运算结果为零时，Z=1（置位）；否则Z复位。

C为进位标志位，当运算结果产生进位时，C=1（置位）；否则C复位。

4. R2/R3：常数发生器

常数发生器可以产生6个常用的常数：-1，0，1，2，4，8。常数发生器所用常数的数值由寻址模式标志位AS来定义，可以不需要通过代码字或代码内存访问自动地产生数字。

利用这个功能可以实现仿真指令，表3.3列出了常数发生器的值。

表3.3 常数发生器的值

寄存器	AS	常数	描述
R2	00	—	寄存器寻址模式
R2	01	(0)	绝对寻址模式
R2	10	00004h	+4位处理
R2	11	00008h	+8位处理
R3	00	00000h	0字处理
R3	01	00001h	+1
R3	10	00002h	+2位处理
R3	11	FFh，FFFFh，FFFFFh	-1字处理

5. R4~R15：通用寄存器

通用寄存器用来保存数据值、地址指针或者索引值，可以通过字节或字指令访问它们。

3.3.2 MSP430F5529单片机的存储器

MSP430单片机的存储空间采用冯·诺依曼结构，物理上完全分离的存储区域，如程序存储器Flash、数据存储器RAM、外围模块、特殊功能存储器SFR等，被安排在同一个存储器的不同区间，这样可使用同一组数据总线、地址和相同的指令对它们进行字节或字形式访问。

MSP430不同型号单片机地址空间略有不同，MSP430F5529单片机具有128 KB程序存储器、(8+2) KB RAM存储器（当USB模块禁止时，获得额外的2 KB RAM）及相应的外围模块寄存器，其存储空间分配情况如图3.3所示。

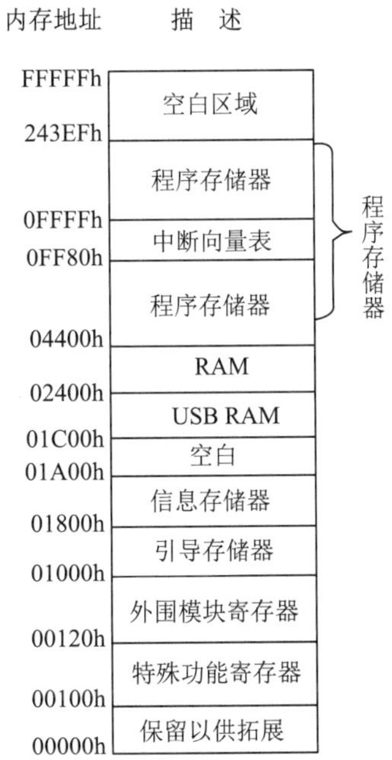

图3.3 MSP430F5529单片机存储空间分配图

3.3.3 程序存储器

MSP430F5529单片机的程序存储器具有4个存储体，每个32 KB，共128 KB，所在存储区间地址段为04400h~243FFh。程序存储器可分为两种情况：中断向量表和用户程序代码段。

中断向量表的存储空间为0FF80h~0FFFFh,中断向量表内含有相应中断服务程序的16位入口地址。当MSP430单片机片内模块的中断请求被响应时,MSP430单片机首先保护断点,之后从中断向量表中查表得到相应中断服务程序的入口地址,然后执行相应的中断服务程序。

用户程序代码段一般用来存放程序、常数或表格。MSP430单片机的存储结构允许存放大的数表,并且可以用所有的字和字节访问这些表。这一点为提高编程的灵活性和节省程序存储空间带来了好处。

3.3.4 RAM

MSP430F5529单片机的RAM具有4个扇区,每个2 KB,共8 KB,所在存储空间地址段为02400h~0C3FFh。RAM为堆栈和变量提供空间,如存放经常变化的数据,包括采集到的数据、输入的变量、运算的中间结果等。使用C语言来开发项目,注意观察编译结束后在窗口中提示的RAM使用量的大小,只要不超过RAM区的实际容量并稍留余量即可。

3.3.5 信息存储器

MSP430F5529单片机的信息存储器具有4段,每段128 B,共512 B,所在存储空间地址段为01800h~019FFh。信息存储器类型为Flash类型,非RAM类型,掉电后数据不会丢失。该段区域内数据可通过Flash控制器进行擦除、写入或读取。信息存储器可用于存储掉电后需要保存的重要数据,等系统再次上电时,可通过读取信息存储器的内容以获得系统掉电之前保存的重要数据,使系统按照之前的状态继续运行。

3.3.6 引导存储器

MSP430F5529单片机的引导存储器具有4段,每段512 B,共2 KB,所在存储空间地址段为01000h~017FFh。引导存储器类型也是Flash类型,BSL允许用户利用所定义的密码通过各种通信接口(USB或UART)访问内存空间,可以实现程序代码的读/写操作,利用引导存储器只需几根线就可以修改并运行内部的程序,为系统软件的升级提供了另一种方便的手段。

3.3.7 外围模块寄存器

MSP430F5529单片机的外围模块寄存器所在存储空间地址段为00120h~00FFFh,都可以通过软件进行访问和控制。MSP430F5529单片机可以像访问普通RAM单元一样对这些寄存器进行操作,这些寄存器也分为字节结构和字结构。不同系列MSP430单片机的外围模块寄存器数量不同,具体请参考芯片的数据手册。MSP430F5529单片机外围模块寄存器地址分配如表3.4所示。

表 3.4 MSP430F5529 单片机外围模块寄存器地址分配

地址	说明	地址	说明
0120h~013Fh	电源管理模块	0h~03FFh	TB0
0140h~014Fh	Flash 控制器	0400h~049Fh	TA2
0150h~0157h	CRC16 模块	0h~04BFh	实时时钟模块
0158h~015Bh	RAM 控制器	0h~04FFh	32 位硬件乘法器
015Ch~015Fh	看门狗模块	0500h~050Fh	DMA 控制寄存器
0160h~017Fh	UCS 统一时钟模块	0510h~051Fh	DMA 通道 0
0180h~01AFh	SYS 系统模块	0520h~052Fh	DMA 通道 1
01B0h~01BFh	参考模块	0530h~05BFh	DMA 通道 2
0h~01DFh	端口映射控制寄存器	0h~05DFh	USCI_A0 模块
01E0h~01FFh	P4 映射端口	05E0h~05FFh	USCI_B0 模块
0200h~021Fh	端口 P1/P2	0600h~061Fh	USCI_A1 模块
0220h~023Fh	端口 P3/P4	0620h~06FFh	USCI_B1 模块
0240h~025Fh	端口 P5/P6	0700h~08BFh	ADC12 模块
0260h~031Fh	端口 P7/P8	0h~08FFh	比较器 B 模块
0320h~033Fh	端口 PJ	0900h~091Fh	USB 配置寄存器
0340h~037Fh	TA0	0920h~093Fh	USB 控制寄存器
0380h~03BFh	TA1		

3.3.8 特殊功能寄存器

特殊功能寄存器(SFR)是单片机内部资源的控制指挥单元,单片机内部不管集成了多少外围接口部件和功能单元,都是通过特殊功能寄存器进行控制和管理的。

MSP430F5529 单片机的特殊功能寄存器所在的存储空间地址段为 00100h~00120h。不同系列的 MSP430 单片机特殊功能寄存器数量不同,MSP430F5529 单片机特殊功能寄存器如表 3.5 所示。

表 3.5 MSP430F5529 单片机特殊功能寄存器列表(基址为 00100h)

寄存器	缩写	读/写类型	访问方式	偏移地址	初始状态
中断使能寄存器	SFRIE1	读/写	字访问	00h	0000h
	SFRIE1_L(IE1)	读/写	字节访问	00h	00h
	SFRIE1_H(IE2)	读/写	字节访问	01h	00h

表 3.5 (续)

寄存器	缩写	读/写类型	访问方式	偏移地址	初始状态
中断标志寄存器	SFRIFG1	读/写	字访问	02h	0082h
	SFRIFG1_L	读/写	字节访问	02h	82h
	SFRIFG1_H	读/写	字节访问	03h	00h
复位引脚控制寄存器	SFRRPCR	读/写	字访问	04h	0000h
	SFRRPCR_L	读/写	字节访问	04h	00h
	SFRRPCR_H	读/写	字节访问	05h	00h

任务 3.4　MSP430F5529 单片机的外部引脚

MSP430F5529 单片机具有 80 个引脚,采用薄型四方扁平式封装技术(LQFP),其外形及引脚分布如图 3.4 所示。

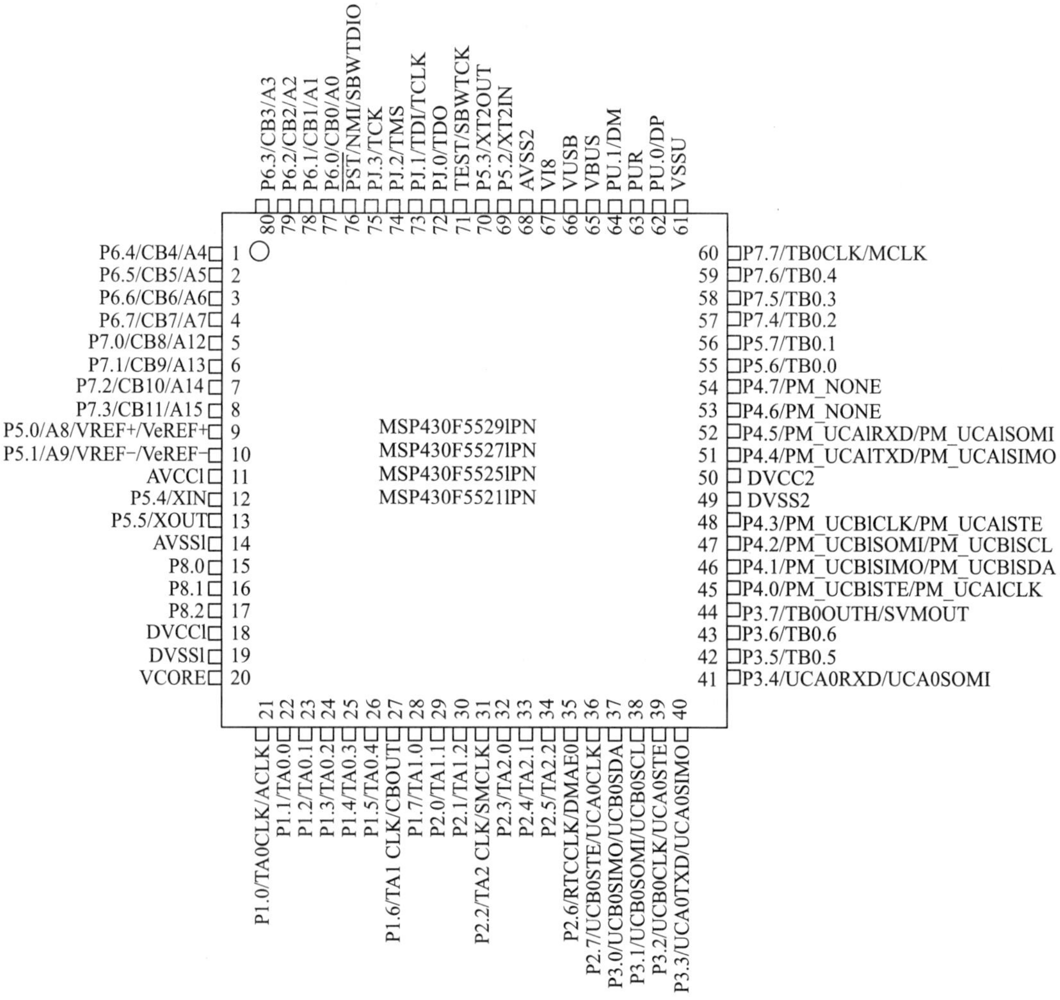

图 3.4　MSP430F5529 单片机外形引脚分布

由于MSP430F5529单片机片内资源丰富,需要众多引脚,受芯片引脚数的限制,很多引脚具有复用功能。MSP430F5529单片机引脚说明如表3.6所示。

表3.6 MSP430F5529单片机引脚说明

引脚名称	引脚号	说明
P6.4/CB4/A4	1	通用数字I/O端口/比较器B输入通道CB4/ADC输入通道A4
P6.5/CB5/A5	2	通用数字I/O端口/比较器B输入通道CBS/ADC输入通道A5
P6.6/CB6/A6	3	通用数字I/O端口/比较器B输入通道CB6/ADC输入通道A6
P6.7/CB7/A7	4	通用数字I/O端口/比较器B输入通道CB7/ADC输入通道A7
P7.0/CB8/A12	5	通用数字I/O端口/比较器B输入道道CB8/ADC输入通道A12
P7.1/CB9/A13	6	通用数字I/O端口/比较器B输入通道CB9/ADC输入通道A13
P7.2/CB10/A14	7	通用数字I/O端口/比较器B输入通道CB10/ADC输入通道A14
P7.3/CB11/A15	8	通用数字I/O端口/比较器B输入通道CB11/ADC输入通道A15
P5.0/A8/VREF+/VeREF+	9	通用数字I/O端口/ADC输入通道A8/ADC内部正参考电压输出引脚,ADC外部正参考电压输入引脚
P5.1/A9/VREF-/VeREF-	10	通用数字I/O端口/ADC输入通道A9/ADC内部负参考电压输出引脚、ADC外部正参考电压输入引脚
AVCC1	11	模拟电源正输入端
P5.4/XIN	12	通用数子I/O端口/晶体振荡器XT1输入口
P5.5/XOUT	13	通用数字I/O端口/晶体振荡器XT1输出口
AVSS1	14	模拟电源负输入端
P8.0	15	通用数字I/O端口
P8.1	16	通用数字I/O端口
P8.2	17	通用数字I/O端口
DVCC1	18	数字电源
DVSS1	19	数字电源地
VCORE	20	核心电压输出
P1.0/TA0CLK/ACLK	21	具有端口中断的通用数字I/O端口/TA0时钟信号输入/ACLK时钟输出

表 3.6（续1）

引脚名称	引脚号	说明
P1.1/TA0.0	22	具有端口中断的通用数字 I/O 端口/TA0CCR0，捕获：CCI0A 输入，比较：OUT0 输出/BSL 发送输出
P1.2/TA0.1	23	具有端口中断的通用数字 I/O 端口/TA0CCR1，捕获：CCI1A 输入，比较：OUT1 输出/BSL 接收输入
P1.3/TA0.2	24	具有端口中断的通用数字 I/O 端口/TA0CCR2，捕获：CCI2A 输入，比较：OUT2 输出
P1.4/TA0.3	25	具有端口中断的通用数字 I/O 端口/TA0CCR3，捕获：CCI3A 输入，比较：OUT3 输出
P1.5/TA0.4	26	具有端口中断的通用数字 I/O 端口/TA0CCR4，捕获：CCI4A 输入，比较：OUT4 输出
P1.6/TA1CLK/CBOUT	27	具有端口中断的通用数字 I/O 端口/TA1 时钟信号输入 TA1CLK/比较器 B 输出 CBOUT
P1.7/TA1.0	28	具有端口中断的通用数字 I/O 端口/TA1CCR0，捕获：CCI0A 输入，比较：OUT0 输出
P2.0/TA1.1	29	具有端口中断的通用数字 I/O 端口/TA1CCR1，捕获：CCI1A 输入，比较：OUT1 输出
P2.1/TA1.2	30	具有端口中断的通用数字 I/O 端口/TA1CCR2，捕获：CCI2A 输入，比较：OUT2 输出
P2.2/TA2CLK/SMCLK	31	具有端口中断的通用数字 I/O 端口/TA2 时钟信号输入/SMCLK 时钟输出
P2.3/TA2.0	32	具有端口中断的通用数字 I/O 端口 TA2CCR0，捕获：CCI0A 输入，比较：OUT0 输出
P2.4/TA2.1	33	具有端口中断的通用数字 I/O 端口 TA2CCR1，捕获：CCI1A 输入，比较：OUTI 输出
P2.5/TA2.2	34	具有端口中断的通用数字 I/O 端口 TA2CCR2，捕获：CCI2A 输入，比较：OUT2 输出
P2.6/RTCCLK/DMAE0	35	具有端口中断的通用数字 I/O 端口/RTC 输出时钟/DMA 外部触发输入
P2.7/UCB0STE/UCA0CLK	36	具有端口中断的通用数字 I/O 端口/从机传输使能-USCI_B0SPI 模式/时钟信号输入-USCI-A0SPI 从机模式/时钟信号检出-USCI-A0SPI 主机模式
P3.0/UCB0SIMO/UCB0SDA	37	通用数字 I/O 端口/从入主出-USCI_B0SPI 模式/I^2C 数据-USCIB0_I^2C 模式
P3.1/UCB0SOMI/UCB0SCL	38	通用数字 I/O 端口/从出主入-USCI_B0SPI 模式/I^2C 时钟数据-USCIB0_I^2C 模式

表3.6(续2)

引脚名称	引脚号	说明
P3.2/UCB0CLK/UCA0STE	39	通用数字I/O端口时钟信号输入-USCI_B0SPI从机模式/时钟信号输出-USCI_B0SPI主机模式/从机传输使能-USCI_A0SPI模式
P3.3/UCA0TXD/UCA0SIMO	40	通用数字I/O端口/USCI_A0在UART模式下的传输数据输出/USCI_A0在SPI模式下的从机输入、主机输出
P3.4/UCA0RXD/UCA0SOMI	41	通用数字I/O端口/USCI_A0在UART模式下的接收数据输入/USCI_A0在SPI模式下的从机输出、主机输入
P3.5/TB0.5	42	通用数字I/O端口/TB0CCR5捕获:CCI5A输入,比较:OUT5输出
P3.6/TB0.6	43	通用数字I/O端口/TB0CCR6捕获:CCI6A输入,比较:OUT6输出
P3.7/TB0OUTH/SVMOUT	44	通用数字I/O端口/转换所有PWM数字输出端到高阻抗-Timer_BTB0到TB6/SVS比较器输出
P4.0/PM_UCB1STE/PM_UCA1CLK	45	具有可重置端口映射辅助功能的通用数字I/O端口/默认映射:USCI_B1在SPI模式下的从机发送使能/默认映射:USCI_A1在SPI从机模式下的时钟信号输入/默认映射:USCI_A1在SPI主机模式下的时钟信号输出
P4.1/PM_UCB1SIMO/PM_UCB1SDA	46	具有可重置端口映射辅助功能的通用数字I/O端口默认映射:从入主出:-USCI_B1SPI模式/默认映射:I²C数据-USCI_B1I²C模式
P4.2/PM_UCB1SOMI/PM_UCB1SCL	47	具有可重置端口映射辅助功能的通用数字I/O端口默认映射:从出主入:-USCI_B1SPI模式/默认映射:I²C时钟-USCI_B1I²C模式
P4.3/PM_UCB1CLK/PM_UCA1STE	48	具有可重置端口映射辅助功能的通用数字I/O端口默认映射:时钟信号输入-USCI_B1SPI从机模式/默认映射:时钟信号输出-USCI_B1SPI主机模式/默认映射:从机传输使能-USCI_A1SPI模式
DVSS2	49	数字电源地
DVCC2	50	数字电源
P4.4/PM_UCA1TXD/PM_UCA1SIMO	51	具有可重置端口映射辅助功能的通用数字I/O端口默认映射:发送数据输出-USCI_A1UART模式/默认映射:从入主出-USCI_A1SPI模式
P4.5/PM_UCA1RXD/PM_UCA1SOMI	52	具有可重置端口映射辅助功能的通用数字I/O端口默认映射:接收数据输入-USCI_A1UART模式/默认映射:从出主入-USCI_A1SPI模式
P4.6/PM_NONE	53	具有可重置端口映射辅助功能的通用数字I/O端口默认映射:不具有辅助功能

表 3.6 (续3)

引脚名称	引脚号	说明
P4.7/PM_NONE	54	具有可重置端口映射辅助功能的通用数字 I/O 端口默认映射;不具有辅助功能
P5.6/TB0.0	55	通过 I/O 端口/TB0CCR0 捕获:CCI0A 输入,比较:OUT0 输出
P5.7/TB0.1	56	通过 I/O 端口/TB0CCR1 捕获:CCI1A 输入,比较:OUT1 输出
P7.4/TB0.2	57	通过 I/O 端口/TB0CCR2 捕获:CCI2A 输入,比较:OUT2 输出
P7.5/TB0.3	58	通过 I/O 端口/TB0CCR3 捕获:CCI3A 输入,比较:OUT3 输出
P7.6/TB0.4	59	通过 I/O 端口/TB0CCR4 捕获:CCI4A 输入,比较:OUT4 输出
P7.7/TB0CLK/MCLK	60	通过 I/O 端口/TB0 时钟信号输入/MCLK 输出
VSSU	61	USB 模块收发器(PHY)电源地
PU.0/DP	62	由 USB 模块控制寄存器控制的通用 I/O 端口/USB 差分数据传输线(DP)
PUR	63	USB 模块上拉电阻引脚
PU.1/DM	64	由 USB 模块控制寄存器控制的通用 I/O 端口/USB 差分数据传输线(DM)
VBUS	65	USB 模块低压差线性稳压器(LDO)输入
VUSB	66	USB 模块低压差线性稳压器(LDO)输出
V18	67	USB 模块稳压电源(仅限内部使用)
AVSS2	68	模拟电源地
P5.2/XT2IN	69	通用数字 I/O 端口/晶体振荡器 XT2 的输入口
P5.3/XT2OUT	70	通用数字 I/O 端口/晶体振荡器 XT3 的输出口
TEST/SBWTCK	71	在四线 JTAG 操作下的测试引脚/SBW 操作时钟信号输入
PJ.0/TDO	72	通用数字 I/O 端口/JTAG 测试数据输出端口
PJ.1/TDI/TCLK	73	通用数字 I/O 端口/JTAG 测试数据输入/JTAG 测试时钟输入
PJ.2/TMS	74	通用数字 I/O 端口/JTAG 测试模式选择
PJ.3/TCK	75	通用数字 I/O 端口/JTAG 测试时仲
$\overline{RST}$/NMJ/SBWTDIO	76	复位信号(低电平有效)/非屏蔽中断输入/SBW 操作数据传输
P6.0/CB0/A0	77	通用数字 I/O 端口/比较器输入通道 CB0/ADC 输入通道 A0

表3.6(续4)

引脚名称	引脚号	说明
P6.1/CB1/A1	78	通用数字I/O端口/比较器输入通道CB1/ADC输入通道A1
P6.2/CB2/A2	79	通用数字I/O端口/比较器输入通道CB2/ADC输入通道A2
P6.3/CB3/A3	80	通用数字I/O端口/比较器输入通道CB3/ADC输入通道A3

任务3.5 单片机的工作原理

单片机自动完成赋予它的任务的过程,也就是单片机执行程序的过程,即一条条指令的执行过程。所谓指令就是把要求单片机执行的各种操作用命令的形式写下来,一条指令对应着一种基本操作。单片机所能执行的全部指令,就是该单片机的指令系统,不同种类的单片机,其指令系统亦不相同。为使单片机能自动完成某一特定任务,必须把要解决的问题编成一系列指令(这些指令必须是选定的单片机能识别和执行的指令),这一系列指令的集合就成为程序。程序需要预先存放在具有存储功能的部件——存储器中。存储器由许多存储单元(最小的存储单位)组成,指令就存放在这些存储单元中。每一个存储单元都有唯一的地址号,该地址号称为存储单元的地址,这样只要明确了存储单元的地址,就可以找到这个存储单元,其中存储的指令就可以被取出,然后再被执行。

程序的执行通常是有顺序的,所以程序中的指令也是一条条按顺序存放的。单片机在执行程序时要把这些指令一条条取出并加以执行,因此,必须有一个部件能追踪指令所在的地址,这一部件就是程序计数器(PC,包含在CPU中)。在开始执行程序时,给PC赋予程序中第一条指令所在的地址,然后取得每一条要执行的命令,PC中的内容就会自动增加,增加量由本条指令长度决定,以指向下一条指令的起始地址,保证指令按顺序执行。

在程序按顺序执行时,PC指针的内容自动增加,指向正在执行的指令的下一条指令;当发生中断或调用子程序时,当前的PC值被保存到堆栈,然后PC指针置入新的值(中断向量地址或子程序入口地址),程序的流动发生变化,执行完成这些程序后,PC指针的值要恢复为堆栈中保存的旧的PC值,程序从断点处继续按顺序执行。

项目小结

本项目以MSP430F5xx/6xx系列单片机为例,简单介绍了MSP430单片机的结构和特性,重点介绍了MSP430单片机的CPU和存储器的特点。

MSP430单片机的结构主要包含CPU、存储器、片上外设、时钟系统、仿真系统及连接它们的数据总线和地址总线。

MSP430 单片机的 CPU 采用 16 位 RISC，内部集成有程序计数器、堆栈指针、状态寄存器、常数发生器和通用寄存器等。与以往的 MSP430 单片机不同，MSP430F5xx/6xx 系列单片机采用了 MSP430 扩展型的 CPU（CPUX），寻址总线从 16 位扩展到 20 位，最大寻址可达 1 MB。这与传统的 16 位地址总线的 MCU 在使用中存在一定的差别。

MSP430 单片机的存储器采用冯·诺依曼结构，物理上完全分离的存储区域，如 Flash RAM、外围模块、特殊功能存储器 SFR 等，被安排在同一个存储器的不同区间内，这样就可以使用同一组地址、数据总线、相同的指令对它们进行字节或字形式访问。

思考与习题

1. MSP430 单片机的结构主要包含哪些部件？

2. 列举冯·诺依曼结构和哈佛结构的区别及联系。

3. MSP430F5529 单片机具有哪些特性？

4. 根据 MSP430F5529 单片机的结构框图，详细列出它所具有的片上外设。

5. 了解 MSP430F5529 单片机各引脚功能，并注意其引脚的命名规则。

6. MSP430 单片机的中央处理器由哪些单元组成？各单元具有什么功能？

7. 精简指令集和复杂指令集具有哪些区别？为什么 MSP430 单片机采用精简指令集系统？

8. MSP430F5xx/6xx 系列单片机 CPU 具有哪些寄存器资源？各寄存器具有什么功能？

项目 4　MSP430 单片机的中断系统

［项目描述］

中断是 MSP430 单片机的一大特点，有效地利用中断可以简化程序并提高执行效率。在 MSP430 单片机中，几乎每个片上外设都能够产生中断，这为 MSP430 单片机针对中断事件进行编程打下了基础。MSP430 单片机在没有中断事件发生时进入低功耗模式，在中断事件发生时通过中断唤醒 CPU，中断事件处理完毕后，CPU 再次进入低功耗状态。CPU 的运行速度和退出低功耗的速度很快，因此，在实际应用中，CPU 大部分时间都处于低功耗的状态。

［项目目标］

1. 了解中断的基本概念
2. 掌握中断的管理过程

任务 4.1　中断的基本概念

什么是中断？在生活中就有中断现象，例如：

你在看书。

电话铃响了。

你在书上做个记号，走到电话旁。

你拿起电话和对方通话。

门铃响了。

你让打电话的对方稍等一下。

你去开门，并在门旁与来访者交谈。

谈话结束，关好门。

回到电话机旁，拿起电话，继续通话。

通话完毕，挂上电话。

从做记号的地方起继续读书。

这就是发生在日常生活中的中断现象。从看书到接电话，是一次中断过程，而从打电话到与门外来访者交谈，则是在中断过程中发生的又一次中断，即所谓中断嵌套。

为什么会发生这一系列的中断现象呢？就是在一个特定的时刻，面对着三项任务：看书、打电话和接待来访者。但一个人又不能同时完成三项任务，因此只好采用中断方法，穿插着去做。类似情况在计算机中也同样存在，通常计算机中只有一个 CPU，但却面临运行程序、数据输入输出以及特殊情况处理等多项任务,因此也只能采用停下一个去处理另一个的中断方法。

众所周知,CPU 的工作速度越来越快,CPU 启动外部设备输入/输出 1 B 数据只需微秒级甚至更短时间,而低速的外部设备工作速度一般在毫秒级,若 CPU 和外部设备串行工作,CPU 将耗费大量时间去等待外部设备,其效率大大降低。若没有中断技术,CPU 难以为多个设备服务,对故障的处理能力也会极差。为了解决这些问题,在计算机中引入了中断系统。目前所有的计算机都有中断处理能力。

4.1.1 中断定义

中断是暂停 CPU 正在运行的程序,转去执行相应的中断服务程序,完毕后返回被中断的程序继续运行的现象和技术。实现中断的硬件逻辑和实现中断功能的指令系统称为中断系统。

4.1.2 中断源

把引起中断的原因或者能够发出中断请求的信号源统称为中断源。实现中断功能的处理程序称为中断服务程序。中断的响应过程如图 4.1 所示。

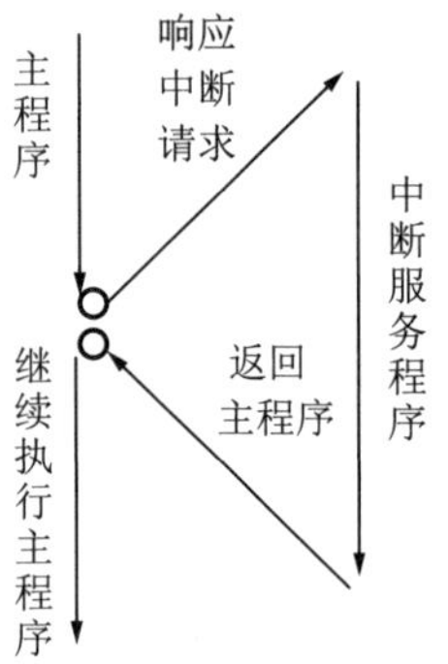

图 4.1 中断响应过程

中断首先需要由中断源发出中断请求,并征得系统允许后才会发生。转去执行中断服务程序前,程序需保护中断现场,执行完中断服务程序后,应恢复中断现场。

中断源一般分成两类:外部硬件中断源和内部软件中断源。外部硬件中断源包括可屏蔽中断和不可屏蔽中断。内部软件中断源产生于单片机内部,主要有以下 3 种:

(1)由 CPU 运行结果产生;

(2)执行中断指令 INT3;

(3)使用 Debug 中单步或断点设置引起。

4.1.3 中断向量表

中断向量是指中断服务程序的入口地址,每个中断向量被分配给 4 个连续的字节单元,两个高字节单元存放入口的段地址 CS,两个低字节单元存放入口的偏移量 IP。为了方便 CPU 查找到对应的中断向量,需要在内存中建立一张查询表,即中断向量表。

4.1.4 中断优先级

不同的中断请求表示不同的中断事件,CPU 面对不同中断请求相应地也有先后之分。在单片机中,给每个中断源指定一个优先级,称为中断优先级。

4.1.5 断点和中断现场

CPU 中止执行程序的位置称为中断断点。

中断现场是指 CPU 在转去执行中断服务程序前的运行状态,包括 CPU 状态寄存器和断点地址等。

在中断系统中,对中断断点的保护是 CPU 在响应中断时自动完成的,中断服务完成时执行中断返回指令而得到恢复。

4.1.6 中断的作用

中断系统在计算机系统中具有非常重要的作用。中断技术在计算机中可以实现更多的功能,其中主要有:

1. 实现分时操作

利用中断系统可以实现 CPU 和多台外设并行工作,对多道程序分时操作,实现多机系统中各机间的联系,提高计算机系统的工作效率。

2. 实现实时控制

利用中断系统可以对生产过程的随机信息及时采集和处理,实现实时控制,提高计算机控制系统的灵活性。

3. 实现故障及时处理

利用中断系统可以监视现行程序的程序性错误(如运算溢出、地址错误等)和系统故障(如电源掉电、I/O 总线奇偶错误等),实现故障诊断和故障的自行处理,提高计算机系统的故障处理能力。

4.1.7 中断系统的基本功能

为了满足系统中各种中断请求,中断系统中应该具备如下基本功能。

1. 识别中断源

在中断系统中,必须能够正确识别各个中断源,以便区分各个中断请求,从而为不同的中断请求服务。

2. 实现中断响应及中断返回

当 CPU 收到中断请求申请后,能根据具体情况决定是否响应中断。如果没有更高级别的中断请求,在执行完当前指令后响应这一请求。响应过程应包括保护断点、保护现场、执行相应的中断服务程序、恢复现场、恢复断点等。当中断服务程序执行完毕后,返回被中断的程序继续执行。

3. 实现中断优先权排队

如果在系统中有多个中断源,可能会出现两个或多个中断源同时向 CPU 提出中断请求的情况,这样就必须要求设计者事先根据轻重缓急,给每个中断源确定一个中断级别,即优先权。当多个中断源同时发出中断请求时,CPU 应能找到优先权级别最高的中断源,并优先响应它的中断请求;在优先级别最高的中断处理完之后,再响应级别较低的中断源。

4. 实现中断嵌套

当 CPU 响应某一中断的请求进行中断处理时,若有优先权级别更高的中断源发出中断请求,CPU 要能中断正在执行的中断服务程序,保留这个程序的断点和现场,转而响应高优先权的中断。在高优先权的中断处理完以后,继续执行被中断的中断服务程序,即形成中断嵌套。而当发出新的中断请求的中断源的优先权与正在处理的中断源同级或更低时,CPU 可以不响应这个中断请求,直至正在处理的中断服务程序执行完以后才去处理新的中断请求。

任务 4.2 MSP430 单片机中断源

MSP430 单片机中断源结构如图 4.2 所示。MSP430 单片机的中断优先级是固定的,由硬件决定,用户不能更改。当多个中断同时发生中断请求时,CPU 按照中断优先级的高低顺序依次响应。

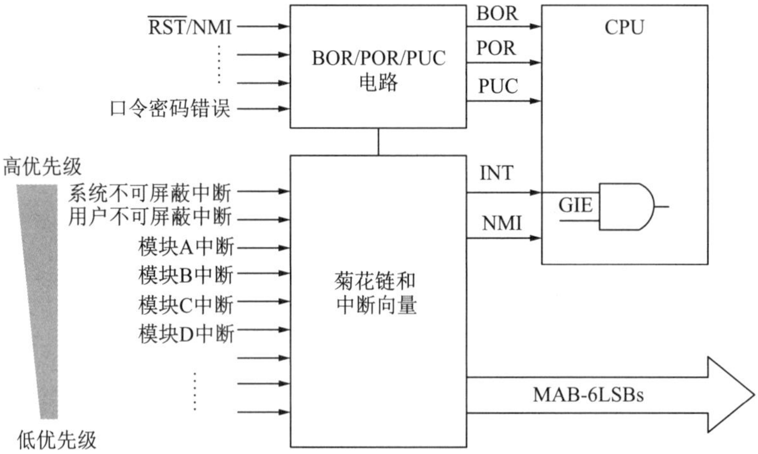

图 4.2 MSP430 单片机中断源结构

MSP430 单片机包含 3 类中断源:系统复位中断源、不可屏蔽中断源和可屏蔽中断源。

MSP430 单片机的中断向量表被安排在 0FFFFh ~ 0FF80h 空间,具有 64 个中断源。表 4.1 为 MSP430 单片机中断向量表。

表 4.1 MSP430 中断向量表

中断源	中断标志位	中断类型	中断向量地址	优先级
系统复位	WDTIFG,KEYV(SYSRSTIV)	系统复位中断	0FFFEh	63（最高）
系统不可屏蔽中断	SVMLIFG, SVMHIFG, DLYLIFG, DLYHIFG, VLRLIFG, VLRHIFG,VMAIFG,J MBNIFG,J MBOUTIFG(SYSSNIV)	不可屏蔽中断	0FFFCh	62

表 4.1（续）

中断源	中断标志位	中断类型	中断向量地址	优先级
用户不可屏蔽中断	NMIIFG,OFIFG,ACCVIFG,BUSIFG(SYSUNIV)	不可屏蔽中断	0FFFAh	61
比较器 B	CBIV	可屏蔽中断	0FFF8h	60
TB0	TB0CCR0CCIFG0	可屏蔽中断	0FFF6h	59
TB0	TB0CCR1CCIFG1 到 TB0CCR6CCIFG6,TB0IFG(TB0IV)	可屏蔽中断	0FFF4h	58
看门狗定时器	WDTIFG	可屏蔽中断	0FFF2h	57
USCIA0 接收/发送	UCA0RXIFG,UCA0TXIFG(UCA0IV)	可屏蔽中断	0FFF0h	56
USCIB0 接收/发送	UCB0RXIFG,UCB0TXIFG(UCB0IV)	可屏蔽中断	0FFEEh	55
ADC12_A	ADC12IFG0 到 ADC12IFG15(ADC12IV)	可屏蔽中断	0FFECh	54
TA0	TA0CCR0CCIFG0	可屏蔽中断	0FFEAh	53
TA0	TA0CCR1CCIFG1 到 TA0CCR4CCIFG4, TA0IFG(TA0IV)	可屏蔽中断	0FFE8h	52
USB_UBM	USBIV	可屏蔽中断	0FFE6h	51
DMA	DMA0IFG,DMA1IFG,DMA2IFG(DMAIV)	可屏蔽中断	0FFE4h	50
TA1	TA1CCR0CCIFG0	可屏蔽中断	0FFE2h	49
TA1	TA1CCR1CCIFG1 到 TA1CCR2CCIFG2,TA1IFG(TA1IV)	可屏蔽中断	0FFE0h	48
P1 端口	P1IFG.0 到 P1IFG.7(P1IV)	可屏蔽中断	0FFDEh	47
USCI_A1 接收/发送	UCA1RXIFG,UCA1TXIFG(UCA1IV)	可屏蔽中断	0FFDCh	46
USCI_B1 接收/发送	UCB1RXIFG,UCB1TXIFG(UCB1IV)	可屏蔽中断	0FFDAh	45
TA2	TA2CCR0CCIFG0	可屏蔽中断	0FFD8h	44
TA2	TA2CCR1CCIFG1 到 TA2CCR2CCIFG2,TA2IFG(TA2IV)	可屏蔽中断	0FFD6h	43
P2 端口	P2IFG.0 到 P2IFG.7(P2IV)	可屏蔽中断	0FFD4h	42
RTC_A	RTCRDYIFG, RTCTEVIFG, RTCAIFG, RT0PSIFG, RT1PSIFG(RTCIV)	可屏蔽中断	0FFD2h	41
保留	保留		0FFD0h	40
			…	…
			0FF80h	0(最低)

任务 4.3 中断响应过程

中断响应过程从 CPU 接收一个中断请求开始至执行第一条中断服务程序指令结束,共需要 6 个时钟周期。中断响应过程如下:

(1)执行完当前正在执行的指令;

(2)将程序计数器压入堆栈,程序计数器指向下一条指令;

(3)将状态寄存器压入堆栈,状态寄存器保存了当前程序执行的状态;

(4)如果有多个中断源请求中断,选择最高优先级,并挂起当前的程序;

(5)清除中断标志位,如果有多个中断请求源,则予以保留等待下一步处理;

(6)清除状态寄存器,保留 SCG0,因而 CPU 可在任何低功耗模式下唤醒;

(7)将中断服务程序入口地址加载给程序计数器,转向执行中断服务子程序。

中断响应过程示例图如图 4.3 所示。

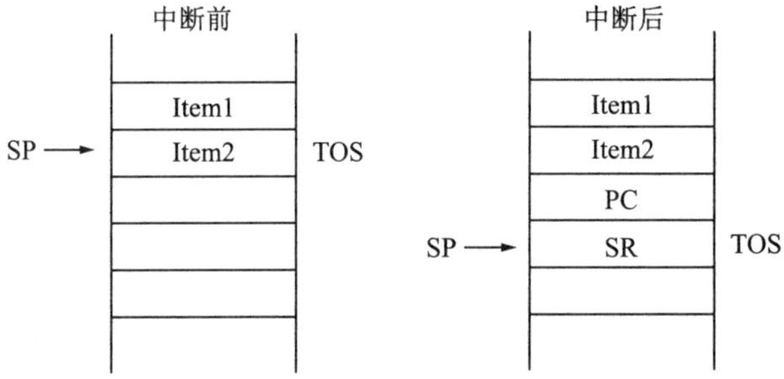

图 4.3 中断响应过程示例图

任务 4.4 中断返回过程

通过执行中断服务程序终止指令(RETI)开始中断的返回,中断返回过程需要 5 个时钟周期,主要包含以下过程:

(1)从堆栈中弹出之前保存的状态寄存器给状态寄存器;

(2)从堆栈中弹出之前保存的程序计数器给程序计数器;

(3)继续执行中断时的下一条指令。

中断返回过程示意图如图 4.4 所示。

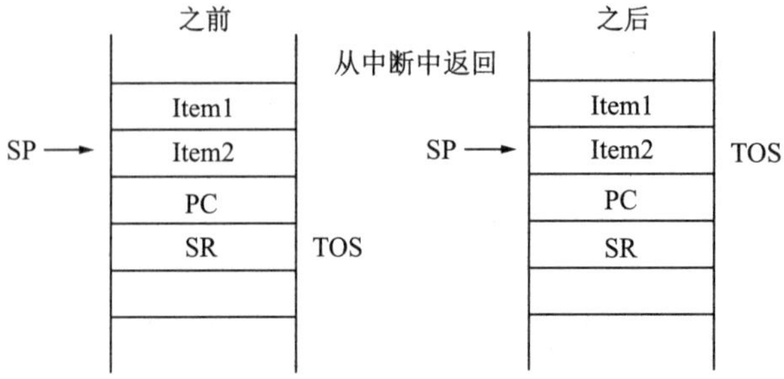

图 4.4 中断返回过程示意图

任务4.5 中断嵌套

由中断响应过程可知,进入中断入口后,MSP430 单片机会自动清除总中断允许标志位 GIE,也就是说,MSP430 单片机的中断默认是不能发生嵌套的,即使高级中断也不能打断低级中断的执行,这就避免了当前中断未完成时进入另一个中断的可能。

如图 4.5(a)所示,如果在执行中断服务程序 A 时,发生了中断请求 B,B 的中断标志位置 1,但不会立即响应 B 的中断,需自动等待 A 执行完成返回后(GIE 自动恢复),才进入 B 的中断服务程序。

如图 4.5(b)所示,如果在执行中断服务程序 A 时,有多个中断发生,会在 A 中断执行完毕后,依照中断优先级由高至低的顺序依次执行各个待执行的中断服务程序。

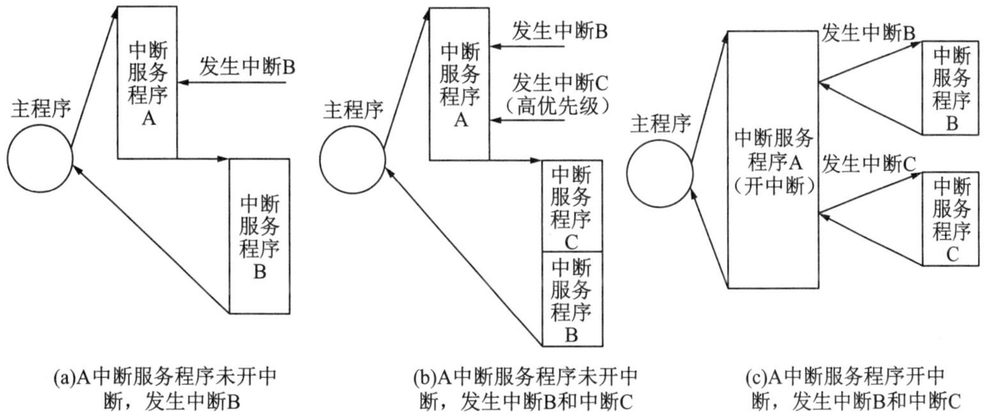

图 4.5 多种中断发生情况示意图

项 目 小 结

本项目详细介绍了 MSP430 单片机的中断系统。MSP430 单片机的大部分片上外设都可产生中断,也都可利用中断请求将 CPU 在低功耗模式下唤醒。为了更清楚地了解 MSP430 单片机中断的工作原理,首先简单介绍了中断的基本概念,例如中断的定义、中断向量表、中断优先级等。在此基础上,详细介绍了 MSP430 单片机的中断源,主要包含系统复位中断源、不可屏蔽中断源和可屏蔽中断源。然后介绍了中断的处理过程,包括中断响应过程和中断返回过程。最后,介绍了 MSP430 单片机的中断嵌套,在默认情况下,当进入中断入口后 MSP430 全自动消除 GIE 总中断允许标志位,即 MSP430 单片机的中断是不能发生嵌套的,若希望产生中断嵌套,则需要在中断服务程序的首句打开总中断允许,在这种情况下,MSP430 单片机中断可任意嵌套。

思考与习题

1. 概括中断定义、中断源、中断向量表、中断优先级、中断断点及中断现场。

2. MSP430 单片机具有哪些中断源？GIE 中断允许控制位可控制哪一类中断？

3. MSP430 单片机很多片上外设都具有多源中断，如何通过程序判断是哪一个中断标志位产生了中断请求？以 P1 端口和 ADC12 模块为例进行说明。

4. 简述 MSP430 单片机中断响应过程。

5. 简述 MSP430 单片机中断返回过程。

6. MSP430 单片机如何实现中断嵌套？

项目 5 MSP430 单片机时钟系统和低功耗模式

[项目描述]

在 MSP430 单片机中,时钟系统不仅可以为 CPU 提供时序,还可以为不同的片内外设提供不同频率的时钟。时钟系统是 MSP430 单片机中非常关键的部件,其可以使系统在功耗和性能之间找到最佳的平衡点,为单芯片系统和超低功耗系统设计提供灵活的实现手段。本项目重点介绍 MSP430F5529 单片机的时钟系统及其低功耗模式。

[项目目标]

1. 了解并熟悉 MSP430F5529 单片机系统复位后的系统工作时钟
2. 了解并熟悉 MSP430F5529 单片机时钟系统的设置方法
3. 了解 MSP430F5529 单片机低功耗程序设计基本原理和基本方法

任务 5.1 MSP430 单片机的时钟系统及其应用

在 MSP430 单片机中,通过时钟系统不仅可以切换时钟源,通过软件随时更改 CPU 运行速度,为不同的外设产生不同频率的时钟,还可以在必要时关闭或降低某些设备的时钟以降低功耗。

5.1.1 时钟系统结构及原理

MSP430 单片机的时钟系统由低频振荡器、高频振荡器、控制逻辑、DCO、FLL 等模块构成。虽然不同系列器件所包含的时钟系统可能不同,但各系列的基础时钟系统都输出 3 种时钟:辅助时钟(ACLK)、主系统时钟(MCLK)和子系统时钟(SMCLK),分别送给不同需求的模块。

MSP430F5529 有多个时钟源,而且很多模块的时钟源都可由用户配置。一般情况下,系统功耗和工作频率成正比,在满足系统正常功能和性能的条件下,可以通过选择较低频率的时钟来降低系统功耗。

MSP430F5529 单片机时钟系统结构如图 5.1 所示。

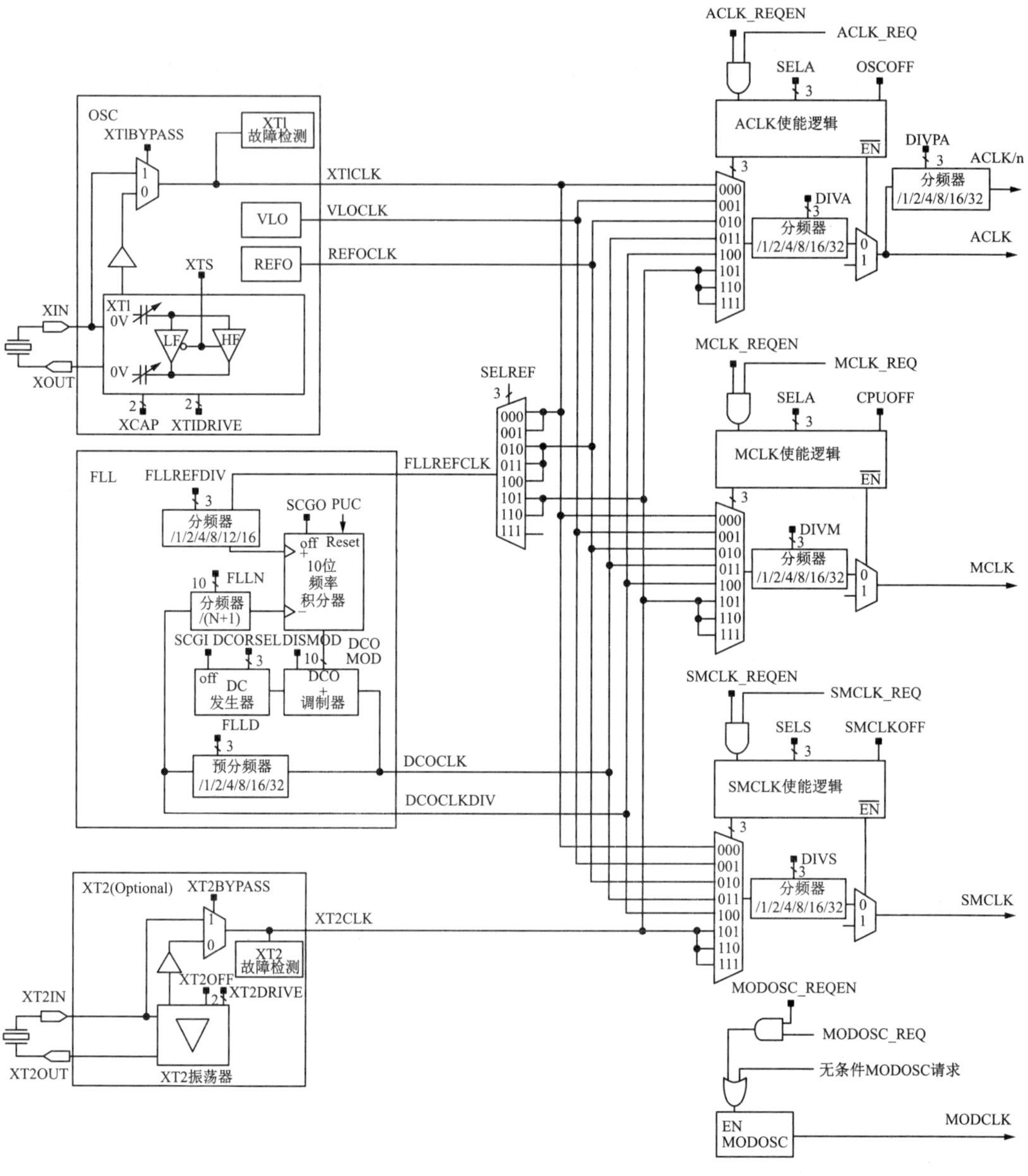

图 5.1　MSP430F5529 单片机时钟系统结构图

1. 5 个时钟源

统一的时钟系统模块共有 5 个时钟源，分别如下所述。

XT1CLK：外部低频/高频振荡器，可以使用 32 768 Hz 的手表晶振、标准晶体、谐振器或 4～32 MHz 的外部时钟源。

VLOCLK：内部低耗低频振荡器，典型频率为 10 kHz。

REFOCLK：内部可调整的低频参考振荡器，典型值为 32 768 Hz。

DCOCLK：内部数字时钟振荡器，由 FLL 稳定后得到。

XT2CLK：高频振荡器，可以是标准晶振、谐振器或 4～32 MHz 的外部时钟源。

UCS 系统简介与实验 1

2. 3 个时钟信号

时钟系统模块可以产生 3 个时钟信号供 CPU 和片内外设使用。

ACLK：辅助时钟。可以通过软件选择 XT1CLK、REFOCLK、VLOCLK、DCOCLK、DCOCLKDIV 或 XT2CLK 作为 ACLK 时钟来源，该时钟源经过 1/2/4/8/16/32 分频得到 ACLK 时钟信号。ACLK 信号可以进行 1/2/4/8/16/32 分频得到 ACLK/n 信号。ACLK 信号主要用于片内低速外设。

MCLK：主时钟。MCLK 信号的时钟来源与 ACLK 相同，MCLK 专门供 CPU 使用，MCLK 频率配置越高，CPU 的执行速度就越快，其功耗越高。一旦关闭 MCLK，CPU 也将停止工作，因此，在超低功耗系统中可以通过间歇启用 MCLK 的方法降低系统功耗。

SMCLK：子系统时钟。SMCLK 的时钟来源与 ACLK 相同，主要用于高速片内外设。

以上 3 个时钟相互独立，关闭任何一个时钟，并不影响其余时钟的工作。时钟系统对这 3 个时钟不同程度的关闭，实际上就是进入了不同程度的休眠模式，关闭得越多，休眠就越深，功耗就越低。譬如在 LPM4 模式下，所有的时钟均被关闭，单片机功耗仅为1. 1 μA。

从图 5. 1 可以看出：只要通过软件设置相关寄存器，就可以改变硬件电路的连接关系、开启或关闭某些部件、控制某些信号的路径和通断等。这些灵活的硬件配置功能使得 MSP430 单片机具有极强的适应能力。

3. 系统上电复位的时钟默认配置

ACLK：默认选择 XT1CLK（32 768 Hz）为 ACLK 的时钟源，当 XT1 无效时，低频模式切换为 REFOCLK（32 768 Hz），其他情况切换为 DCOCLK。

MCLK：默认选择 DCOCLKDIV 为 MCLK 的时钟源。

SMCLK：默认选择 DCOCLKDIV 为 SMCLK 的时钟源。

FLL：FLL 默认情况下处于启用状态，其时钟源为 XT1CLK，即选择 XT1CLK 作为 FLLREFCLK。

XT1：XT1 所用到的引脚默认配置为 GPIO 引脚，即 XT1 默认处于不启用状态。如要启用 XT1，则要通过设置 PSEL 和 XT1BYPASS 控制位来完成。

XT2：XT2 所用到的引脚默认配置为 GPIO 引脚，即 XT2 默认处于不启用状态。如要启用 XT2，则要通过设置 PSEL 和 XT2BYPASS 控制位来完成。

系统稳定后，DCOCLK 默认为 fDCOCLK = 2. 097 152 MHz，FLL 默认 2 分频，则 MCLK 和 SMCLK 的频率为 fMCLK = fSMCLK = 1. 048 576 MHz。

5.1.2 时钟系统应用

UCS 系统简介与实验 2

采用软件延时的方法翻转 GPIO 端口来控制用户指示灯的亮和灭，同时将系统 3 个时钟信号通过相关引脚输出，通过示波器测量该信号，以便用户直观了解 MSP430F5529 单片机在系统上电复位状态下的各个时钟工作情况。

■ 程序讲解

```
#include<msp430. h>

intmain(void)
{
```

```
    volatileunsignedinti;

    WDTCTL=WDTPW+WDTHOLD; //关闭看门狗
    P4DIR|=BIT7; //设置 P4.7 为输出引脚

    //设置 P1.0 为外设功能引脚,即 ACLK 信号输出引脚
    P1DIR|=BIT0; //ACLKsetouttopins
    P1SEL|=BIT0;
    //设置 P2.2 为外设功能引脚,即 SMCLK 信号输出引脚
    P2DIR|=BIT2; //SMCLKsetouttopins
    P2SEL|=BIT2;
    //设置 P7.7 为外设功能引脚,即 MCLK 信号输出引脚
    P7DIR|=BIT7; //MCLKsetouttopins
    P7SEL|=BIT7;

    while(1)
    {
        P4OUT^=BIT7;
        __delay_cycles(524288); //延时 524288 个时钟周期,LED 灯闪烁周期为 1 秒
    }
}
```

■ 实施过程

(1)将 MSP-EXP430F5529LP 开发板通过 USB 线缆与电脑相连。

(2)在 IAR 开发环境下,打开 UCS_01 工程,并将其下载到 MSP430F5529 芯片上。单击快捷命令菜单中“Download and Debug”命令,即“ ”,程序下载完毕后进入调试窗口,然后再单击快捷菜单中“Go”命令,即“ ”。这时发现用户指示灯开始闪烁,闪烁频率约 1 s,说明程序已正常运行。

UCS 系统简介与实验 3

(3)将示波器探头分别连接到 P1.0(通道 1,需要先将 JP8 的跳线帽拿掉)、P2.2(通道 2)和 P7.7(通道 3)引脚上,测量 ACLK、SMCLK 和 MCLK 时钟,所测得波形如图 5.2 所示。从图中可以看出,ACLK、SMCLK 和 MCLK 的工作频率分别为 32 kHz、1 MHz 和 1 MHz 左右。

(4)将示波器探头连接到 P4.7 引脚上,测量信号情况,其波形如图 5.3 所示。从图中可以看出,该信号的周期恰好为 1 s,即程序中延时 524288 时钟周期的时间为 0.5 s。

建议:

用户在基于 MSP430 单片机开发项目时,最好先将 ACLK、MCLK 和 SMCLK 时钟通过引脚输出,用示波器测量其频率,看其是否工作在程序预期状态下。

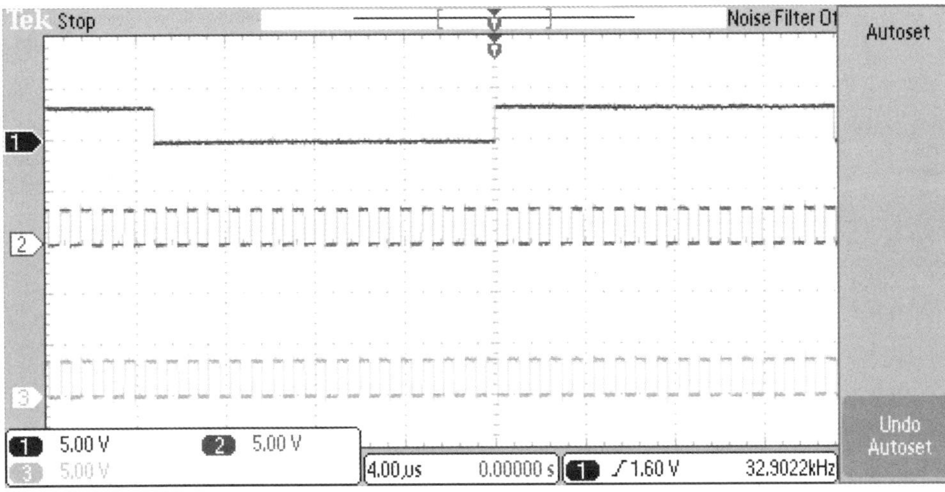

图 5.2　ACLK、SMCLK 与 MCLK 时钟波形图

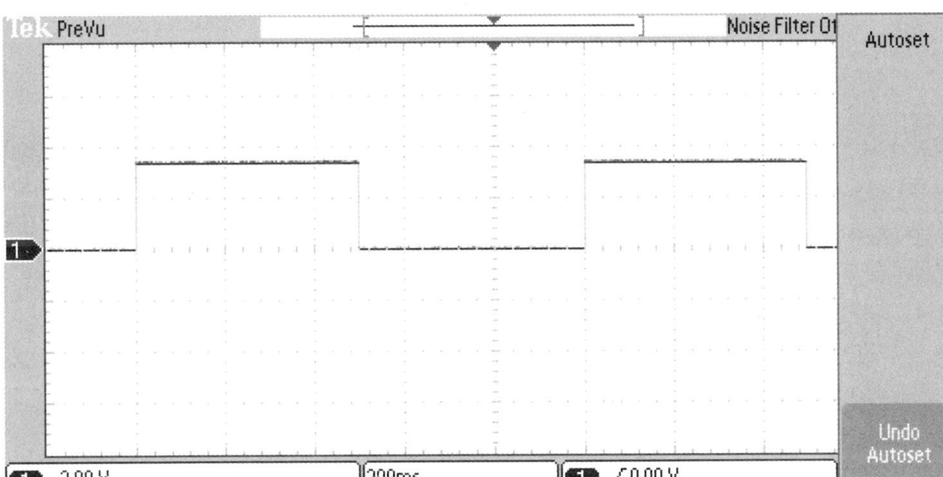

图 5.3　P4.7 引脚信号波形图

任务 5.2　MSP430 单片机低功耗模式及其应用

5.2.1　低功耗模式

超低功耗是 MSP430 单片机的一大特色。MSP430 单片机具有 7 种不同程度的低功耗休眠模式(LPM0~4、LPM3.5 和 LPM4.5)。在空闲时,通过不同程度的休眠,将内部各个模块尽可能地关闭,从而降低功耗。关闭模块最简单的途径是关闭时钟,因此低功耗模式的管理是通过时钟系统来完成的。通过 CPU 状态寄存器 SR 中的 SCG1、SCG2、OSCOFF 和 CPUOFF 这 4 个控制位的配置来关闭系统时钟。通过设置这些控制位,可使 MSP430 单片

机从活动模式(AM)进入相应的低功耗模式,再通过中断方式从各种低功耗模式回到活动模式。各种模式间的转换关系如图 5.4 所示。

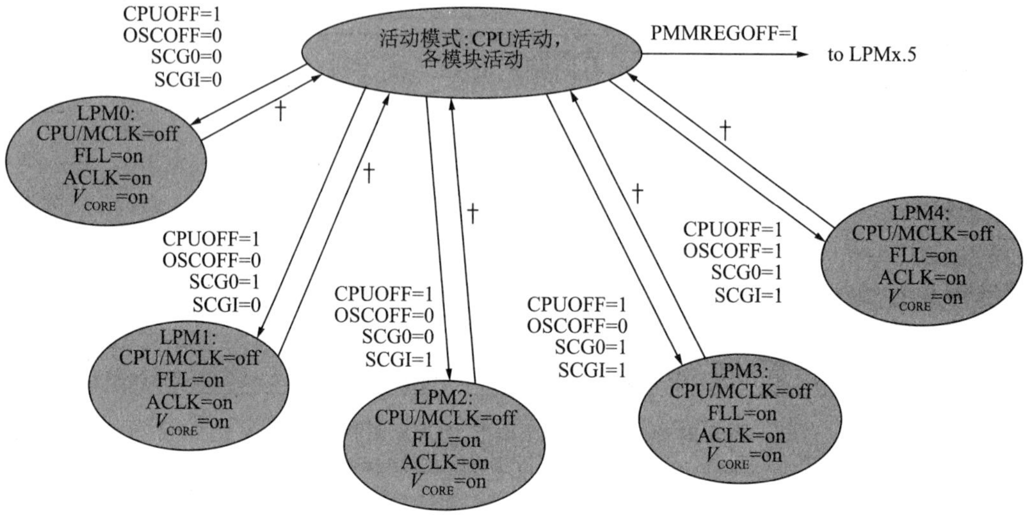

图 5.4　MSP430 单片机工作模式

MSP430 单片机超低功耗能得以实现,是由于其各个模块的运行都是完全独立的。定时器、输入/输出模块、ADC、看门狗等都可以在主 CPU 休眠的状态下独立运行。当需要 CPU 工作时,任何一个模块都可以通过中断去唤醒 CPU,从而使系统以最低功耗运行。另外,低功耗模式下关闭片内外设也是通过关闭其工作时钟实现的。

LPM 工作原理与实验 1

各工作模式、控制位、CPU、时钟活动状态及中断源之间的关系如表 5.1 所示。

表 5.1　各工作模式、控制位、CPU、时钟活动状态及中断源之间的关系

工作模式	控制位	CPU 和时钟状态	唤醒中断源
活动模式(AM)	SCG1 = 0SCG0 = 0 OSCOFF = 0 CPUOFF = 0	CPU 活动 MCLK 活动 SMCLK 活动 ACLK 活动 DCO 可用 FLL 可用	定时器、ADC、DMA、UART、WDT、I/O、比较器、外部中断、RTC、串行通信、其他外设
低功耗模式 0(LPM0)	SCG1 = 0SCG0 = 0 OSCOFF = 0 CPUOFF = 1	CPU 禁止 MCLK 禁止 SMCLK 活动 ACLK 活动 DCO 可用 FLL 可用	定时器、ADC、DMA、UART、WDT、I/O、比较器、外部中断、RTC、串行通信、其他外设
低功耗模式 1(LPM1)	SCG1 = 0SCG0 = 1 OSCOFF = 0 CPUOFF = 1	CPU 禁止 MCLK 禁止 SMCLK 活动 ACLK 活动 DCO 可用 FLL 禁止	定时器、ADC、DMA、UART、WDT、I/O、比较器、外部中断、RTC、串行通信、其他外设
低功耗模式 2(LPM2)	SCG1 = 1SCG0 = 0 OSCOFF = 0 CPUOFF = 1	CPU 禁止 MCLK 禁止 SMCLK 禁止 ACLK 活动 DCO 可用 FLL 禁止	定时器、ADC、DMA、UART、WDT、I/O、比较器、外部中断、RTC、串行通信、其他外设

表 5.1（续）

工作模式	控制位	CPU 和时钟状态	唤醒中断源
低功耗模式 3（LPM3）	SCG1=1SCG0=1 OSCOFF=0 CPUOFF=1	CPU 禁止 MCLK 禁止 SMCLK 禁止 ACLK 活动 DCO 可用 FLL 禁止	定时器、ADC、DMA、UART、WDT、I/O、比较器、外部中断、RTC、串行通信、其他外设
低功耗模式 3.5（LPM3.5）	SCG1=1SCG0=1 OSCOFF=1 CPUOFF=1	当 PMMREGOFF=1 无 RAM 保持 RTC 可以启用 （仅限 MSP5xx）	复位信号、外部中断、RTC
低功耗模式 4（LPM4）	SCG1=1SCG0=1 OSCOFF=1 CPUOFF=1	CPU 禁止 所有时钟禁止	复位信号、外部中断
低功耗模式 4.5（LPM4.5）	SCG1=1SCG0=1 OSCOFF=1 CPUOFF=1	当 PMMREGOFF=1 无 RAM 保持 RTC 禁止 （仅限 MSP5xx）	复位信号、外部中断

注：MSP430F5529 单片机不具有 LPM3.5 工作模式。

5.2.2　低功耗模式应用

演示 MSP430F5529 工作在低功耗 LPM0 模式下的程序方法，并设置定时器 TA0 的工作时钟为 ACLK（32 768 Hz），工作模式为增计数，计数比较值设为时钟频率的一半，即 16 384，使得 TA0 每 500 ms 触发中断一次。在 TA0 中断服务程序中，翻转 P1.0 引脚电平，这样可得周期为 1 s、占空比为 50%的方波信号。

■ 程序讲解

```
#include"msp430.h"

intmain(void)
{
    WDTCTL=WDTPW+WDTHOLD; //关闭看门狗
    P1DIR|=BIT0; //设置 P1.0 为输出引脚
    TA0CCTL0=CCIE; //CCR0 中断允许
    TA0CCR0=16384; //设置用于比较的值,为时钟频率的一半
    TA0CTL=TASSEL_1+MC_1+TACLR; //参考时钟选择 ACLK,增计数模式,清除 TAR 计数器
    __bis_SR_register(LPM0_bits+GIE); //进入 LPM0 模式并使能全局中断
}

//TA0 中断服务程序
#pragmavector=TIMER0_A0_VECTOR
__interruptvoidTIMER0_A0_ISR(void)
```

```
{
    P1OUT^=BIT0; //翻转 P1.0,信号周期为 1 s
}
```

■ 实施过程

(1)将 MSP-EXP430F5529LP 开发板通过 USB 线缆与电脑相连。

(2)在 IAR 开发环境下,打开 LPM_01 工程,并将其下载到 MSP430F5529 芯片上。单击快捷命令菜单中“Download and Debug”命令,即“”,程序下载完毕后进入调试窗口,然后再单击快捷菜单中“Go”命令,即“”。这时发现用户指示灯开始闪烁,闪烁频率约 1 s,说明程序已正常运行。

LPM 工作原理与实验 2

■ 程序设计说明

在本例中,当配置完 TA0 之后,MSP430F5529 单片机进入 LPM0 模式,CPU 立即被停止。只有当定时时间到(16 384 个 ACLK 时钟周期),CPU 才被唤醒执行 TA0 中断服务程序,进而翻转 P1.0 端口状态,之后再次进入 LPM0 模式。在这种模式下,CPU 只在短暂的 TA0 中断服务程序期间工作,其他时间处于休眠状态,大大降低了系统功耗。

项 目 小 结

本项目详细介绍了 MSP430 单片机时钟系统与低功耗模式的工作原理。时钟系统是 MSP430 单片机中最为关键的部件之一。MSP430 单片机可外接低频或高频晶振,也可使用内部振荡器而不需外部晶振,通过配置相应控制寄存器产生多种时钟信号。MSP430 单片机低功耗模式与时钟系统息息相关,从本质上来说,不同的低功耗模式是通过关闭不同的系统时钟来实现的。关闭的系统时钟越多,MSP430 单片机所处的低功耗模式越深、功耗越低。读者可充分利用 MSP430 单片机时钟系统和低功耗模式编出高效稳定的程序代码,使单片机功耗降至最低。

思考与习题

1. 简述 MSP430 单片机时钟系统的作用。

2. 简述 MSP430 单片机片内模块结构框图的表示规则。

3. 内部超低功耗低频振荡器和内部调整低频参考时钟振荡器的典型时钟频率分别为多少?

4. XT1 振荡器有哪些工作模式?在各工作模式下,XT1 所支持的晶振类型是什么?

5. 请列举 MSP430 单片机所具有的低功耗模式,并比较各低功耗模式下 CPU 和系统时钟的活动状态。

项目 6　MSP430 单片机的通用 I/O 端口

［项目描述］

I/O 端口是单片机控制系统对外沟通的最基本部件，从基本的键盘、LED 显示到复杂的外设芯片等，都是通过 I/O 端口的输入、输出操作来进行读取或控制的。为满足单片机系统对外部设备控制的需要，MSP430 单片机提供了许多功能强大、使用方便灵活的输入/输出端口。本项目主要介绍 I/O 端口的结构特点、原理及应用。

［项目目标］

1. 了解 MSP430F5xx/6xx 系列 I/O 端口的结构
2. 掌握 MSP430F5529 单片机 I/O 端口的特点
3. 了解 MSP430F5529 单片机 I/O 端口的应用

任务 6.1　MSP430 单片机通用 I/O 端口概述

MSP430F5xx/6xx 系列单片机最多提供 12 个通用的 I/O 端口（P1～P11 和 PJ），大部分端口有 8 个引脚，少数端口引脚数少于 8 个。每个 I/O 引脚都可以被独立地设置为输入或者输出引脚，并且每个 I/O 引脚都可以被独立地读取或写入，所有的端口寄存器都可以被独立地置位或清零。

P1 和 P2 端口引脚具有中断能力。从 P1 和 P2 端口的各个 I/O 引脚的中断可以独立地被使能，并且可设置上升沿或下降沿触发模式。P1、P2 端口结构如图 6.1 所示。

相邻的两个端口 P1 和 P2、P3 和 P4、P5 和 P6、P7 和 P8 等可组合成端口对，分别命名为 PA、PB、PC、PD 等。可通过字节形式访问每个独立的端口（即 P1～P9），也可以通过双字节形式访问端口对（即 PA～PD）。当进行字操作写入 PA 端口时，所有的 16 位数据都被写入这个端口；当利用字节操作写入 PA 端口低字节时（P1），高字节（P2）保持不变，反之亦然。其他端口的操作与 PA 端口相同。当写入的数据长度小于端口的最大长度时，那些没有用到的位保持不变。应用这个规则来访问所有端口，除了中断向量寄存器 P1IV 和 P2IV，它们只能进行字节操作。

MSP430F5xx/6xx 系列单片机端口具有以下特点：

1. 功能丰富

各端口功能如表 6.1 所示。

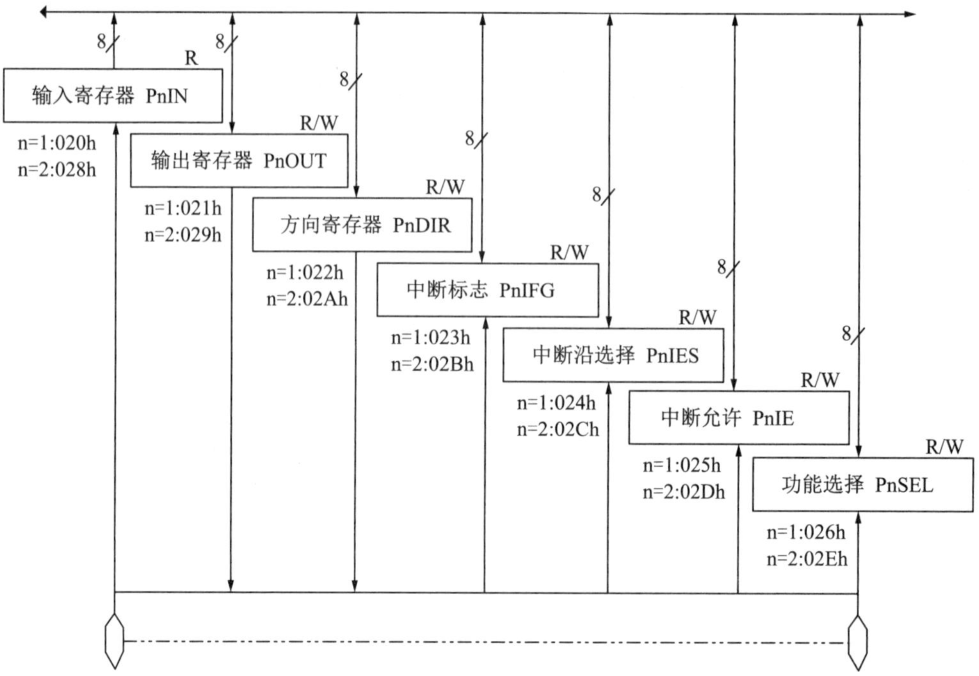

图 6.1　P1、P2 端口结构

表 6.1　MSP430F5xx/6xx 系列单片机端口功能

端口	功能
P1、P2	I/O、中断功能、其他片内外设功能
P3、P4、P5、P6、P7、P8、P9、P10、P11	I/O、其他片内外设功能
PJ	I/O、JTAG 功能复用

2. 寄存器丰富

MSP430F5xx/6xx 系列单片机端口有大量的控制寄存器供用户操作，最大限度提供了输入/输出的灵活性。其中 P1 和 P2 端口具有 9 个寄存器，P3 ~P11 端口具有 6 个寄存器。

GPIO 简介与实验 1

通过设置寄存器：

- 每个 I/O 端口都可以独立编程；
- 输入或输出可任意组合；
- P1 和 P2 的所有 I/O 端口都具有边沿可选的输入中断功能；
- 能使用所有指令对寄存器操作；
- 能按字节输入/输出，也可按位进行操作；
- 可设置 I/O 端口的上拉或下拉功能；
- 可配置 I/O 端口驱动能力。

任务6.2 具有中断能力的端口

P1和P2端口各引脚的逻辑是相同的,每一位都可读写。图6.2是P1、P2端口的内部逻辑。

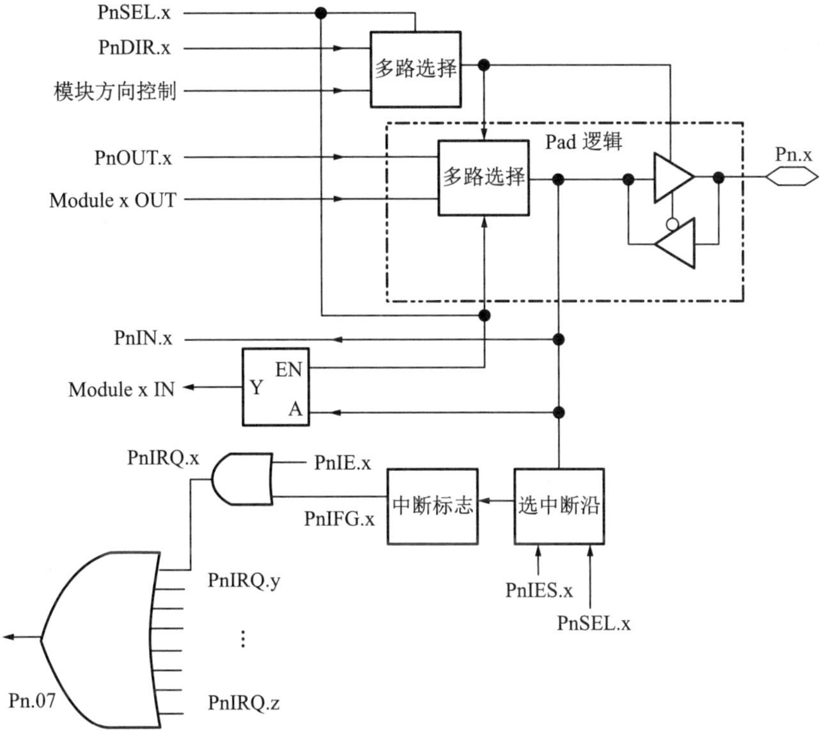

图6.2 P1、P2端口内部原理图

P1和P2端口具有输入/输出、中断和外部模块功能,可以通过设置与之相关的9个控制寄存器来实现这些功能。下面以Px代表P1或P2端口进行功能和操作描述,具有下划线的配置为初始状态或复位后的默认配置。

6.2.1 方向寄存器PxDIR

方向寄存器相互独立的8位分别定义了对应8个引脚的输入/输出方向。在使用I/O端口的输入/输出功能时,应先定义端口的方向,输入/输出才能满足设计需求。当I/O端口作为输入时,只能读;作为输出时,可读、可写。对某位置位时,表示对应引脚设置为输出方向,否则为输入方向。

0:输入模式;1:输出模式。

6.2.2 输入寄存器 PxIN

输入寄存器是只读寄存器，即用户不能对其写入。CPU 通过读取该寄存器的内容获取 I/O 端口的输入信号，此时引脚方向必须设定为输入。当读取的输入寄存器中某位为“0”时，表明该位对应的输入引脚为低电平；某位为“1”时，表明该位对应的输入引脚为高电平。

6.2.3 输出寄存器 PxOUT

该寄存器为 I/O 端口的输出缓冲寄存器，可以像操作内存一样写入数据，实现 I/O 端口状态改变。当读取该寄存器时，输出缓存的内容与该引脚的方向定义无关。改变方向寄存器的内容，输出缓存的内容不受影响。当向该寄存器中某位写入“0”时，表明该位对应的输出引脚为低电平；某位为“1”时，表明该位对应的输出引脚为高电平。

6.2.4 上拉/下拉电阻使能寄存器 PxREN

该寄存器的每一位可以使能对应 I/O 端口引脚的上拉/下拉电阻功能，该设置必须和输出寄存器相配合才可完成引脚的上拉/下拉电阻功能配置。当向该寄存器中某位写入“0”时，禁止该位对应的引脚上拉/下拉电阻功能；某位为“1”时，使能该位对应的引脚上拉/下拉电阻功能。

0：上拉/下拉电阻禁止；1：上拉/下拉电阻使能。

上拉电阻和下拉电阻的使用方法：若需要将 MSP430 单片机的某一引脚配置为内部电阻上拉，应首先将 PxREN 寄存器中的该位配置为 1，再将 PxOUT 寄存器中的该位也配置为 1；若需要将 MSP430 单片机的某一引脚配置为内部电阻下拉，应首先将 PxREN 寄存器中的该位配置为 1，再将 PxOUT 寄存器中的该位配置为 0。

6.2.5 输出驱动能力设置寄存器 PxDS

该寄存器的每一位设置对应引脚的驱动能力，“0”代表该引脚驱动为弱驱动模式（减弱驱动能力），“1”代表该引脚为强驱动模式（也叫全驱动模式）。

0：弱驱动模式；1：强驱动模式。

6.2.6 功能选择寄存器 PxSEL

P1、P2 端口除了 GPIO 端口功能外，还有片内外设功能，这些功能复用 P1 和 P2 引脚，可通过 PxSEL 寄存器设置对应引脚的功能。当设置该寄存器中某位为“0”时，表明该位对应的引脚为 GPIO 端口功能；某位为“1”时，表明该位对应的引脚为外设模块功能。

0：选择引脚为普通 I/O 功能；1：选择引脚为外围模块功能。

设置 PxSELx＝1 只能将相应的引脚设为片内外设功能，不会自动设置该引脚的输入或输出方式，具体还要根据外设功能模块的需求设置对应的 PxDIRx 位。例如，P1.0 引脚复用了 3 种功能：GPIO、TA0CLK 和 ACLK 输出。在 P1SEL.0 为 1 的前提下，P1DIR.0＝1，表示该引脚为 ACLK 输出，P1DIR.0＝0，表示该引脚为 TA0CLK 输入。具体每个引脚的功能设置,请参考相关芯片的数据手册。

6.2.7 中断使能寄存器 PxIE

该寄存器的8位与端口的8个引脚一一对应,其每一位用以控制相应引脚的中断允许功能。当向该寄存器中某位写入"0"时,禁止该位对应的引脚中断功能;某位为"1"时,使能该位对应的引脚中断功能。

0:该位禁止中断;1:该位允许中断。

6.2.8 中断触发沿选择寄存器 PxIES

在设置某个引脚的中断功能后,还需定义该引脚的中断触发模式。当向 PxIES 寄存器中某位写入"0"时,表示该引脚中断为上升沿触发模式;某位为"1"时,表示该引脚中断为下降沿触发模式。

6.2.9 中断标志寄存器 PxIFG

如果 Px 的某个引脚已设置了中断允许,且已设置了中断触发模式,当中断事件触发时,PxIFG 的相应位就会置位,反之,则不会置位。

0:没有中断请求;1:有中断请求。

任务 6.3 不具有中断能力的端口

P3~P11 端口没有中断能力,其余功能与 P1、P2 端口一样,能实现输入/输出功能和外围模块功能,MSP430 这种引脚功能的复合减少了芯片的引脚。

每个端口有6个寄存器供用户使用,用户可通过这6个寄存器对端口进行访问和控制。每个端口的6个寄存器分别为:输入寄存器(PxIN)、输出寄存器(PxOUT)、方向寄存器(PxDIR)、输出驱动能力设置寄存器(PxDS)、上拉/下拉电阻使能寄存器(PxREN)和功能选择寄存器(PxSEL)。具体用法同 P1 和 P2 端口。

任务 6.4 MSP430 单片机通用 I/O 端口应用

端口是单片机中最常使用的外设资源,一般在程序的初始化阶段对端口进行配置。配置时,先配置功能选择寄存器 PxSEL,若为 I/O 端口功能,则继续配置方向寄存器 PxDIR;若为输入,则继续配置中断使能寄存器 PxIE;若允许中断,则继续配置中断触发沿选择寄存器 PxIES。

需要注意的是,P1 和 P2 端口的中断为多源中断,即 P1 端口的8位共用一个中断向量 P1IV,P2 端口的8位也共用一个中断向量 P2IV。当 Px 端口上的8个引脚中的任何一个引脚有中断触发时,都会进入同一个中断服务程序。在中断服务程序中,首先应该通过 PxIFG 判断是哪一个引脚触发的中断,再执行相应的程序,最后还要用软件清除相应的 PxIFG 标志位。

例程 1 GPIO_01:

■ 实验目的

熟悉并掌握 MSP430 单片机 GPIO 端口基本输入、输出模式的设置方法,并掌握输入引脚电平查询操作。

GPIO 简介与实验 2

■ 实验设备

MSP430F5529-EVM 开发板一套。

MSP-FET430UIF 仿真器一套。

■ 实验内容

该程序的工作时钟为系统默认时钟,即 ACLK=REFO=32.768 kHz,MCLK = SMCLK = Default 1 MHz。将 P3.5 设置为输出引脚,用来驱动 LED 灯(LED1),P2.3 设置为输入引脚,该引脚外接一个用户按键,可以设置不同电平输入。在设置输入引脚时,须设置好内置上拉或下拉电阻,否则会无法正常工作。

■ 程序讲解

```
#include<msp430.h>

intmain(void)
{
    WDTCTL=WDTPW+WDTHOLD; //关闭看门狗

    P1DIR|=BIT0; //设置 P1.0 为输出引脚

    //设置 P1.1 为输入上拉,共需三个步骤
    P1DIR&=~BIT1; //设置 P1.1 为输入引脚
    P1REN|=BIT1; //设置为上拉
    P1OUT|=BIT1; //设置输出端口

    while(1) //查询 P1.1 引脚电平
    {
        if(P1IN&BIT1)
        P1OUT|=BIT0; //P1.1 为高电平,则设置 P1.0 为高
        else
        P1OUT&=~BIT0; //否则设置 P1.0 为低
    }
}
```

■ 实验步骤

(1)将 MSP-EXP430F5529LP 开发板通过 USB 线缆与电脑相连。

(2)在 IAR 开发环境下,打开 GPIO_01 工程,并将其下载到 MSP430F5529 芯片上。单击快捷命令菜单中“Download and Debug”命令,即“”,程序下载完毕后进入调试窗口,然后再单击快捷菜单中“Go”命令,即“”。

(3)按下或松开按键 S2(P1.1),查看指示灯 LED1 状态。

例程 2 GPIO_02：

■ 实验目的

熟悉并掌握 MSP430 单片机 GPIO 端口基本输入、输出模式的设置方法，并掌握 GPIO 端口(仅 P1 与 P2 端口支持中断功能)触发中断的设置方法。

■ 实验设备

MSP430F5529-EVM 开发板一套。

MSP-FET430UIF 仿真器一套。

■ 实验内容

该程序的工作时钟为系统默认时钟，即 ACLK = REFO = 32.768 kHz，MCLK = SMCLK = Default 1 MHz。将 P3.5 设置为输出引脚，用来驱动 LED 灯(LED1)，P2.3 设置为输入引脚，同时设置该引脚输入电平的下降沿触发中断。该引脚外接一个用户按键，按下按键即可产生一个下降沿。在设置输入引脚时，须设置好内置上拉或下拉电阻，否则会无法正常工作。

■ 程序讲解

```
#include<msp430.h>
intmain(void)
{
    WDTCTL=WDTPW+WDTHOLD; //关闭看门狗
    P3DIR|=BIT5; //设置 P3.5 为输出管脚
    //设置 P2.3 为输入上拉,共需三个步骤
    P2DIR&=~BIT3; //设置 P2.3 为输入引脚
    P2REN|=BIT3; //设置为上拉
    P2OUT|=BIT3;
    //设置 P2.3 中断功能
    P2IES|=BIT3; //P2.3 引脚信号下降沿触发中断
    P2IFG&=~BIT3; //清 P2.3 引脚对应的中断标志位
    P2IE|=BIT3; //使能 P2.3 引脚中断功能
    __bis_SR_register(LPM4_bits+GIE); //进入 LPM4 低功耗模式,并开启全局中断
    //以下语句只有 CPU 退出 LPM4 时才会得到执行
    __no_operation(); //空操作
}
//PORT2 中断服务程序
#pragmavector=PORT2_VECTOR
__interruptvoidPORT2_ISR(void)
{
    switch(__even_in_range(P1IV,16))
    {
        case0: break; //Nointerrupt
        case2: break; //P2.0 触发中断,优先级最高
        case4: break; //P2.1 触发中断
        case6: break; //P2.2 触发中断
        case8: //P2.3 触发中断
```

```
            P3OUT^=BIT5; //翻转 P3.5 引脚信号
            break;
            case10: break; //P2.4 触发中断
            case12: break; //P2.5 触发中断
            case14: break; //P2.6 触发中断
            case16: break; //P2.7 触发中断,优先级最低
            default: break;
      }
}
```

■ 实验步骤

(1)将 MSP430F5529-EVM 开发板与仿真器通过 USB 线缆与电脑相连。

(2)在 IAR 开发环境下,打开 GPIO_02 工程,并将其下载到 MSP430F5529 芯片上。单击快捷命令菜单中“Download and Debug”命令,即“”,程序下载完毕后进入调试窗口,然后再单击快捷菜单中“Go”命令,即“”。

(3)按下或松开按键 SELECT(P2.3)查看指示灯 LED1 状态。

项 目 小 结

MSP430 单片机具有丰富的片内输入/输出模块,主要包括通用 I/O 端口、模数转换模块、比较器 B、定时器与 LCD_C 段式液晶驱动模块等。本章对各输入/输出模块的结构及原理进行了详细的阐述。

MSP430 单片机有着非常丰富的 I/O 端口资源,通用 I/O 端口不仅可以直接用于输入/输出,而且可以为 MSP430 系统扩展等应用提供必要的逻辑控制信号。

思考与习题

1. MSP430 单片机具有哪些典型输入输出模块?

2. 简述 MSP430 单片机通用 I/O 端口的输出特性。

3. 如何使用端口内部上拉和下拉电阻?

4. 编程实现:在 MSP430F5529 单片机系统上,P1.0、P1.1、P1.2 和 P1.3 端口分别接了红色、绿色、蓝色、白色 4 只 LED 指示灯,均为高电平点亮。P1.4、P1.5、P1.6 端口各接有一个按键(S1、S2、S3),按下为低电平。要求同时实现以下逻辑:

(1) S1 与 S2 中任意一个按键处于按下状态,红灯亮;

(2) S2 与 S3 同时处于按下状态时,绿灯亮;

(3) S1 与 S3 状态不同时,蓝灯亮;

(4) S1 按下后,白灯一直亮,直到 S2 按下后才熄灭。

项目 7　MSP430 单片机的定时器

［项目描述］

MSP430 单片机中带有功能强大的定时器资源，定时器在单片机应用系统中起着重要的作用。利用定时器可以实现计时、延时、信号频率测量、信号触发检测、脉冲脉宽信号测量和 PWM 信号发生等；另外通过软件编写，定时器也可以用作串行接口的波特率发生器；在多任务系统中也可以用来作为中断信号实现程序切换。本项目介绍 MSP430 单片机中定时器模块及其工作原理。

［项目目标］

1. 了解 MSP430 单片机的定时器资源
2. 掌握 MSP430F5529 单片机定时器的特点
3. 了解 MSP430F5529 单片机定时器的应用

任务 7.1　MSP430 单片机的定时器概述

MSP430 单片机的定时器资源非常丰富，包括看门狗定时器（WDT）、定时器 A（Timer_A）、定时器 B（Timer_B）和实时时钟（RTC）等。MSP430 单片机因系列不同可能包含这些模块的全部或部分。这些模块除了具有定时功能外，还各自具有一些特殊的用途，在应用中应根据需要选择合适的定时器模块。

MSP430 单片机定时器模块功能如下：

（1）看门狗定时器：基本定时，当程序发生错误时执行一个受控的系统重启动。

（2）定时器 A：基本定时，结合捕获/比较功能模块可实现时序控制，可编程波形信号发生输出；可作串行接口波特率发生器使用。

（3）定时器 B：基本定时，功能基本同定时器 A，但比定时器 A 更灵活，功能更强大。

（4）实时时钟：基本定时，日历功能。

下面分别介绍这些定时器。

任务 7.2　看门狗定时器

在工业控制现场，往往会由于供电电源、空间电磁干扰或其他原因引起强烈的干扰噪声。这些干扰作用于数字器件，极易使其产生误动作，引起单片机程序跑飞，若不进行有效的处理,程序就不能回到正常的运行状态。为了保证系统的正常工作,一方面要尽量减少干扰源对系统的影响;另一方面,在系统受到影响之后要能尽快恢复,看门狗定时器(WDT)就起到了这种作用。

看门狗定时器的用法:在正常工作期间,一次看门狗定时器定时时间将产生一次系统复位。如果通过编程使看门狗定时器定时时间稍大于程序中主循环执行一遍所用的时间,并且程序执行过程中都有对看门狗定时器清零的指令,使计数值重新计数,程序正常运行时,就会在看门狗定时器定时时间到达之前对看门狗定时器清零,不会产生溢出。如果由于干扰使程序跑飞,则不会在看门狗定时器定时时间到达之前执行看门狗清零指令,就会产生溢出,从而产生系统复位,使 CPU 重新运行用户程序,这样程序就又可以恢复正常运行。

看门狗定时器实际上是一个特殊的定时器,它既可以作为看门狗使用,也可以用作定时器。所谓的看门狗功能,是指当程序因供电电源、空间电磁干扰或其他原因引起的干扰而跑飞,无法回到正常运行状态时,系统经过一定时间后触发一个非屏蔽中断使系统进行复位的能力。当不使用看门狗功能时,看门狗定时器可以作为内部定时器使用。

在实际应用中,由于看门狗定时器(用作看门狗时)需要很严密的设置,否则容易导致系统莫名重启,所以在程序测试完毕之前,一般先关闭看门狗,即在程序开始时加上一条语句:WDTCTL=WDTPW+WDTHOLD。

知识点:

MSP430 单片机内部集成了看门狗定时器,既可作为看门狗使用,也可产生时间间隔进行定时。当用作看门狗时,若定时时间到,将产生一个系统复位信号;如果在用户应用程序中,不需要看门狗,可将看门狗定时器用作一般定时器,在选定的时间间隔到达时,将发生定时中断。

7.2.1 MSP430F552x 的看门狗特点

WDT 简介与实验

MSP430F552x 的看门狗具有如下特点:

(1)软件可编程的 8 种时间间隔选择;

(2)看门狗模式;

(3)定时计数模式;

(4)看门狗控制寄存器操作受密码保护,密码错误则无法更改;

(5)时钟源可选择;

(6)看门狗模块可关闭以降低功耗;

(7)时钟故障保护功能。

7.2.2 MSP430F552x 的看门狗结构

MSP430F552x 单片机的看门狗定时器结构框图如图 7.1 所示。由图可知,看门狗定时器由中断产生逻辑单元、看门狗定时计数模块、看门狗控制寄存器、参考时钟选择逻辑单元等组成。

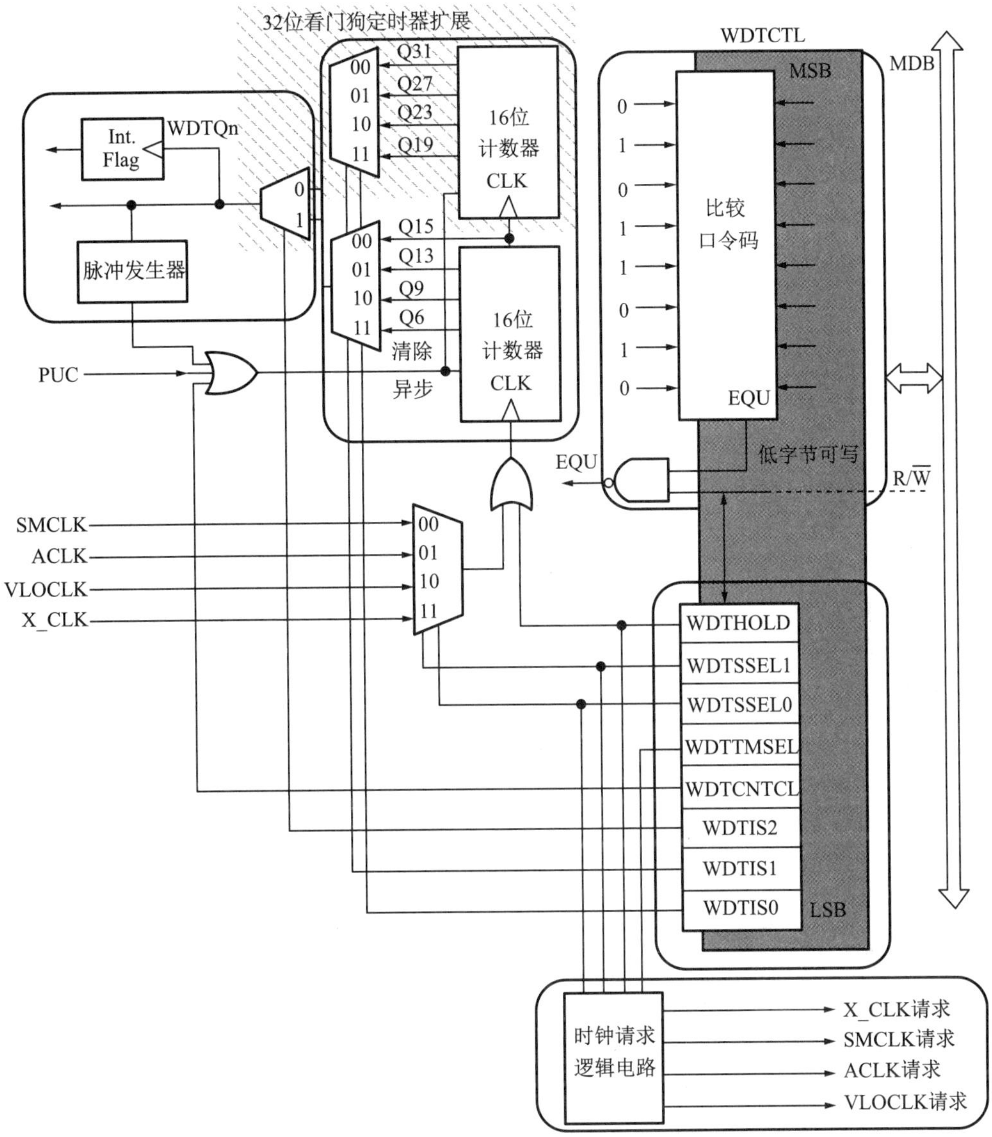

图 7.1　看门狗定时器结构框图

7.2.3　看门狗定时器的基本操作

1. 看门狗定时计数器

看门狗定时计数器(WDTCNT)是一个 32 位增计数器,不能通过软件程序直接访问其计数值。软件可通过看门狗控制寄存器(WDTCTL)控制看门狗定时计数器及配置其产生的时间间隔。看门狗定时计数器的参考时钟源可通过 WDTSSEL 控制位配置为 SMCLK、ACLK、VLOCLK 或 X_CLK,产生的时间间隔可通过 WDTIS 控制位选择,具体请参考相应寄存器配置。

2. 看门狗模式

在一个上电复位清除(PUC)后,看门狗定时器被默认配置为采用 SMCLK 作为参考时钟源，复位时间间隔约为 32 ms 并工作在看门狗模式。用户必须在看门狗复位时间间隔期满或另一个复位信号产生之前，配置、停止或清除看门狗定时计数器。当看门狗定时器被配置工作在看门狗模式时，利用一个错误的口令密码操作看门狗控制寄存器或选择的时间间隔期满都将产生一个 PUC 复位信号，一个 PUC 复位信号可将看门狗定时器复位到默认状态。

3. 定时计数模式

将 WDTTMSEL 控制位选样为 1，看门狗定时器被配置为定时计数模式。这个模式可以被用来产生周期性中断，在定时计数模式下，当选定的时间间隔到来时，将置位看门狗定时计数中断标志位（WDTIFG），但并不产生 PUC 复位信号，当看门狗定时计数中断允许控制位（WDTIE）和全局中断允许控制位（GIE）置位时，PUC 将响应 WDTIFG 中断请求。中断请求被响应后，单片机将自动清除看门狗定时计数中断标志位，当然也可通过软件手动清除看门狗定时计数中断标志位。在定时计数模式下的中断向量地址不同于在看门狗模式下的中断向量地址，具体请参考 MSP430 单片机中断向量表。

4. 看门狗定时器中断

看门狗定时器利用以下两个寄存器控制中断：

（1）WDTIFG：位于 SFRIFG 1.0 内；

（2）WDTIE：位于 SFRIE 1.0 内。

当看门狗定时器工作在看门狗模式时，WDTIFG 来源于一个复位向量中断。复位中断服务程序可利用 WDTIFG 来判定看门狗定时器是否产生了一个系统复位信号。若 WDTIFG 置位，看门狗定时器会产生一个复位条件，要么复位定时时间到，要么口令密码错误。

看门狗定时器工作在定时计数模式时，当定时时间到，将置位 WDTIFG，若 WDTIE 和 GIE 都置位，则 CPU 可响应看门狗定时计数中断。

5. 时钟故障保护功能

看门狗定时器提供了一个时钟故障保护功能，确保在看门狗模式下，参考时钟不失效，这就意味着低功耗模式将有可能影响看门狗定时器参考时钟的选择。如果 SMCLK 或 ACLK 作为定时器参考时钟源时失效，看门狗定时器将自动选择 VLOCLK 作为其参考时钟源。当看门狗定时器工作于定时计数模式时，其没有时钟故障保护功能。

6. 低功耗模式下的看门狗定时器操作

MSP430 单片机具有多种低功耗模式，在不同的低功耗模式下，启用不同的时钟信号。应用程序的需要及所选时钟的类型决定了看门狗定时器的配置，例如如果用户想用低功耗模式 3（LPM3），就要避免看门狗定时器的参考时钟选择以 DCO、高频模式下的 XT1 或 XT2 作为时钟源的 SMCLK 或 ACLK。当不需要看门狗定时器时，可利用 WDTHOLD 控制位关闭看门狗计数器，以减少单片机功耗。

7. 看门狗控制寄存器

看门狗控制寄存器如表 7.1 所示。

表 7.1 看门狗控制寄存器

15	14	13	12	11	10	9	8
WDTPW							
7	6	5	4	3	2	1	0
WDTHOLD	WDTSSEL		WDTTMSEL	WDTCNTCL	WDTIS		
rw-0	rw-0	rw-0	rw-0	r0(w)	rw-1	rw-0	rw-0

（1）WDTPW：第 15~8 位，WDTPW 的高字节，即看门狗控制寄存器的口令密码区域。读该寄存器时该部分的值为 069H，向该寄存器写时，该部分为 05AH，写入其他数值则会导致系统复位。由此可知，对该寄存器操作只能采取直接赋值的方式，不可采取“|=、&=、^=”等逻辑操作。

（2）WDTHOLD：第 7 位，“0”表示看门狗定时器工作于看门狗模式，“1”表示看门狗定时器被停止。

（3）WDTSSEL：第 6~5 位，看门狗定时器参考时钟选择控制位。“00”表示选择 SMCLK，“01”表示选择 ACLK，“10”表示选择 VLOCLK，“11”表示选择 X_CLK（如果该型单片机不支持 X_CLK，则选择 VLOCLK）。

（4）WDTTMSEL：第 4 位，看门狗定时器模式选择控制位。“0”表示看门狗模式，“1”表示定时计数模式。

（5）WDTCNTCL：第 3 位，“0”表示无动作，“1”表示将看门狗定时器计数值 WDTCNT 设为 0000H。

（6）WDTIS：第 2~0 位，看门狗定时器时间间隔选择控制位。当时间间隔期满时，计数模式下将置位 WDTIFG，看门狗模式下将产生一个 PUC 复位信号。

000：时间间隔为 2^{31}/看门狗参考时钟频率（32 kHz 时钟下，定时 18 h 12 min 16 s）；

001：时间间隔为 2^{27}/看门狗参考时钟频率（32 kHz 时钟下，定时 1 h 8 min 16 s）；

010：时间间隔为 2^{23}/看门狗参考时钟频率（32 kHz 时钟下，定时 4 min 16 s）；

011：时间间隔为 2^{19}/看门狗参考时钟频率（32 kHz 时钟下，定时 16 s）；

100：时间间隔为 2^{15}/看门狗参考时钟频率（32 kHz 时钟下，定时 1 s）；

101：时间间隔为 2^{13}/看门狗参考时钟频率（32 kHz 时钟下，定时 250 ms）；

110：时间间隔为 2^{9}/看门狗参考时钟频率（32 kHz 时钟下，定时 15.6 ms）；

111：时间间隔为 2^{6}/看门狗参考时钟频率（32 kHz 时钟下，定时 1.95 ms）。

虽然只有 8 种定时间隔可选，但可以通过选择不同的时钟源来获得期望的定时时间间隔。

针对 MSP430F5529 的 WDT 模块，只有 3 种时钟源可选择，即 ACLK、SMCLK 和 VLOCLK，设置看门狗定时器 WDTSSEL 控制位选择相应的时钟源时，系统会自动向 UCS 系统发送 ACLK_REQ、SMCLK 或 VLOCLK 请求信号，当 WDT 模块正常工作后，进入低功耗模式 LPM0~LPM4 下并不能改变该模块的时钟状态，即针对 WDT 模块的 SCG0、SCG1，OSCOFF 状态控制位将被忽略。基于 MSP430 单片机的这种时钟请求控制逻辑的特点，在设计系统进入相关低功耗模式时，需要小心设置各个模块的工作状态和时钟源选择，防止不必要的电流消耗。

这一部分的详细内容可参考 MSP430F5xx/MSP430F6xx 的用户手册（User's Guide—slau208）

8. 看门狗定时器默认工作状态

程序启动，看门狗即启动。所用的时钟源为 SMCLK，频率为 1 048 576 Hz。监控周期为 2^{15}/1 048 576，约 32 ms（也就是说当看门狗的时钟频率为 1 048 576 Hz 时，每过 32 ms，如果不软件清空，程序就会重启）。

应用方式：

看门狗定时器的应用有两种方式，一种是作为看门狗，另一种是作为定时器，无论哪一种，所定义的时间，都由 WDTIS 控制位和所使用的参考时钟频率来决定。

例程 1 WDT_01

■ 实验目的

了解并熟悉 MSP430F5529 单片机看门狗模块的编程方法。

■ 实验内容

本程序演示了看门狗模块工作在定时计数模式下的程序设计方法，程序中采用看门狗模块上电默认时钟 SMCLK 为工作时钟，定时间隔设为 0.5 s，定时间隔到后触发看门狗中断，在该看门狗中断服务程序中翻转 GPIO 端口 P1.0 引脚来控制用户指示灯的亮和灭。

■ 程序讲解

```
#include<msp430.h>

intmain(void)
{
    //WDT 工作在定时器计数模式下，选择默认 SMCLK 为工作时钟
    //定时时间为 2^19/1048576Hz=0.5s
    WDTCTL=WDTPW+WDTTMSEL+WDTCNTCL+WDTIS_3;
    SFRIE1|=WDTIE; //使能看门狗定时器中断
    P1DIR|=BIT0; //设置 P1.0 为输出引脚

    //LPM0~LPM4 模式结果一样，请参考(5.2.11OperationFromLow-PowerModes)
    __bis_SR_register(LPM0_bits+GIE); //进入 LPM0 低功耗模式，使能全局中断

    __no_operation(); //空操作 Fordebugger
}

//WDT 中断服务程序
#pragmavector=WDT_VECTOR
__interruptvoidWDT_ISR(void)
{
    P1OUT^=BIT0; //翻转引脚 P1.0(LED)
}
```

■ 实验步骤

（1）将 MSP-EXP430F5529LP 开发板通过 USB 线缆与电脑相连。

（2）在 IAR 开发环境下，打开 WDT_01 工程，并将其下载到 MSP430F5529 芯片上。单击快捷命令菜单中“Download and Debug”命令，即“”，程序下载完毕后进入调试窗口，然后再单击快捷菜单中“Go”命令，即“”。这时发现用户指示灯开始闪烁，闪烁频率约 1 s，说明程序已正常运行。

(3)将示波器探头连接到 P1.0 引脚上，测量 P1.0 引脚的信号情况，测量可知该信号的周期恰好为 1 s，如图 7.2 所示，即实际测量结果与程序预期相同。

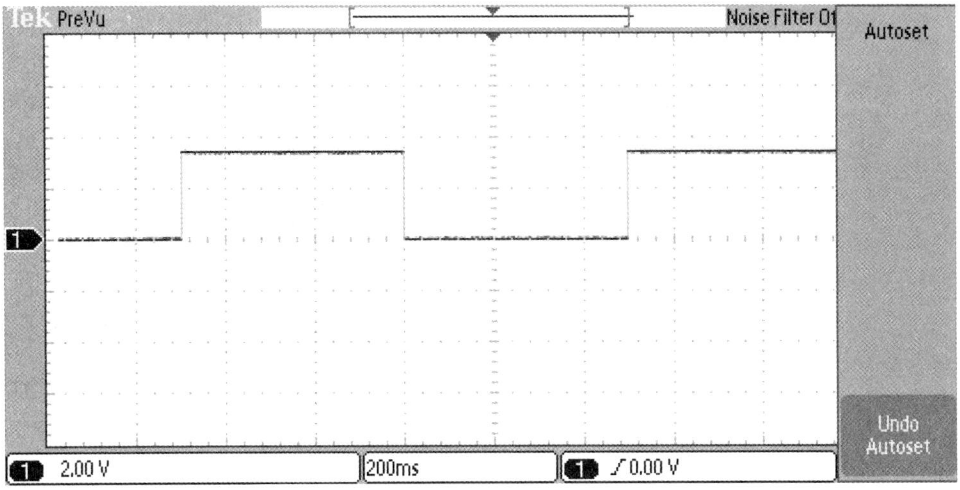

图 7.2 P1.0 引脚信号波形

■ 程序分析与讨论

(1)修改 WDT 模块的工作时钟，即选择系统上电默认的 ACLK 为 WDT 的工作时钟，设置 WDT 定时器时间间隔为 1 s，其他不变，程序如下：

```
intmain(void)
{
    ......
    //WDT 工作在定时器计数模式下，选择默认 ACLK 为工作时钟，定时时间为 2^15/32768Hz=1s
    //上电复位时系统为 ACLK 选择 REFOCLK 为时钟源
    WDTCTL=WDTPW+WDTTMSEL+WDTCNTCL+WDTSSEL_1+WDTIS_4;
    ......
}
```

用示波器测量 P1.0 引脚，可以得到周期为 2 s 的方波，即实际测量结果与程序预期相同。

(2)改变程序中的低功耗模式，即选择进入低功耗模式 4(LPM4)，其他不变，程序如下：

```
intmain(void)
{
    ......
    //LPM0~LPM4 模式结果一样，请参考(5.2.11OperationFromLow-PowerModes)
    __bis_SR_register(LPM4_bits+GIE); //进入 LPM4 低功耗模式，使能全局中断
    ......
}
```

这时发现,用户指示灯仍然正常闪烁,周期为 1 s。LPM4 模式已经关闭所有时钟,为何 WDT 还能继续工作呢?这就是 MSP430 单片机的时钟选择逻辑,当 WDT 模块选择 SMCLK 为工作时钟,且 WDT 模块已正常工作,进入 LPM4 模式下,关闭时钟信号控制位 SCG0、SCG1,状态控制位 OSCOFF 将被忽略,不起作用。

例程 2 WDT_02

■ 实验目的

了解并熟悉 MSP430F5529 单片机看门狗模块的编程方法。

■ 实验内容

本程序演示了看门狗模块工作在看门狗模式下的程序设计方法,程序中采用系统上电默认时钟 ACLK(来源于 REFOCLK)作为看门狗工作时钟,计数间隔设为 1 s,时间间隔到后触发系统复位,然后翻转 GPIO 端口 P1.0 引脚来控制用户指示灯的亮和灭。

■ 程序讲解

```
#include<msp430.h>


intmain(void)
{
    //WDT 工作在看门狗模式下,选择 ACLK 为工作时钟
    //定时时间为 2^15/32768Hz=1s
    WDTCTL=WDTPW+WDTCNTCL+WDTSSEL_1+WDTIS_4;

    P1DIR|=BIT0; //设置 P1.0 为输出引脚-SETBREAKPOINTHERE
    P1OUT^=BIT0; //翻转 P1.0

    //LPM4 模式关闭所有时钟,WDT 看门狗模式开启时钟保护功能,选择 VLOCLK 作为时钟源
(10kHz)
    __bis_SR_register(LPM4_bits+GIE); //进入低功耗模式 LPM4,开启全局中断

    __no_operation(); //Fordebugger
}
```

■ 实验步骤

(1)将 MSP-EXP430F5529LP 开发板通过 USB 线缆与电脑相连。

(2)在 IAR 开发环境下,打开 WDT_02 工程,并将其下载到 MSP430F5529 芯片上。单击快捷命令菜单中“Download and Debug”命令,即“”,程序下载完毕后进入调试窗口,然后再单击快捷菜单中“Go”命令,即“”。这时发现用户指示灯开始闪烁,闪烁频率约 1 s,说明程序已正常运行。

(3)将示波器探头连接到 P1.0 引脚上,测量 P1.0 引脚的信号情况,测量可知该信号的周期约 6.4 s,如图 7.3 所示,即实际测量结果与程序预期不符。

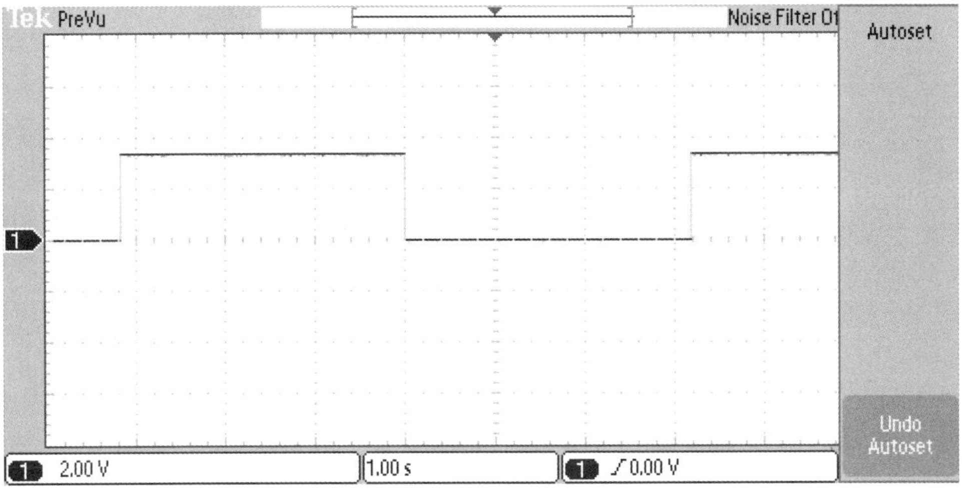

图 7.3 P1.0 引脚信号波形

■ 程序分析与讨论

(1)由所测波形分析可知,此时 WDT 的工作时钟为片内 VLOCLK(10 kHz),即程序设置的 ACLK(REFOCLK)没有真正工作,所以 WDT 工作在时钟故障保护模式,即选择片内 VLOCLK 为工作时钟。

是不是低功耗模式 4 导致 ACLK 被关闭呢? 由 WDT_01 例程可知,不是这个原因。我们将 WDT 的工作时钟更改为 SMCLK(1.045 MHz),结果仍然不变,即 SMCLK 没有工作。

将低功耗模式改为 LPM0~LPM3,结果依旧。

(2)给 WDT 工作时钟设置明确的时钟来源。

系统上电后,ACLK 默认时钟源是 REFOCLK,程序中将 WDT 的时钟设置为 ACLK,而实际情况是该时钟没有真正工作。处理的办法是在程序中明确 ACLK 的时钟来源,程序修改如下:

```
intmain(void)
{
    ……
    //WDT 工作在看门狗模式下,选择 ACLK 为工作时钟
    //定时时间为 2^15/32768Hz=1s
    WDTCTL=WDTPW+WDTCNTCL+WDTSSEL_1+WDTIS_4;
    UCSCTL4|=SELA_2; //SetACLK=REFO
    ……
}
```

这时发现,用户指示灯正常闪烁,周期为 2 s。测量 P1.0 引脚的信号情况,可知该信号的周期为 2 s,如图 7.4 所示,即实际测量结果与程序预期相符。

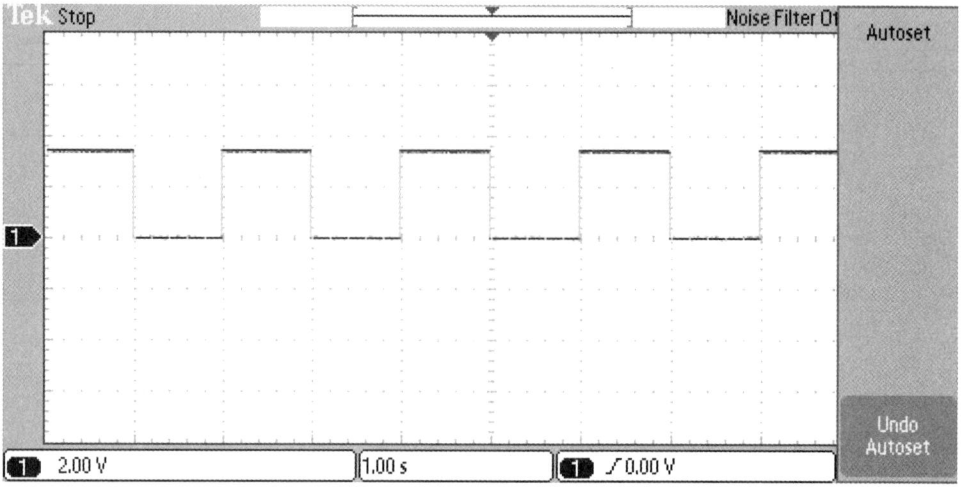

图 7.4　P1.0 引脚信号波形

将 ACLK 时钟来源设置为 XT1,程序修改如下:

```
intmain(void)
{
    ……
    //WDT 工作在看门狗模式下,选择 ACLK 为工作时钟
    //定时时间为 2^15/32768Hz=1s
    WDTCTL=WDTPW+WDTCNTCL+WDTSSEL_1+WDTIS_4;
    //设置 P5.4,P5.5 为外设功能引脚,即 XT1 晶体的接口引脚
    P5SEL|=BIT4+BIT5; //PortselectXT1
    UCSCTL6&=~XT1OFF; //启用 XT1 晶体振荡电路
    UCSCTL6|=XCAP_3; //设置 XT1 的片内负载匹配电容

    //等待 XT1,XT2&DCO 时钟系统工作稳定
    do
    {
        UCSCTL7&=~(XT2OFFG+XT1LFOFFG+DCOFFG);
        //ClearXT2,XT1,DCOfaultflags
        SFRIFG1&=~OFIFG; //Clearfaultflags
    }while(SFRIFG1&OFIFG); //Testoscillatorfaultflag

    //设置外置晶体 XT1 产生的 XT1CLK 作为 ACLK 的时钟源
    UCSCTL4|=SELA_0; //SetACLK=XT1CLK
    ……
}
```

这时发现,用户指示灯正常闪烁,周期约为 2 s。测量 P1.0 引脚的信号情况,结果如图 7.5 所示,即实际测量结果与程序预期相符。

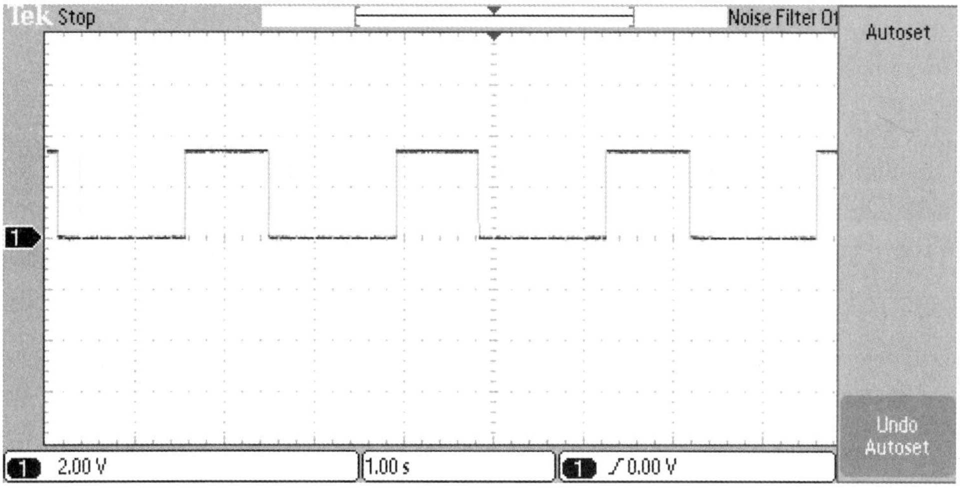

图7.5　P1.0引脚信号波形

由上述分析可知,WDT在看门狗模式下和计数定时模式下的时钟设置略有差别。

任务7.3　定时器A

在MSP430F5xx/6xx单片机中,一般有4个定时器,分别是Timer0_A(TA0)、Timer1_A(TA1)、Timer2_A(TA2)和Timer0_B(TB0)。其中,前三个功能相同,统称为定时器A(Timer_A),最后一个称为定时器B(Timer_B),与Timer_A功能略有不同。在这些定时器中,除了主计数器模块外,还包括了数量不等的捕获/比较模块(不同的型号,捕获/比较模块数量会略有不同),以MSP430F5529IPN为例,具体如下:TA0有5个捕获/比较模块(CCR0~4),TA1有3个捕获/比较模块(CCR0~2),TA2有3个捕获/比较模块(CCR0~2),TB0有7个捕获/比较模块(CCR0~6)。虽然定时器内部功能模块略有不同,但用法差别不大,下面我们仅以Timer0_A(TA0)为例简要介绍定时器的工作原理和典型应用。

定时器A具有如下特点:

(1)4种运行模式的异步16位定时/计数器;

(2)参考时钟源可选择配置;

(3)高达7个可配置的捕获/比较寄存器;

(4)可配置的PWM输出;

(5)异步输入和输出锁存;

(6)具有可对Timer_A中断快速响应的中断向量寄存器。

定时器工作原理与实验1

7.3.1　Timer_A的工作原理

Timer_A是一个16位定时器,具有高达7个捕获/比较模块,支持多路同时捕获/比较、PWM输出和定时计数。另外,Timer_A具有丰富的中断能力,当定时时间到或满足捕获/比较条件时,可触发Timer_A中断。

Timer_A 的结构框图如图 7.6 所示。由图可知,Timer_A 主要由两部分组成:主计数器和捕获/比较模块。主计数器负责定时、计时或计数,计数值(TAR 寄存器的值)被送到各个计数器和捕获/比较模块,它们可以在无须 CPU 干预的情况下根据触发条件自动完成某些测量和输出功能。图中 CCR0~6 分别表示 7 个捕获/比较模块,这里仅以 CCR6 为例给出捕获/比较模块的逻辑结构组成。

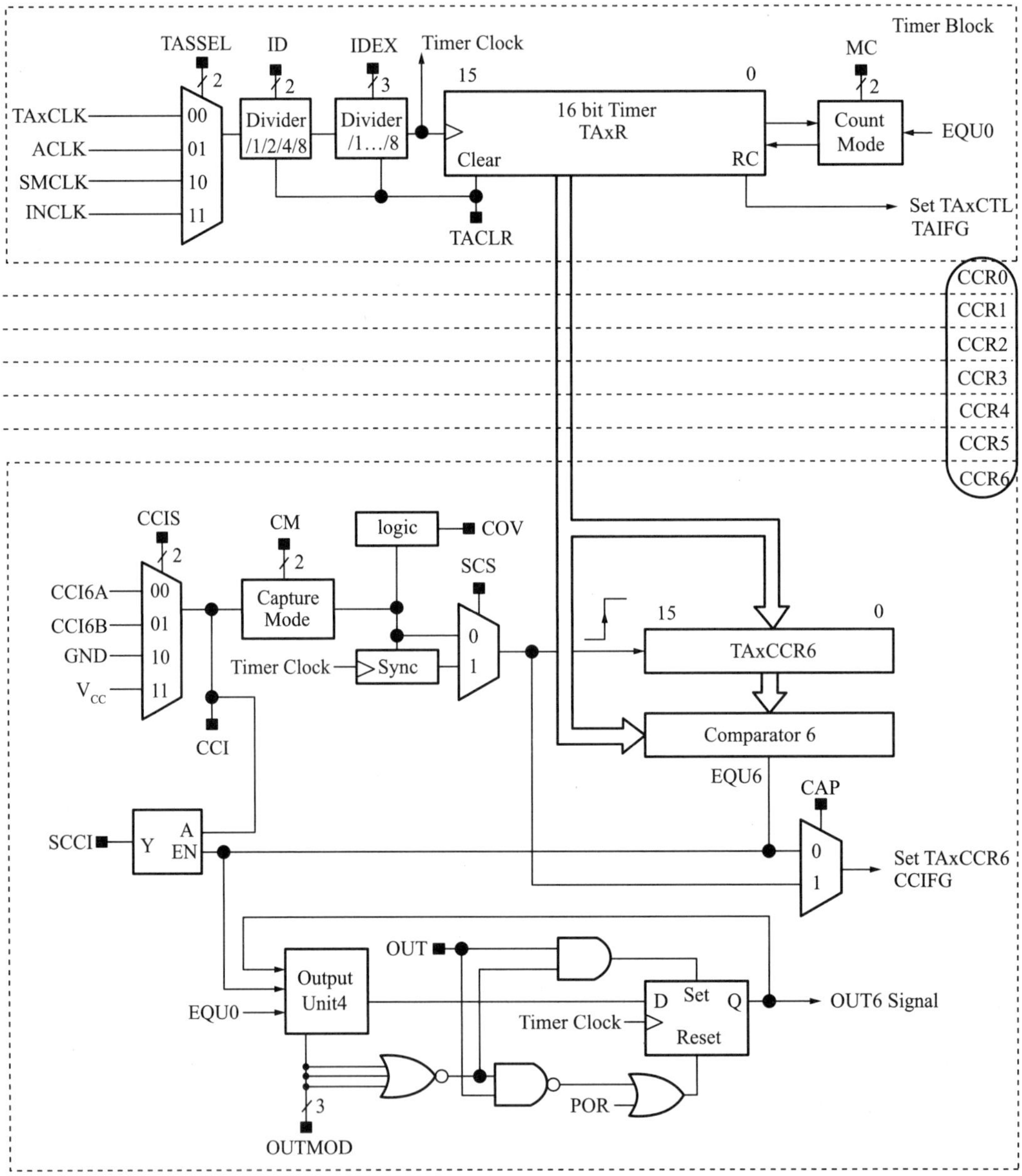

图 7.6 Timer_A 结构框图

7.3.2 Timer_A 的 4 种工作模式

Timer_A 共有 4 种工作模式:停止模式、增计数模式、连续计数模式和增/减计数模式,具体工作模式可由 TAxCTL 寄存器中的 MC 控制位进行设置，具体配置如表 7.2 所示。

表 7.2 Timer_A 工作模式配置

MC 控制位配置值	Timer_A 工作模式	描述
00	停止模式	Timer_A 停止
01	增计数模式	Timer_A 从 0 到 TAxCCR0 重复计数
10	连续计数模式	Timer_A 从 0 到 0FFFFh 重复计数
11	增/减计数模式	Timer_A 从 0 增计数到 TAxCCR0 之后减计数到 0，循环往复

1. 停止模式（Stop Made）

停止模式用于定时器暂停，并不发生复位，所有寄存器现行的内容在停止模式结束后都可用。当定时器暂停后重新计数时，计数器将从暂停时的值开始以暂停前的计数方向计数。例如，停止模式前，Timer_A 定时器工作于增/减计数模式并且处于下降计数方向，停止模式后，Timer_A 仍然工作于增/减计数模式下，从暂停前的状态开始继续沿着下降方向开始计数。若不想这样，则可通过 TAxCT TL 中的 TACLR 控制位来清除定时器的计数及方向记忆特性。

2. 增计数模式（Up Mode）

比较寄存器 TAxCCR0 用作 Timer_A 增计数模式的周期寄存器，即 TAxCCR0 的值定义了 Timer_A 的定时周期，该周期内定时器的总计数个数为 TAxCCR0+1。当计数寄存器（TAR）的值增计数到 TAxCCR0 时，定时器复位并从 0 开始重新计数。增计数模式的计数过程如图 7.7 所示。

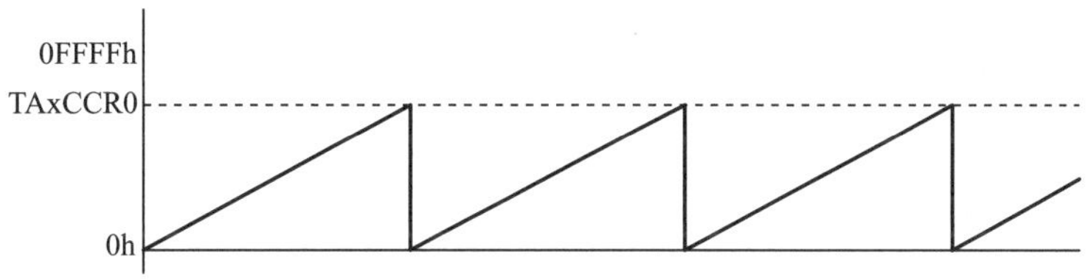

图 7.7 增计数模式的计数过程

在增计数模式下，Timer_A 会置两个中断标志位，分别是 CCIFG、TAIFG。当定时器计数值计数到 TAxCCR0 时，置位 CCR0 模块对应的中断标志位 TAxCCR0 CCIFG；当定时器的计数值从 TAxCCR0 跳变到 0 时（溢出），置位 Timer_A 中断标志位 TAIFG。增计数模式中断标志位设置如图 7.8 所示。

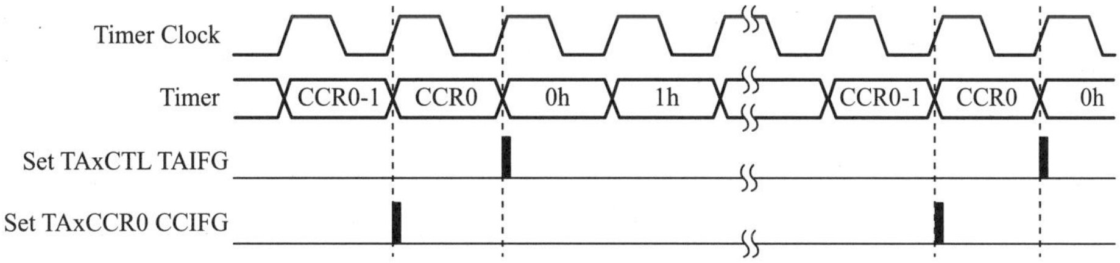

图 7.8 增计数模式中断标志位设置

需要注意的是，MSP430 单片机为 Timer_A 模块设置了两个中断向量，分别是 TIMERx_A0_VECTOR、TIMERx_A1_VECTOR。其中，TIMERx_A0_VECTOR 中断向量只有 1 个中断源，即 CCR0；TIMERx_A1_VECTOR 中断向量共有 7 个中断源，分别是 CCR1～CCR6 的 CCIFG 和 TAIFG。关于这一点，在后续的 Timer_A 中断部分和例程部分均会涉及。

增计数模式的典型应用是用来产生不同频率、不同占空比的 PWM 信号，或用来定时触发 ADC、COMP 模块。

3. 连续计数模式(Continuous Mode)

在连续计数模式下，Timer_A 增计数到 0xFFFF 之后，从 0 开始重新计数，如此重复。连续计数模式的计数过程如图 7.9 所示。

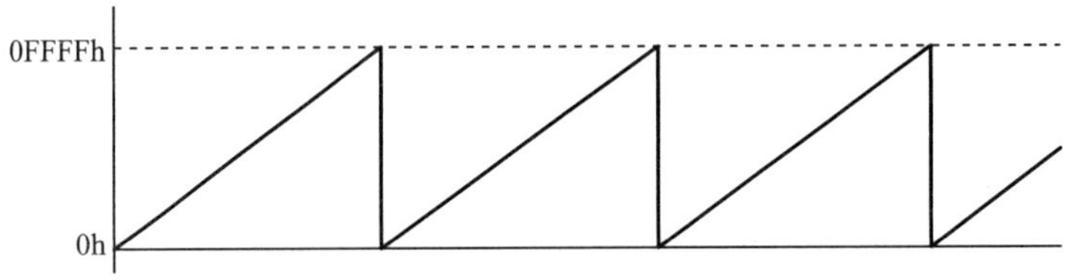

图 7.9 连续计数模式的计数过程

当定时器计数值从 0xFFFF 跳变到 0 时(溢出)，系统置 Timer_A 中断标志位 TAIFG，连续计数模式中断标志位的设置如图 7.10 所示。

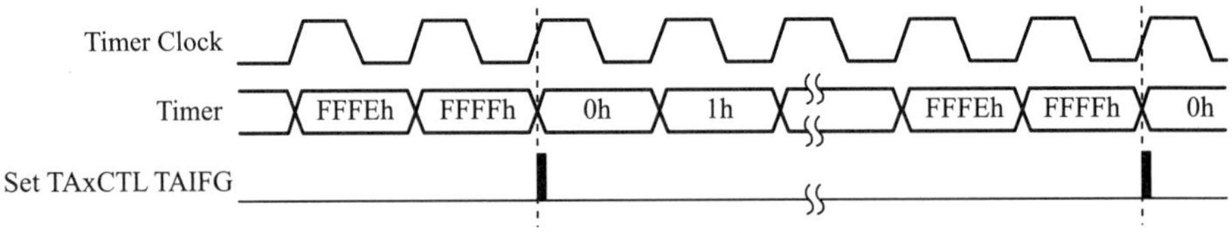

图 7.10 连续计数模式中断标志位设置

连续计数模式的典型应用是用来产生多路独立的定时信号，该定时信号的计数间隔由 TAxCCRn(其中，n 取值为 0～6)的增量确定，TAxCCR0 不再用作 Timer_A 的计数周期寄存器，与其他捕获/比较寄存器的功能相同。Timer_A 每完成一个计数间隔，将产生一个中断，在中断服务程序中，将下一个时间间隔计数值赋给 TAxCCRn，这样即可产生一个独立的定时信号。

图 7.11 给出了产生两路独立定时信号的示意图，这两路信号的间隔分别为 t_0 和 t_1。现以第一路信号为例，TAxCCR0 的初值为 TAxCCR0a，当 TAR 计数值达到 TAxCCR0a 时，触发中断，在中断服务程序里将 TAxCCR0 值增加一个计数间隔(|TAxCCR0b-TAxCCRa|)，这样当计数值达到 TAxCCR0b 时，再次触发中断，且再次在中断服务程序里将 TAxCCR0 值增加一个计数间隔(|TAxCCR0c-TAxCCRb|)，只要保证前后计数间隔相等，如此重复即可产生一个固定间隔的定时信号。

需要指出的是，在连续计数模式下产生固定间隔的定时信号完全是由硬件产生的，不受软件中断响应延时的影响。(讨论：定时器时钟与 CPU 时钟是否有关系?)

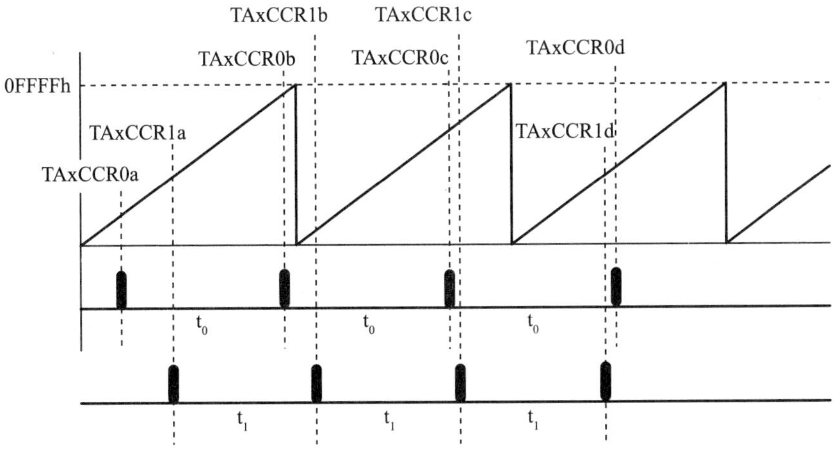

图 7.11 产生两路独立定时信号示意图

4. 增/减计数模式(Up/Down Mode)

在增/减计数模式下,定时器先增计数到 TAxCCR0 的值,然后反方向减计数到 0。计数周期由 TAxCCR0 值确定,不过是该寄存器值的 2 倍。增/减计数模式的计数过程如图 7.12 所示。

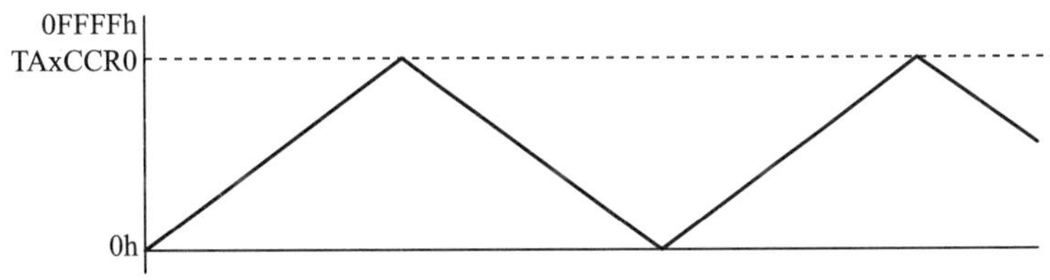

图 7.12 增/减计数模式的计数过程

在增/减计数模式下,当 TAR 从 TAxCCR0-1 计数到 TAxCCR0 时,置位 TAxCCR0 的中断标志位 CCIFG,当 TAR 从 1 递减到 0 时,置位 Timer_A 中断标志位 TAIFG。增/减计数模式中断标志位设置如图 7.13 所示。

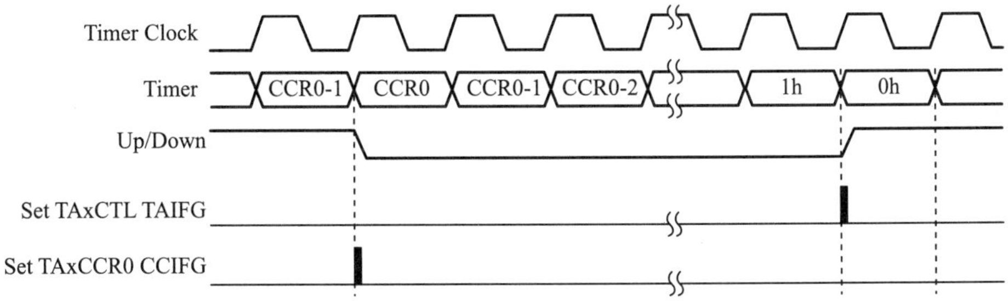

图 7.13 增/减计数模式中断标志位设置

增/减计数模式一般应用在需要产生对称波形的情况下,如驱动“H-桥”时,需要产生一对带有死区的 PWM 信号,即可用该模式实现。

7.3.3 Timer_A 的捕获/比较模块

Timer_A 除了主计数器之外，还有 7 个结构相同的捕获/比较模块 CCRn（其中，n=0~6），任意一个模块均可捕获定时寄存器的值和生成特定时间间隔的信号。每个捕获/比较模块均有独立的模式控制寄存器和捕获/比较值寄存器（TAxCCRn，n=0~6）。

1. 捕获模式

在捕获模式下，用定时器输入引脚电平跳变触发捕获电路，将此刻主计数器的计数值自动保存到相应的捕获值寄存器中。这可以用于测量信号频率、周期、脉宽、占空比等需要获得波形中精确时间量的场合。下面以 CCR6 为例简要介绍捕获模块的工作过程。

当捕获/比较控制寄存器 TAxCCTLn 中 CAP 控制位置 1 时，捕获/比较模块设置为捕获模式。捕获信号可由 CCInA 或 CCInB 外部引脚或内部信号输入到捕获模块，可通过控制寄存器中的 CCIS 控制位进行设置。捕获事件的触发方式可由控制寄存器中的 CM 位进行设置，即可设置为输入信号上升沿触发、下降沿触发或两者均触发。当捕获事件发生后，定时器将完成两个工作：一是将主计数器的计数值复制到 TAxCCRn 寄存器中，二是置中断标志位 CCIFG。被捕获信号一般与定时器时钟信号不同步，这会产生竞争条件。为了避免竞争条件导致的异常情况，可设置 SCS 控制位，将输入信号同步到下一个时钟触发捕获事件，该工作模式下的信号捕获示意图如图 7.14 所示。

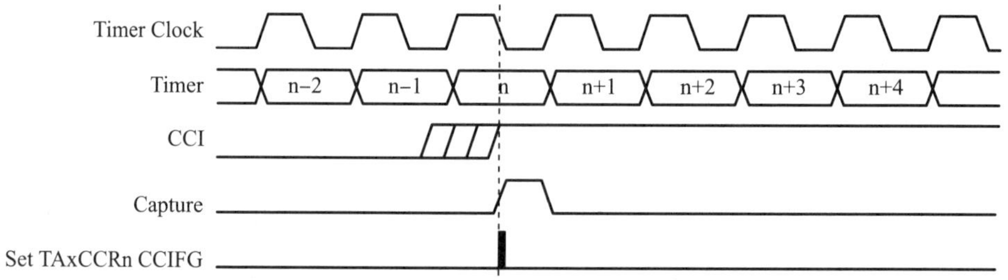

图 7.14 信号捕获示意图（SCS=1）

需要注意的是，当第二次捕获发生时，第一次捕获的值未被读取，捕获/比较模块会产生一个溢出逻辑，置溢出标志位 COV，该标志位必须通过软件进行清零。捕获事件状态转换如图 7.15 所示。

现以 Timer_A0 中的比较/捕获模块 CCR1 为例来说明该模块输入触发信号的用法，查看 MSP430F5529 的数据手册，从 Timer_A0 外设的信号连接表可知，CCR1 捕获模块的输入触发信号有 4 种，分别是 CCI1A、CCI1B、GND 和 Vcc。其中，CCI1A 与 TA0.1 相连，位于芯片的 P1.2 引脚，即通过该引脚可实现外部输入信号触发 CCR1 模块产生捕获事件；CCI1B 在芯片内部与 CBOUT 信号相连，即可以用片内 CBOUT 信号来触发 CCR1 模块；GND 与 Vcc 分别与 DVss、DVcc 相连，通过交替选择 GND、Vcc 为 CCR1 模块的输入信号，即可实现软件方式触发 CCR1 模块。

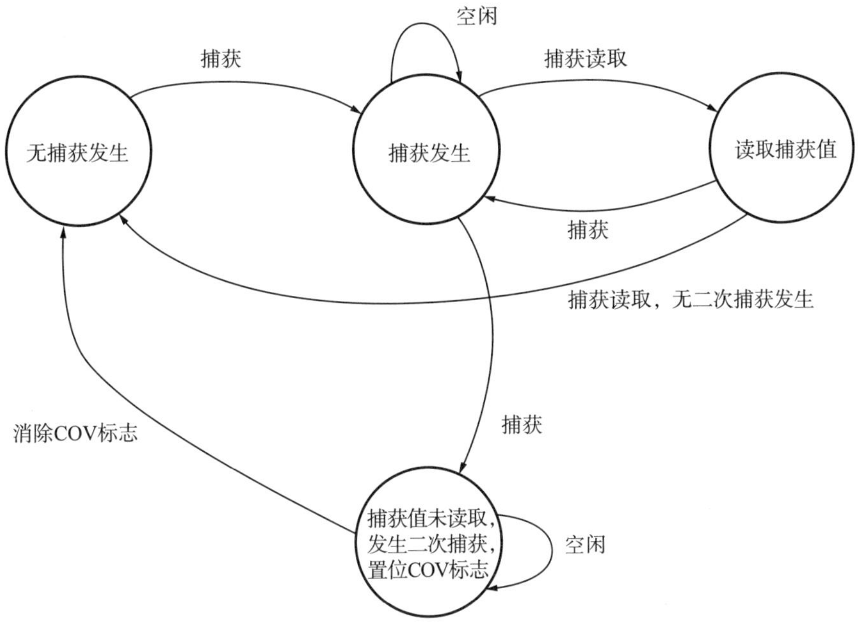

图7.15 捕获事件状态转换

2. 比较模式

当控制寄存器中的CAP控制位设置为0时,捕获/比较模块工作在比较模式。比较模式用来产生PWM信号或者特定时间间隔的中断。此时,TAxCCRn的值由软件写入,并通过比较器与主计数器的计数值TAR进行比较,当TAR计数到TAxCCRn时将依次完成以下几项工作:

(1)置位中断标志位CCIFG;

(2)产生内部信号EQUn=1;

(3)EQUn信号根据不同的输出模式触发输出逻辑单元;

(4)锁存输入信号CCI到SCCI。

每个捕获/比较模块都包含一个输出单元,用于产生输出信号,如PWM信号等。每个输出单元都有8种工作模式,可根据EQUn产生相关信号。输出模式可通过控制寄存器中的OUTMOD控制位进行设置,具体输出模式定义如表7.3所示。其中,对于CCR0的输出单元而言,输出模式2,3,6,7是无意义的,因为EQUn=EQU0。

表7.3 Timer_A定时器比较模式下输出模式定义列表

OUTMODx控制位	输出控制模式	说明描述
000	电平输出	定时器输出电平由OUT控制位的值决定
001	置位	当定时计数器TAR计数到TAxCCRn时,定时器输出置高
010	取反/复位	当定时计数器TAR计数到TAxCCRn时,定时器输出取反;当定时器TAR计数到TAxCCR0时,定时器输出复位
011	置位/复位	当定时计数器TAR计数到TAxCCRn时,定时器输出置位;当定时计数器TAR计数到TAxCCR0时,定时器输出复位

表 7.3（续）

OUTMODx 控制位	输出控制模式	说明描述
100	取反	当定时计数器 TAR 计数到 TAxCCRn 时，定时器输出取反，输出周期为双定时器周期
101	复位	当定时计数器 TAR 计数到 TAxCCRn 时，定时器输出复位
110	取反/复位	当定时计数器 TAR 计数到 TAxCCRn 时，定时器输出取反；当定时计数器 TAR 计数到 TAxCCR0 时，定时器输出置位
111	复位/置位	当定时计数器 TAR 计数到 TAxCCRn 时，定时器输出复位；当定时计数器 TAR 计数到 TAxCCR0 时，定时器输出置位

7.3.4 Timer_A 中断

Timer_A 具有两个中断向量，分别是 TIMERx_A0_VECTOR、TIMERx_A1_VECTOR，这里的 x 取值为 0～2（不同型号的单片机略有不同，这里仅针对 MSP430F5xx 单片机）。TIMERx_A0_VECTOR 中断向量只有一个中断源，即 TAxCCR0 模块的中断，该模块中断标志 CCIFG 在 Timer_A 中断中具有最高优先级；当 TAxCCR0 的中断请求被响应后，中断服务程序自动复位 TAxCCR0 的中断标志位 CCIFG。TIMERx_A1_VECTOR 中断向量有 7 个中断源，分别为 6 个 TAxCCRn（n=1～6）的中断标志 CCIFG 和 1 个 TAIFG，这 7 个中断的优先级请参考 TAxIV 寄存器，对寄存器 TAxIV 的任何读/写操作都将自动复位其中挂起的最高优先级中断标志位；如果同时也置位了其他中断标志位，在当前中断服务程序执行完毕后，将自动响应新的中断请求。

在 MSP430 单片机的头文件中定义了中断向量表，如图 7.16 所示。从该图可清楚看出各个定时器所对应的中断向量。

```
/*************************************************************
 * Interrupt Vectors (offset from 0xFF80)
*************************************************************/


#define RIC_VECTOR              (41 * 2u) /* 0xFFD2 RTC */
#define PORT2 VECTOR            (42 * 2u) /* 0xFFD4 Port 2 */
#define TIMER2_A1_VECTOR        (43 * 2u) /* 0xFFD6 Timer2_A5 CC1-4, TA */
#define TIMER2_A0_VECTOR        (44 * 2u) /* 0xFFD8 Timer2 A5 CC0 */          TA2
#define USCI_B1_VECTOR          (45 * 2u) /* 0xFFDA USCI B1 Receive/Transmit */
#define USCI_A1_VECTOR          (46 * 2u) /* 0xFFDC USCI A1 Receive/Transmit */
#define PORT1 VECTOR            (47 * 2u) /* 0xFFDE Port 1 */
#define TIMER1_A1_VECTOR        (48 * 2u) /* 0xFFE0 Timer1_A3 CC1-2, TA1 */
#define TIMER1_A0_VECTOR        (49 * 2u) /* 0xFFE2 Timer1 A3 CC0 */          TA1
#define DMA_VECTOR              (50 * 2u) /* 0xFFE4 DMA */
#Idefine USB_UBM_VECTOR         (51 * 2u) /* 0xFFE6 USB Timer / cable event / USB reset */
#define TIMER0_A1_VECTOR        (52 * 2u) /* 0xFFE8 Timer0_A5 CC1-4, TA */
#define TIMER0_A0_VECTOR        (53 * 2u) /* 0xFFEA Timer0 A5 CC0 */          TA0
#define ADC12 VECTOR            (54 * 2u) /* 0xFFEC ADC */
#define USCI_B0_VECTOR          (55 * 2u) /* 0xFFEE USCI B0 Receive/Transmit */
#define USCI_A0_VECTOR          (56 * 2u) /* 0xFFF0 USCI A0 Receive/Transmit */
#define WDT VECTOR              (57 * 2u) /* 0xFFF2 Watchdog Timer */
#define TIMER0_B1_VECTOR        (58 * 2u) /* 0xFFF4 Timer0_B7 CC1-6, TB */
#define TIMER0_B0_VECTOR        (59 * 2u) /* 0xFFF6 Timer0 B7 CC0 */          TB0
#define COMP_B_VECIOR           (60 * 2u) /* 0xFFF8 Comparator B */
#define UNMI_VECTOR             (61 * 2u) /* 0xFFFA User Non-maskable */
#define SYSNMI_VECTOR           (62 * 2u) /* 0xFFFC System Non-maskable */
#define RESET_VECTOR            (63 * 2u) /* 0xFFFE Reset [Highest Priority] */
```

图 7.16 Timer_A 中断向量

例程 3 增计数模式触发中断例程(TIMER0_A_01)

定时器工作原理与实验 2

■ 实验目的

了解并熟悉 MSP430F5529 单片机定时器 Timer0_A 的原理和工作在增计数模式下的程序设计方法。

■ 实验内容

本程序演示 Timer0_A 工作在增计数模式下触发 Timer0_A 中断(TIMER0_A0_VECTOR)的程序设计方法,该例程的定时器采用 SMCLK 为工作时钟,工作模式设置为增计数,当 TAR 计数值达到 TA0CCR0 时,触发 CCR0 中断(TIMER0_A0_VECTOR),然后在中断服务程序中翻转 GPIO 端口 P1.0 引脚来控制用户指示灯的亮和灭。

■ 程序讲解

```
#include<msp430.h>
intmain(void)
{
    WDTCTL=WDTPW+WDTHOLD; //关闭看门狗
    P1DIR|=BIT0; //设置 P1.0 为输出引脚
    TA0CCTL0=CCIE; //使能 Timer0_A0CCR0 中断, CCR0 为比较模式
    TA0CCR0=50000;
    //设置 Timer0_A0 的时钟源为 SMCLK, 增计数模式, 清 Timer0_A0 计数寄存器
    TA0CTL=TASSEL_2+MC_1+TACLR; //SMCLK, upmode, clearTAR

    __bis_SR_register(LPM0_bits+GIE); //进入低功耗模式 LPM0, 使能全局中断
    __no_operation(); //空操作
}
//Timer0_A0CCR0 中断服务程序
#pragmavector=TIMER0_A0_VECTOR
__interruptvoidTIMER0_A0_ISR(void)
{
    P1OUT^=BIT0; //ToggleP1.0
}
```

■ 实验步骤

(1)将 MSP-EXP430F5529LP 开发板通过 USB 线缆与电脑相连。

(2)在 IAR 开发环境下,打开 TIMER0_A_01 工程,并将其下载到 MSP430F5529 芯片上。单击快捷命令菜单中"Download and Debug"命令,即" ",程序下载完毕后进入调试窗口,然后再单击快捷菜单中"Go"命令,即" "。这时发现用户指示灯开始闪烁,说明程序已正常运行。

(3)将示波器探头连接到 P1.0 引脚上,测量 P1.0 引脚的信号情况,测量可知该信号的周期约 100 ms,如图 7.17 所示。

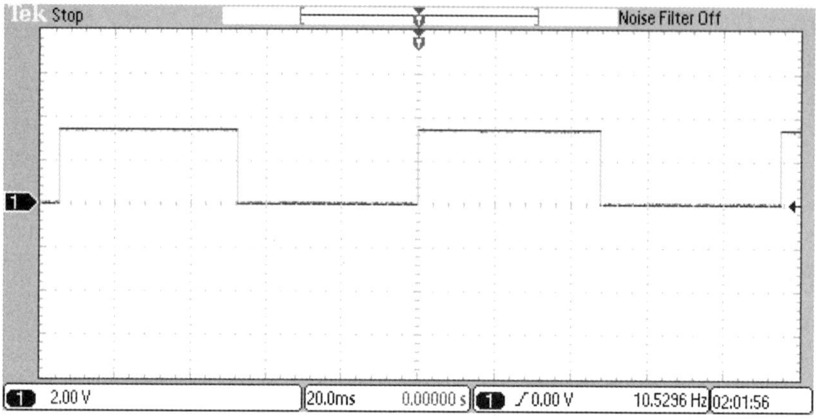

图 7.17　增计数模式下 P1.0 引脚信号

■ 程序讨论与分析

(1)将 Timer_A 的计数模式修改为连续计数,测量 P1.0 引脚输出信号的波形如图 7.18 所示。请分析一下,这是为什么?

```
intmain(void)
{
    ……

    //设置 Timer0_A0 的时钟源为 SMCLK, 连续计数模式, 清 Timer0_A0 计数寄存器
    TA0CTL=TASSEL_2+MC_2+TACLR; //SMCLK, Continuousmode, clearTAR
    //设置 Timer0_A0 的时钟源为 SMCLK, 增/减计数模式, 清 Timer0_A0 计数寄存器
    //TA0CTL=TASSEL_2+MC_3+TACLR; //SMCLK, Up/Downmode, clearTAR
    ……
}
```

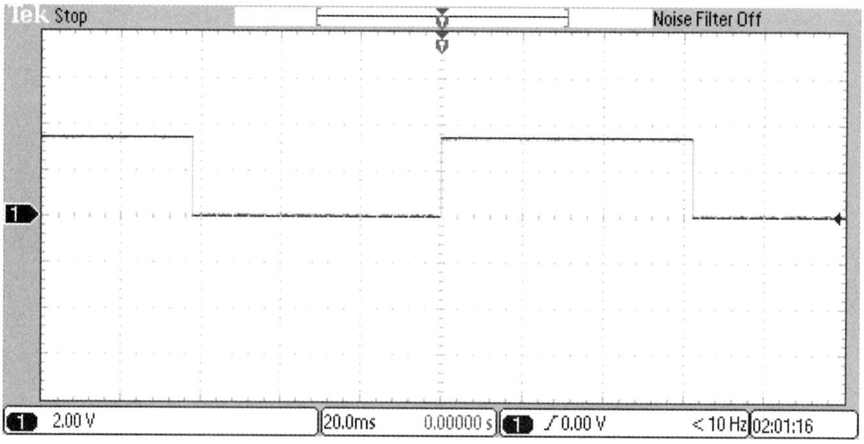

图 7.18　连续计数模式下 P1.0 引脚信号

将工作模式修改为增/减计数，看看 P1.0 引脚的信号波形如何变化。

(2)将 Timer_A 的工作时钟修改为 ACLK，再测量 P1.0 引脚的信号如何变化。

```
intmain(void)
{
    ……
    //设置 Timer0_A0 的时钟源为 ACLK, 增计数模式, 清 Timer0_A0 计数寄存器
    TA0CTL=TASSEL_1+MC_1+TACLR; //ACLK, upmode, clearTAR
    //设置 Timer0_A0 的时钟源为 ACLK, 连续计数模式, 清 Timer0_A0 计数寄存器
    //TA0CTL=TASSEL_1+MC_2+TACLR; //ACLK, Continuousmode, clearTAR
    //设置 Timer0_A0 的时钟源为 ACLK, 增/减计数模式, 清 Timer0_A0 计数寄存器
    //TA0CTL=TASSEL_1+MC_3+TACLR; //ACLK, Up/Downmode, clearTAR
    ……
}
```

例程4 连续计数模式触发中断例程(TIMER0_A_02)

■ 实验目的

了解并熟悉 MSP430F5529 单片机定时器 Timer0_A 的原理和连续计数模式下触发中断的程序设计方法。

■ 实验内容

本程序演示 Timer0_A 工作在连续计数模式下触发 TAIV 中断(TIMER0_A1_VECTOR)的程序设计方法。该例程的定时器采用 ACLK 为工作时钟，工作模式设置为连续计数，当 TAR 计数值从 0xFFFF 跳变到 0 时，即计数器溢出时，置 TAIFG 中断标志位，触发 TIMER0_A 中断(TIMER0_A1_VECTOR)，然后在中断服务程序中翻转 GPIO 端口 P1.0 引脚来控制用户指示灯的亮和灭。

■ 程序讲解

```
#include<msp430.h>

intmain(void)
{
    WDTCTL=WDTPW+WDTHOLD; //关闭看门狗
    P1DIR|=BIT0; //设置 P1.0 为输出引脚

    //设置 Timer0_A0 的时钟源为 ACLK, 连续计数模式, 清 Timer0_A0 计数寄存器
    //使能 Timer0_A0 中断(TA0CCR1~6CCIFG 和 TA0TAIFG)
    TA0CTL=TASSEL_1+MC_2+TACLR+TAIE; //ACLK, contmode, clearTAR, enableinterrupt

    __bis_SR_register(LPM3_bits+GIE); //进入低功耗模式 LPM3, 使能全局中断
    __no_operation(); //空操作
}

//Timer0_A5CCR1~CCR6, (TAIV)溢出中断服务程序
```

```
#pragmavector=TIMER0_A1_VECTOR
__interruptvoidTIMER0_A1_ISR(void)
{
    switch(__even_in_range(TA0IV,14))
    {
        case0: break; //Nointerrupt
        case2: break; //CCR1notused
        case4: break; //CCR2notused
        case6: break; //reserved
        case8: break; //reserved
        case10: break; //reserved
        case12: break; //reserved
        case14: P1OUT^=BIT0; //overflow
        break;
        default: break;
    }
}
```

■ 实验步骤

(1)将 MSP-EXP430F5529LP 开发板通过 USB 线缆与电脑相连。

(2)在 IAR 开发环境下,打开 TIMER0_A_02 工程,并将其下载到 MSP430F5529 芯片上。单击快捷命令菜单中“Download and Debug”命令,即“”,程序下载完毕后进入调试窗口,然后再单击快捷菜单中“Go”命令,即“”。这时发现用户指示灯开始闪烁,说明程序已正常运行。

(3)将示波器探头连接到 P1.0 引脚上,测量 P1.0 引脚的信号情况,测量可得该信号的周期约 4 000 ms。

■ 程序讨论与分析

TAR 计数器为 16 位,最大值为 65 535,而 ACLK 的时钟为 32 768 Hz,所以 TAR 触发中断时,约需 2 s 时间,即 P1.0 引脚的信号周期约 4 s。

例程 5 增计数模式产生两路 PWM 信号例程(TIMER0_A_03)

■ 实验目的

了解并熟悉 MSP430F5529 单片机定时器 Timer0_A 的原理和增计数模式下产生两路不同占空比 PWM 信号的程序设计方法。

■ 实验内容

本程序演示 Timer0_A 工作在增计数模式下产生两个占空比分别为 75%、25%的 PWM 信号的程序设计方法。该例程的定时器采用 SMCLK 为工作时钟,工作模式设置为增计数,CCR1 和 CCR2 模块工作在比较模式下,且输出模式为 OUTMOD_7。CCR1 和 CCR2 分别输出占空比为 75%和 25%的 PWM 波形。

■ 程序讲解

```
#include<msp430.h>

intmain(void)
```

```
{
    WDTCTL=WDTPW+WDTHOLD; //关闭看门狗
    P1DIR|=BIT2+BIT3; //设置 P1.2,P1.3 为输出引脚
    P1SEL|=BIT2+BIT3; //设置 P1.2,P1.3 为 TA0 输出引脚
    TA0CCR0=512-1; //设置 PWM 计数周期
    TA0CCTL1=OUTMOD_7; //CCR1 为比较输出模式 7:复位/置位
    TA0CCR1=384; //CCR1PWM 占空比的计数周期
    TA0CCTL2=OUTMOD_7; //CCR2 为比较输出模式 7:复位/置位
    TA0CCR2=128; //CCR2PWM 占空比的计数周期
    //选择 SMCLK 为 TIMER0_A 的时钟源,增计数模式,清 Timer0_A 计数寄存器
    TA0CTL=TASSEL_2+MC_1+TACLR; //SMCLK, upmode, clearTAR

    __bis_SR_register(LPM0_bits); //进入低功耗模式 LPM0
    __no_operation(); //空操作
}
```

■ 实验步骤

(1)将 MSP-EXP430F5529LP 开发板通过 USB 线缆与电脑相连。

(2)在 IAR 开发环境下,打开 TIMER0_A_03 工程,并将其下载到 MSP430F5529 芯片上。单击快捷命令菜单中“Download and Debug”命令,即“”,程序下载完毕后进入调试窗口,然后再单击快捷菜单中“Go”命令,即“”。

(3)将示波器探头连接到 P1.2、P1.3 引脚上,测量引脚的输出信号情况,测量可得两信号的占空比分别为 75%、25%,如图 7.19 所示。这说明程序运行结果与程序设计的预期相同。

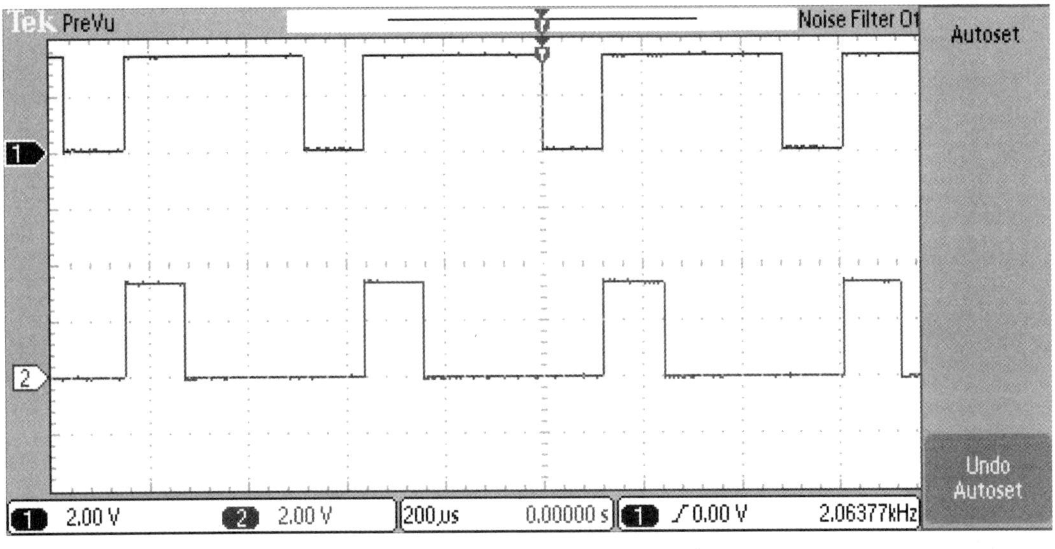

图 7.19 增计数模式下 P1.2、P1.3 引脚输出的波形

■ 程序讨论与分析

（1）将 CCR3、CCR4 捕获/比较模块的输出也引出，使其输出 PWM 的波形占空比分别为 75%、25%，程序中增加如下语句：

```
intmain(void)
{
    ......
    P1DIR|=BIT4+BIT5; //设置 P1.4,P1.5 为输出引脚
    P1SEL|=BIT4+BIT5; //设置 P1.4,P1.5 为 TA0 输出引脚
    TA0CCTL3=OUTMOD_7; //CCR3 为比较输出模式 7:复位/置位
    TA0CCR3=384; //CCR3PWM 占空比的计数周期
    TA0CCTL4=OUTMOD_7; //CCR4 为比较输出模式 7:复位/置位
    TA0CCR4=128; //CCR4PWM 占空比的计数周期
    ......
}
```

（2）将 TA0 的工作模式改为连续计数模式，修改如下：

```
intmain(void)
{
    ......
    //改为连续计数模式,看看会出现什么情况?
    TA0CTL=TASSEL_2+MC_2+TACLR; //SMCLK, Continuousmode, clearTAR
    ......
}
```

测量 P1.2、P1.3 引脚的输出波形如图 7.20 所示，请分析为什么？

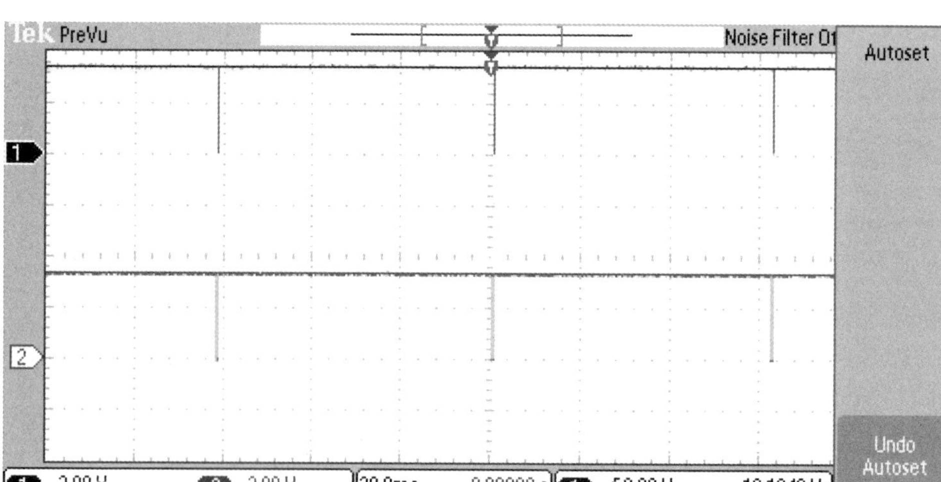

图 7.20　连续计数模式下 P1.2、P1.3 引脚的输出波形

例程6 增/减计数模式产生带有死区PWM的例程(TIMER0_A_04)

定时器工作原理与实验3

■ 实验目的

了解并熟悉MSP430F5529单片机定时器Timer0_A的原理和产生带有死区PWM信号的程序设计方法。

■ 实验内容

本程序演示Timer0_A工作在增/减计数模式下产生一对带有死区PWM信号的程序设计方法。该例程的定时器采用SMCLK为工作时钟,工作模式设置为增/减计数,CCR1和CCR2模块工作在比较模式下,且输出模式分别为OUTMOD_6和OUTMOD_2,这使得CCR1和CCR2输出一对带有死区的PWM信号。这类信号通常用来驱动"H-桥"电路,用于驱动电机。

■ 程序讲解

```
#include<msp430.h>

intmain(void)
{
    WDTCTL=WDTPW+WDTHOLD; //关闭看门狗
    P1DIR|=BIT2+BIT3; //设置P1.2,P1.3为输出引脚
    P1SEL|=BIT2+BIT3; //设置P1.2,P1.3为TA0输出引脚
    TA0CCR0=512-1; //设置PWM计数周期
    TA0CCTL1=OUTMOD_6; //CCR1为比较输出模式6:翻转/置位
    TA0CCR1=320; //CCR1PWM占空比的计数周期(TA0CCR0-TA0CCR1)
    TA0CCTL2=OUTMOD_2; //CCR2为比较输出模式2:翻转/复位
    TA0CCR2=256; //CCR2PWM占空比的计数周期(TA0CCR0-TA0CCR2)
    //选择SMCLK为TIMER0_A的时钟源,增/减计数模式,清Timer0_A计数寄存器
    TA0CTL=TASSEL_2+MC_3+TACLR; //SMCLK,Up/Downmode,clearTAR

    __bis_SR_register(LPM0_bits); //进入低功耗模式LPM0
    __no_operation(); //空操作
}
```

■ 实验步骤

(1)将MSP-EXP430F5529LP开发板通过USB线缆与电脑相连。

(2)在IAR开发环境下,打开TIMER0_A_04工程,并将其下载到MSP430F5529芯片上。单击快捷命令菜单中"Download and Debug"命令,即" ",程序下载完毕后进入调试窗口,然后再单击快捷菜单中"Go"命令,即" "。

(3)将示波器探头连接到P1.2、P1.3引脚上,测量引脚的输出信号情况,测量可得两信号的波形如图7.21所示。这说明程序运行结果与程序设计的预期相同。

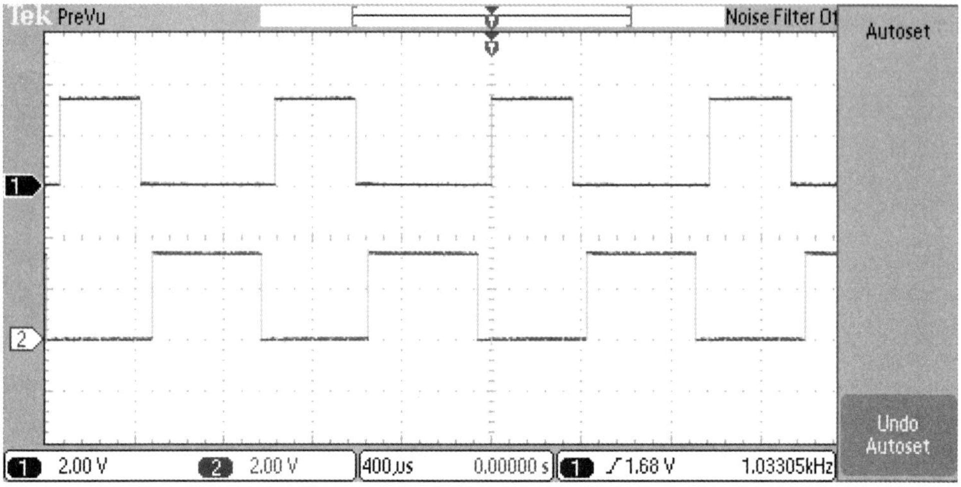

图 7.21　P1.2、P1.3 引脚输出带有死区的波形

■ 程序讨论与分析

(1)将 CCR3、CCR4 捕获/比较模块的输出也引出,使其也输出一对带有死区的 PWM 波形,程序中增加如下语句:

```
intmain(void)
{
    ……
    P1DIR|=BIT4+BIT5; //设置 P1.4,P1.5 为输出引脚
    P1SEL|=BIT4+BIT5; //设置 P1.4,P1.5 为 TA0 输出引脚
    TA0CCTL3=OUTMOD_6; //CCR3 为比较输出模式 6:翻转/置位
    TA0CCR3=320; //CCR3PWM 占空比的计数周期(TA0CCR0-TA0CCR3)
    TA0CCTL4=OUTMOD_2; //CCR4 为比较输出模式 2:翻转/复位
    TA0CCR4=256; //CCR4PWM 占空比的计数周期(TA0CCR0-TA0CCR4)
    ……
}
```

(2)将 TA0 的工作时钟改为 ACLK,看看 PWM 信号周期如何变化,具体修改如下:

```
intmain(void)
{
    ……
    //选择 ACLK 为 TIMER0_A 的时钟源,增/减计数模式,清 Timer0_A 计数寄存器
    //Thetimerperiodis~(512/32k)~15.6ms,CLK 与 TA0CCR0 一起决定 PWM 周期
    TA0CTL=TASSEL_1+MC_3+TACLR; //ACLK,Up/Downmode,clearTAR
    ……
}
```

例程 7　产生固定时间间隔的周期信号例程(TIMER0_A_05)

■ 实验目的

了解并熟悉 MSP430F5529 单片机定时器 Timer0_A 的原理和产生固定时间间隔的周期

信号程序设计方法。

■ 实验内容

本程序演示 Timer0_A 工作在连续计数模式下产生三个固定时间间隔周期信号的程序设计方法。Timer0_A 采用 ACLK 为工作时钟,工作模式设置为连续计数,在中断服务程序中分别设置 CCR0、CCR1 和 CCR2 模块计数时间间隔,且输出模式均为 OUTMOD_4。CCR0、CCR1 和 CCR2 分别输出一定时间间隔的周期信号。这是连续计数模式的典型应用。

■ 程序讲解

```
#include<msp430.h>

intmain(void)
{
    WDTCTL=WDTPW+WDTHOLD; //关闭看门狗
    P1SEL|=BIT1+BIT2+BIT3; //设置 P1.1-P1.3 为外设功能引脚
    P1DIR|=BIT1+BIT2+BIT3; //设置 P1.1-P1.3 为输出引脚
    P1DIR|=BIT0; //设置 P1.0 为输出引脚

    //CCR0 的中断向量为 TIMER0_A0_VECTOR,其余为 TIMER0_A1_VECTOR
    TA0CCTL0=OUTMOD_4+CCIE; //CCR0 模块工作在翻转模式(OUTMOD_4),使能该模块中断
    TA0CCTL1=OUTMOD_4+CCIE; //CCR1 模块工作在翻转模式(OUTMOD_4),使能该模块中断
    TA0CCTL2=OUTMOD_4+CCIE; //CCR2 模块工作在翻转模式(OUTMOD_4),使能该模块中断

    //将 TIMER0_A 的时钟源设置为 ACLK,连续计数模式,清 TIMER0_A 的计数寄存器
    TA0CTL=TASSEL_1+MC_2+TACLR+TAIE;

    __bis_SR_register(LPM3_bits+GIE); //进入低功耗模式 LPM3,使能全局中断
    __no_operation(); //空操作
}

//Timer0_A0CCR0 中断服务程序
#pragmavector=TIMER0_A0_VECTOR
__interruptvoidTimer0_A0_ISR(void)
{
    TA0CCR0+=4; //AddOffsettoCCR0
}

//Timer0_A5CCR1~CCR6,溢出中断服务程序
#pragmavector=TIMER0_A1_VECTOR
__interruptvoidTIMER0_A1_ISR(void)
{
    switch(__even_in_range(TA0IV,14))
    {
        case0: break;
```

```
            case2: TA0CCR1+=16; //AddOffsettoCCR1
            break;
            case4: TA0CCR2+=100; //AddOffsettoCCR2
            break;
            case6: break; //CCR3notused
            case8: break; //CCR4notused
            case10: break; //CCR5notused
            case12: break; //Reservednotused
            case14: P1OUT^=BIT0; //overflow
            break;
            default: break;
        }
}
```

■ 实验步骤

(1)将 MSP-EXP430F5529LP 开发板通过 USB 线缆与电脑相连。

(2)在 IAR 开发环境下,打开 TIMER0_A_05 工程,并将其下载到 MSP430F5529 芯片上。单击快捷命令菜单中“Download and Debug”命令,即“ ”,程序下载完毕后进入调试窗口,然后再单击快捷菜单中“Go”命令,即“ ”。

(3)将示波器探头连接到 P1.1、P1.2 引脚上,测量引脚的输出信号情况,测量可得两信号如图 7.22 所示。这说明程序运行结果与程序设计的预期相同。

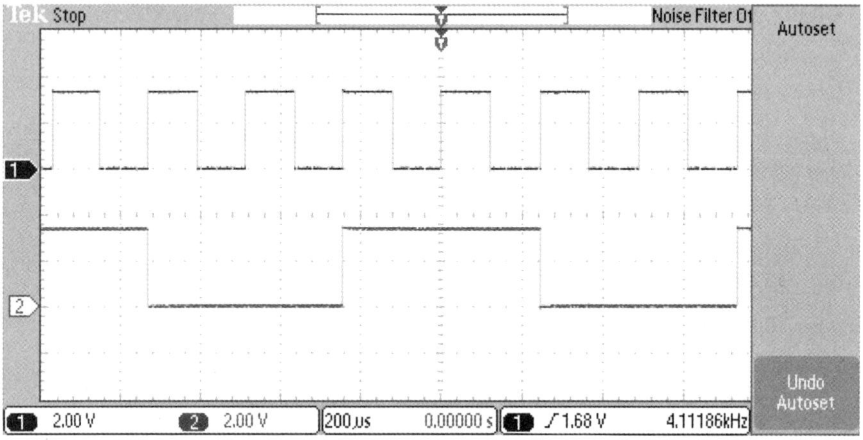

图 7.22　ACLK 时钟下 P1.1、P1.2 引脚输出的波形

■ 程序讨论与分析

(1)将 TA0 的工作时钟改为 SMCLK,即与 CPU 工作时钟相同,修改如下:

```
intmain(void)
{
    ……
    //将 TIMER0_A 的时钟源设置为 SMCLK,连续计数模式,清 TIMER0_A 的计数寄存器
```

```
    //看看会出现什么样的波形,为什么?
    TA0CTL=TASSEL_2+MC_2+TACLR+TAIE;
    ……
}
```

测量 P1.1、P1.2 引脚的输出波形如图 7.23 所示,请分析为什么?

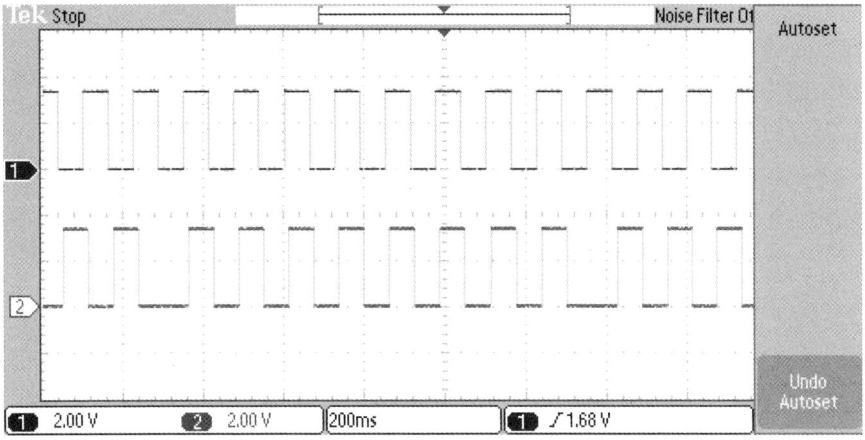

图 7.23　SMCLK 时钟下 P1.1、P1.2 引脚输出的波形

(2)在程序中设置断点如图 7.24 所示。

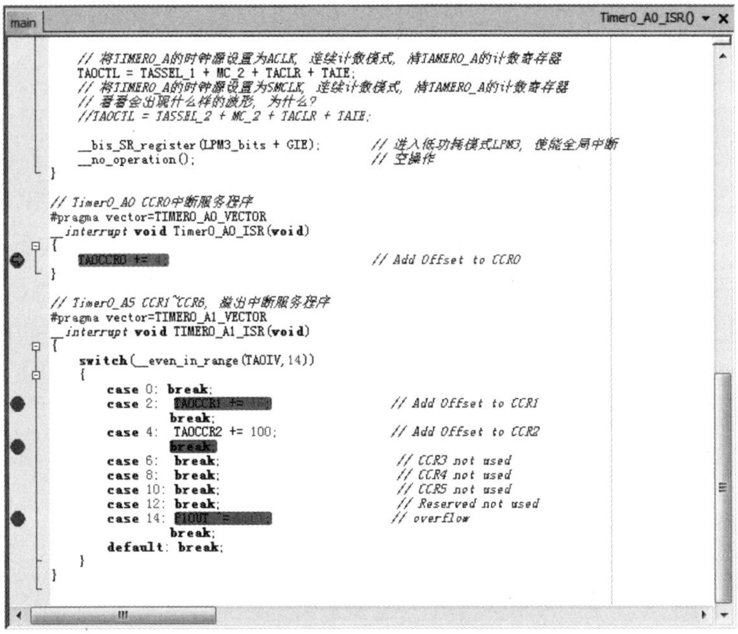

图 7.24　断点设置

运行程序,查看中断标志位的变化情况,如图 7.25 所示。

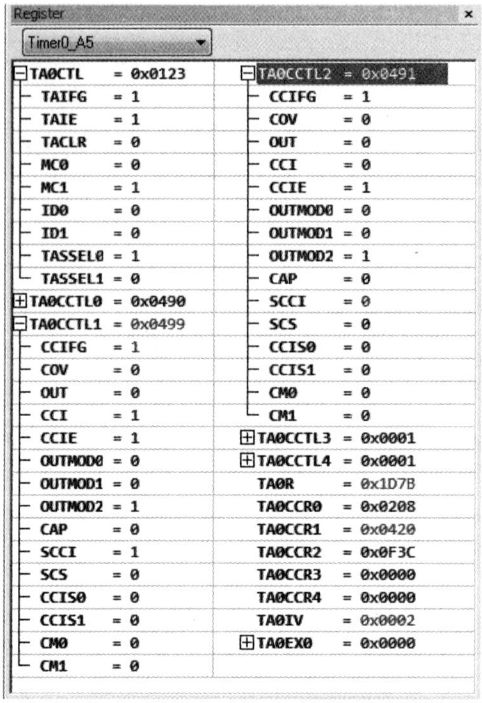

图 7.25 中断标志位的变化情况

例程 8 CCR0 捕获模式例程(TIMER0_A_06)

TAIFG 和 TA0CCTL1、TA0CCTL2 中的 CCIFG 是何时清零的？是否需要软件清零？

■ 实验目的

了解并熟悉 MSP430F5529 单片机定时器 Timer0_A 的原理和典型应用的程序设计方法。

■ 实验内容

本程序演示 Timer0_A 工作在连续计数模式下、CCR0 工作在捕获模式下的程序设计方法。Timer0_A 采用 SMCLK 为工作时钟，将 ACLK 通过 P1.0 引脚输出，并用杜邦线连接到 CCR0 捕获模块的信号输入端 P1.2。当捕获事件发生后，触发 TIMER0_A 中断(TIMER0_A1_VECTOR)，当捕获事件发生 20 次以后，在中断服务程序中循环翻转 GPIO 端口 P4.7 引脚电平来控制用户指示灯的亮和灭。

■ 程序讲解

```
#include<msp430.h>

#defineNU MBER_TIMER_CAPTURES20

volatileunsignedintg_uiTimerAcaptureValues[NU MBER_TIMER_CAPTURES];
unsignedintg_uiTimerAcapturePointer=0;

intmain(void)
```

```
{
    WDTCTL=WDTPW+WDTHOLD; //关闭看门狗

    P1DIR|=BIT0; //设置P1.0为输出引脚
    P1SEL|=BIT0; //设置P1.0为外设功能引脚,ACLK输出
    P1DIR&=~BIT2; //设置P1.2为输入引脚,信号输入
    P1SEL|=BIT2; //设置P1.2为外设功能引脚
    P4DIR|=BIT7; //设置P4.7为输出引脚,用于点灯

    //CCR1工作在捕获模式下,上升沿触发,同步模式,使能中断
    TA0CCTL1=CM_1+SCS+CAP+CCIE;

    //设置Timer0_A的时钟源为SMCLK,连续计数模式,清Timer0_A0计数寄存器
    TA0CTL=TASSEL_2+MC_2+TACLR; //SMCLK, Continuousmode, clearTAR

    __bis_SR_register(LPM0_bits+GIE); //进入低功耗模式LPM0,使能全局中断
    __no_operation(); //空操作
}

//Timer0_A1CCR1~CCR6中断服务程序
#pragmavector=TIMER0_A1_VECTOR
__interruptvoidTIMER0_A1_ISR(void)
{
    switch(__even_in_range(TA0IV, 14))
    {
        case0: break; //Nointerrupt
        case2: //CCR1
        g_uiTimerAcaptureValues[g_uiTimerAcapturePointer++]=TA0CCR1;
        //捕获后的数据处理
        if(g_uiTimerAcapturePointer>=NU MBER_TIMER_CAPTURES)
        {
            while(1)
            {
                P4OUT^=BIT7; //ToggleP4.7(LED)
                __delay_cycles(500000);
            }
        }
    break;
    case4: break; //CCR2notused
    case6: break; //CCR3notused
    case8: break; //CCR4notused
    case10: break; //CCR5notused
    case12: break; //CCR6notused
```

```
        case14: break; //overflow
        default: break;
        }
}
```

■ 实验步骤

(1)将 MSP-EXP430F5529 开发板通过 USB 线缆与电脑相连。

(2)在 IAR 开发环境下,打开 TIMER0_A_06 工程,并将其下载到 MSP430F5529 芯片上。单击快捷命令菜单中"Download and Debug"命令,即"▶",程序下载完毕后进入调试窗口,然后再单击快捷菜单中"Go"命令,即"☰"。这时发现用户指示灯开始闪烁,说明程序已正常运行。

■ 程序讨论与分析

在程序上设置断点,然后观察捕获到的数据值,如图 7.26 所示,请分析数据的合理性。

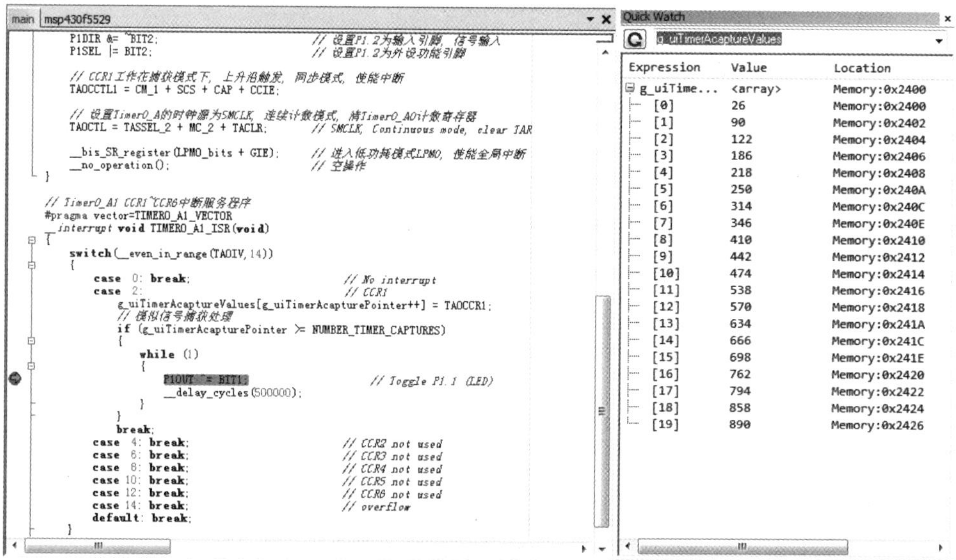

图 7.26 CCR1 的数据捕获情况

例程 9 软件触发 CCR1 捕获例程(TIMER0_A_07)

■ 实验目的

了解并熟悉 MSP430F5529 单片机定时器 Timer0_A 的原理和典型应用的程序设计方法。

■ 实验内容

本程序演示 Timer0_A 工作在连续计数模式下、工作时钟为 SMCLK,利用软件触发 CCR1 捕获数据的程序设计方法。将 WDT 设置为定时计数工作模式,在 WDT 的中断服务程序中设置 CCR1 的输入信号在 GND、VCC 之间切换,从而产生触发 CCR1 捕获事件。当捕获事件发生后,触发 TIMER0_A1_VECTOR 中断。

■ 程序讲解

```
#include<msp430.h>

//DefinesWDTACLKintervalfordelaybetweencapturecycles
#defineWDT_DELAY_SETTING(DIV_ACLK_64)

//DefinitionsforusewiththeWDTsettings
#defineDIV_ACLK_32768(WDT_ADLY_1000) /* ACLK/32768 */
#defineDIV_ACLK_8192(WDT_ADLY_250) /* ACLK/8192 */
#defineDIV_ACLK_512(WDT_ADLY_16) /* ACLK/512 */
#defineDIV_ACLK_64(WDT_ADLY_1_9) /* ACLK/64 */
#defineDIV_SMCLK_32768(WDT_MDLY_32) /* SMCLK/32768 */
#defineDIV_SMCLK_8192(WDT_MDLY_8) /* SMCLK/8192 */
#defineDIV_SMCLK_512(WDT_MDLY_0_5) /* SMCLK/512 */
#defineDIV_SMCLK_64(WDT_MDLY_0_064) /* SMCLK/64 */

//MainFunction
voidmain(void)
{
    WDTCTL=WDTPW+WDTHOLD; //关闭看门狗
    SFRIE1|=WDTIE; //使能看门狗定时器中断

    TA0CTL=TASSEL_2+MC_2; //TA0 时钟为 SMCLK,连续计数模式
    //CAP--TA0CCR1 工作在捕获模式下
    //CM_3--上升沿/下降沿事件均触发捕获
    //CCIS1--捕获模块的输入信号为 GND
    TA0CCTL1=CM_3+CCIS1+CAP;
    TA0CCTL1|=CCIE;
    while(1)
    {
        WDTCTL=WDT_DELAY_SETTING; //设置 TA0 两次捕获的时间窗长度
        TA0CTL|=TACLR; //清 Timer1_ATAR 寄存器
        __bis_SR_register(LPM3_bits+GIE); //进入低功耗模式 LPM3,使能全局中断
    }
}//EndMain

//WatchdogTimerinterruptserviceroutine
#pragmavector=WDT_VECTOR
__interruptvoidwatchdog_timer(void)
{
    //捕获模块的输入信号在 GND 和 VCC 之间切换,从而实现软件触发 TA0 捕获事件
```

```
    TA0CCTL1^=CCIS0; //CreateSWcaptureofCCR1
    __bic_SR_register_on_exit(LPM3_bits); //退出低功耗模式 LPM3
}

//Timer0A1interruptserviceroutine
#pragmavector=TIMER0_A1_VECTOR
__interruptvoidTIMER0_A1_ISR(void)
{
    TA0CCTL1&=~(CCIFG+COV); //ClearCCIFGandCOVflag
    __no_operation(); //空操作 Fordebugger
}
```

■ 实验步骤

(1)将 MSP-EXP430F5529LP 开发板通过 USB 线缆与电脑相连。

(2)在 IAR 开发环境下,打开 TIMER0_A_07 工程,并将其下载到 MSP430F5529 芯片上。单击快捷命令菜单中“Download and Debug”命令,即“”,程序下载完毕后进入调试窗口,然后再单击快捷菜单中“Go”命令,即“”。

■ 程序讨论与分析

在程序的两个中断服务程序中设置断点,如图 7.27 所示。

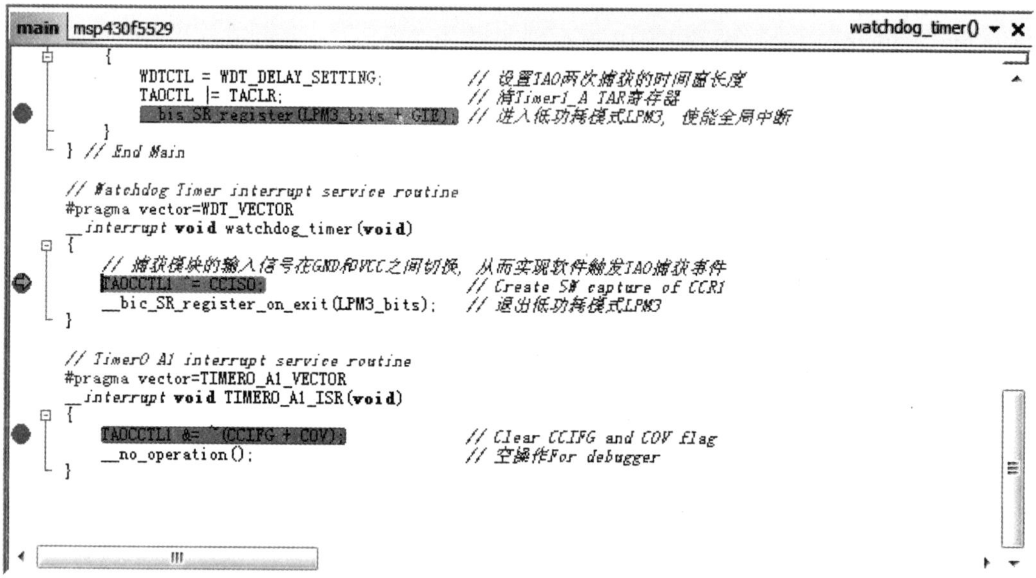

图 7.27　断点设置

观察定时器 Timer0_A 寄存器和 SFRIFG1 寄存器的值,如图 7.28 和图 7.29 所示。

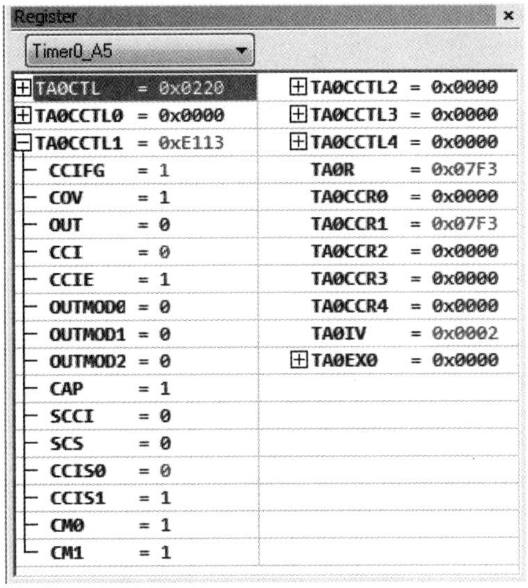

图 7.28 Timer0_A 寄存器

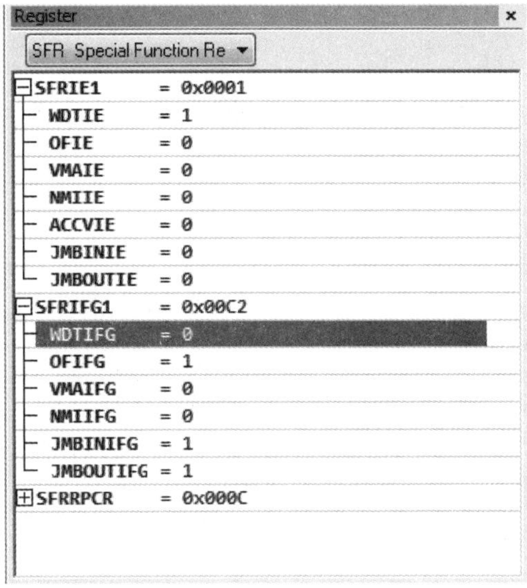

图 7.29 SFRIFG1 寄存器

注意：

由于 TIMER0_A1_VECTOR 中断是多源中断，所以需要在服务程序中软件复位 CCIFG 标志；而 WDT_VECTOR 为单源中断，中断服务程序会自动复位该标志位。请单步调试该程序，细细体会。

建议 TIMERx_A1_VECTOR(x=0~2)中断服务程序采用例程"TIMER0_A_06"中的模式，即通过读取 TAxIV 寄存器来判断中断源，然后执行相应的服务程序。这种方式有两个好处：一是读取 TAxIV 寄存器可自动复位挂起的最高中断标志位，无须程序复位，可防止因没有清标志位而导致的错误；二是可避免其他中断源误执行中断服务程序。

任务 7.4 实时时钟

实时时钟(RTC)模块是具有日历功能的 32 位计数器，它既可用作 32 位定时计数器，也可用作具有日历功能的实时时钟。目前，许多 MCU 均片内集成 RTC 模块，譬如，MSP430 单片机、Cortex-M3/M4ARM 等。对于 MSP430 系列单片机，共有 3 类 RTC，分别是 RTC_A、RTC_B 和 RTC_C，它们的功能和用法大同小异，而 MSP430F5529 片内只有 RTC_A 模块，所以我们仅以 RTC_A 模块为例介绍其功能和用法。

RTC 模块的结构框图如图 7.30 所示。由图可知：RTC 模块主要包括两个预分频计数器(RT0PS 和 RT1PS)、一个级联 32 位计数器、日历模式时间寄存器和闹钟功能寄存器；RTC 模块有两个外部时钟源可选择，即 ACLK 和 SMCLK；RTC 模块可触发 5 种中断事件，分别是 RT0PSIFG、RT1PSIFG、RTCRDYIFG、RTCTEVIFG 和 RTCAIFG。

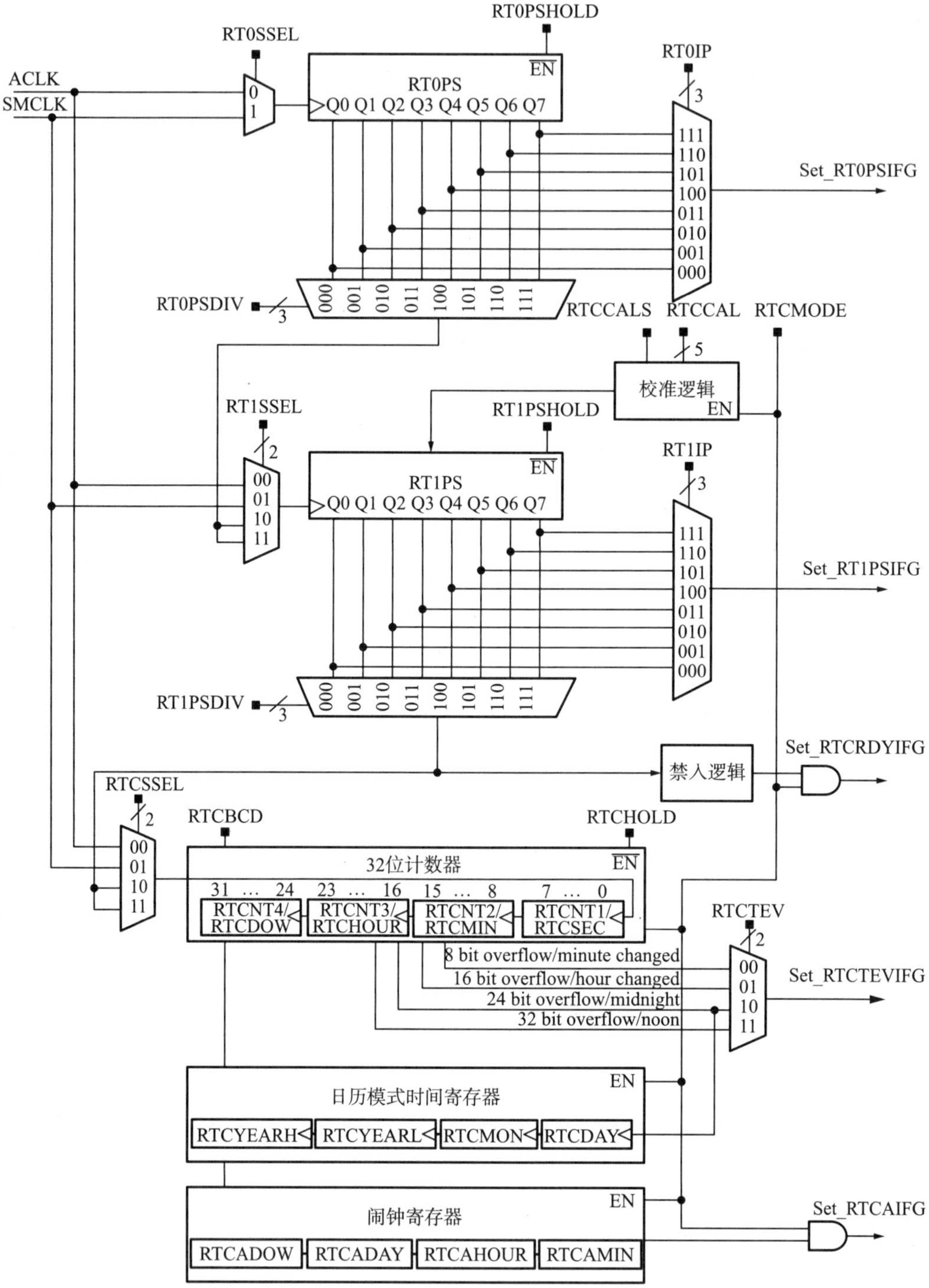

图 7.30 RTC 模块结构框图

RTC 模块具有如下特点：

(1)可配置为日历或 32 位通用计数器两种工作模式；

(2)在日历模式下，可自动计数秒、分钟、小时、每周中的第几天、每月中的第几天、月和年；

(3)具有中断能力;

(4)在实时时钟模式下,计数数值设为BCD码或二进制码格式;

(5)在实时时钟模式下,具有可编程闹钟功能;

(6)在实时时钟模式下,具有时间偏差的校正功能。

通过设置RTCCTL1寄存器中RTCMODE控制位,可设置RTC模块工作模式。当RTCMODE复位时,RTC工作在32位通用计数器模式;当RTCMODE置位时,RTC工作在日历模式。

7.4.1 计数器模式

RTC计数器模块如图7.30上面部分所示,主要包括两个预分频计数器(RT0PS和RT1PS)和一个级联32位计数器(由4个8位计数器RTCNT1、RTCNT2、RTCNT3和RTCNT4级联而成)。两个预分频计数器可以单独被配置成8位计数器或者级联成一个16位计数器。通过设置RTCPS0CTL寄存器中RT0SSEL控制位可以为RT0PS计数器选择参考时钟为ACLK或SMCLK,设置RT0PSHOLD控制位可以使能或禁止RT0PS计数器,设置RT0IP控制位可以设置RT0PS计数器的中断计数间隔,设置RT0PSDIV控制位可以设置RT0PS计数器输入时钟的分频系数。通过设置RTCPS1CTL寄存器中RT1SSEL控制位可以为RT1PS计数器选择参考时钟为ACLK、SMCLK或RT0PSDIV分频后的时钟,设置RT1PSHOLD控制位可以使能或禁止RT1PS计数器,设置RT1IP控制位可以设置RT1PS计数器的中断计数间隔,设置RT1PSDIV控制位可以设置RT1PS计数器输入时钟的分频系数。RT0PS计数器分频后的时钟可以作为RT1PS计数器的参考时钟,RT1PS计数器分频后的时钟可以作为32位计数器的参考时钟。

RTC模块工作在计数器模式下可用作8位、16位、24位或32位计数器,可通过设置RTCCTL1寄存器中的RTCTEV控制位来选择溢出中断模式(8位、16位、24位或32位溢出中断)。

7.4.2 日历模式

在日历模式下,RT0PS和RT1PS预分频计数器的分频系统分别被配置256和128分频,且为了向32位计数模块提供1 s时间间隔的时钟,ACLK必须选择32 768 Hz时钟源。将RTCCTL1寄存器中的RTCBCD控制位置为1时,日历寄存器的计数格式为BCD码格式,否则为十六进制。

在日历模式下,RT0SSEL、RT1SSEL、RT0PSDIV、RT1PSDIV、RT0PSHOLD、RT1PSHOLD和RTCSSEL控制位不起作用,无须设置。置位RTCHOLD控制位将会停止实时时钟计数器、预分频计数器、RT0PS和RT1PS。

在日历模式下,RTC模块提供了一个灵活的可编程闹钟系统,用户可以设置闹钟的分、时、星期和日期寄存器。每个闹钟寄存器均有一个使能位AE,只有置位AE后,该寄存器才会起作用。常用的闹钟事件有5种,下面举例做简要说明。

若需要在每个小时的第15分钟(即00:15:00、01:15:00、02:15:00等时刻)设置闹钟,则需先将RTCAMIN寄存器设置为15,然后置位该寄存器使能位AE,清其他闹钟寄存器的使能位。这样,当时间从 00:14:59 到 00:15:00、01:14:59 到 01:15:00、02:14:59 到 02:15:00 时,RTC 模块会置位 RTCAIFG 中断标志。

若需要在每天的 04:00:00 设置闹钟,则需要将 RTCAHOUR 寄存器设置为 4,然后置位该寄存器使能位 AE,清其他闹钟寄存器的使能位。这样,当时间从 03:59:59 到 04:00:00 时,RTC 模块会置位 RTCAIFG 中断标志。

若需要在每天的 06:30:00 设置闹钟,则需要将 RTCAHOUR 寄存器设置为 6,将 RTCAMIN 寄存器设置为 30,然后置位这两个寄存器使能位 AE,清其他闹钟寄存器的使能位。这样,当时间从 06:29:59 到 06:30:00 时,RTC 模块会置位 RTCAIFG 中断标志。

若需要在每周二的 06:30:00 设置闹钟,则需要将 RTCADOW 寄存器设置为 2,将 RTCAHOUR 寄存器设置为 6,将 RTCAMIN 寄存器设置为 30,然后置位这三个寄存器使能位 AE,清其他闹钟寄存器的使能位。这样,当每周二的时间从 06:29:59 到 06:30:00 时,RTC 模块会置位 RTCAIFG 中断标志。

若需要在每月的第五天的 06:30:00 设置闹钟,则需要将 RTCADAY 寄存器设置为 5,将 RTCAHOUR 寄存器设置为 6,将 RTCAMIN 寄存器设置为 30,然后置位这三个寄存器使能位 AE,清其他闹钟寄存器的使能位。这样,当每月第五天的时间从 06:29:59 到 06:30:00 时,RTC 模块会置位 RTCAIFG 中断标志。

需要注意的是,闹钟系统只在日历模式下起作用,且闹钟寄存器设置值的正确性完全由用户保证,硬件上不做任何检测。

一般情况下,系统时钟与 RTC 模块的工作时钟是异步的,当访问 RTC 模块的寄存器时,需要格外小心。在日历模式下,实时时钟寄存器每秒钟更新一次,为了防止在更新时读取时钟数据而造成错误数据的读取,系统将会有一个禁止进入读取的时间阶段,这个阶段为以更新数据为中心左右(128/12 768)s 的时间段,在这期间,RTCRDYIFG 中断标志是复位的,而在这期间外,RTCRDYIFG 是置位的。一个简单而有效的方法是利用 RTCRDYIFG 标志进行数据读取,即当该标志触发中断后,在中断服务程序中读取寄存器数据。利用该方法,大约有 1 s 的时间可用来读取数据。

7.4.3 RTC 中断

RTC 模块共有 5 个中断源,分别是 RT0PSIFG、RT1PSIFG、RTCRDYIFG、RTCTEVIFG 和 RTCAIFG,它们具有独立的中断使能控制位和中断标志位。

1. 日历模式下的 RTC 中断

在日历模式下,上述 5 个中断源均可用,这些中断标志位存放在中断向量寄存器 RTCIV 中,通过读取 RTCIV 中断向量寄存器的值,可以确定当前是何种中断源触发中断的。

闹钟模块可产生 RTCAIFG 中断标志位,置位 RTCAIE 中断使能位即可使能该中断。另外,闹钟模块还提供一个时间间隔中断源 RTCTEVIFG,该中断源可通过 RTCCTL1 寄存器中的 RTCTEV 控制位设置在整分钟、整小时、每天凌晨 00:00:00、每天中午 12:00:00 产生中断事件。置位 RTCTEVIE 中断使能控制位即会使能该中断。

RTCRDYIFG 中断标志位表示 RTC 模块寄存器数据是否已准备好,置位 RTCRDYIE 中断使能控制位即会使能该中断。

RT0PSIFG 中断标志位是 RT0PS 分频计数器触发的中断标志,通过设置 RTCPS0CTL 寄存器中的 RT0IP 控制位即可产生不同时间间隔的中断源。由于日历模式下,RT0PS 预分频计数器的参考时钟为 32 768 Hz 的 ACLK,因此可以产生频率为 16 384 Hz、8 192 Hz、4 096 Hz、2 048 Hz、1 024 Hz、512 Hz、256 Hz 或 128 Hz 的中断信号。置位 RT0PSIE 中断使能控制位即会使能该中断。

RT1PSIFG 中断标志位是 RT1PS 分频计数器触发的中断标志,通过设置 RTCPS1CTL 寄存器中的 RT1IP 控制位即可产生不同时间间隔的中断源。由于日历模式下,RT1PS 预分频计数器的参考时钟为 RT0PS 输出时钟 128 Hz,因此可以产生频率为 64 Hz、32 Hz、16 Hz、8 Hz、4 Hz、2 Hz、1 Hz 或 0.5 Hz 的中断信号。置位 RT1PSIE 中断使能控制位即会使能该中断。

2. 计数器模式下的 RTC 中断

在计数器模式下,只有 3 个可用中断源,分别是 RT0PSIFG、RT1PSIFG 和 RTCTEVIFG,RTCRDYIFG 和 RTCAIFG 被清除,不起作用。

RT0PSIFG 中断标志位是 RT0PS 分频计数器触发的中断标志,通过设置 RTCPS0CTL 寄存器中的 RT0IP 控制位即可产生不同时间间隔的中断源。计数器模式下,RT0PS 预分频计数器的参考时钟可设置为 ACLK 或 SMCLK,因此可以对其进行 2 分频、4 分频、8 分频、16 分频、32 分频、64 分频、128 分频或 256 分频,得到中断信号。置位 RT0PSIE 中断使能控制位即会使能该中断。

RT1PSIFG 中断标志位是 RT1PS 分频计数器触发的中断标志,通过设置 RTCPS1CTL 寄存器中的 RT1IP 控制位即可产生不同时间间隔的中断源。在计数器模式下,RT1PS 预分频计数器的参考时钟可设置为 ACLK、SMCLK 或 RT0PS 输出时钟,因此可以对其进行 2 分频、4 分频、8 分频、16 分频、32 分频、64 分频、128 分频或 256 分频,得到中断信号。置位 RT1PSIE 中断使能控制位即会使能该中断。

RTC 模块提供了一个可触发 RTC 中断的时间间隔定时器,触发的中断标志位为 RTCTEVIFG。该中断源可通过 RTCCTL1 寄存器中的 RTCTEV 控制位设置为 8 位、16 位、24 位或 32 位计数器溢出事件。置位 RTCTEVIE 中断使能控制位即会使能该中断。

例程 10 32 位计数器模式例程(RTC_01)

■ 实验目的

了解并熟悉 MSP430F5529 单片机实时时钟模块 RTC_A 的原理和 32 位计数器模式下的程序设计方法。

■ 实验设备

MSP430F5529-EVM 开发板一套。

MSP-FET430UIF 仿真器一套。

■ 实验内容

本程序演示 RTC_A 工作在计数器模式下,每秒钟翻转一次 P3.5 引脚电平信号。RTC_A 采用 32 768 Hz 的 ACLK 为工作时钟,RT0PS 预分频计数器设为 8 分频,RT1PS 的输入时钟为 RT0PS 的分频输出时钟,RT1PS 预分频计数器设为 16 分频,然后通过 RTCCTL0 寄存器中的 RTCTEV 控制位将 RTC 模块设置成 8 位溢出触发中断模式,则正好 1 s 产生一次中断,最后在中断服务程序中翻转 GPIO 端口 P3.5 引脚来控制用户指示灯的亮和灭。

■ 程序讲解

```
#include <msp430.h>
int main(void)
{
    WDTCTL = WDTPW + WDTHOLD;
    //设置 P3.5 为输出引脚
    //设置 P3.5 初始电平为高
    //设置 RTC_A--工作在 32 位计数模式下
    //RTCTEVIE--开启实时时钟时间间隔中断使能
    //RTCSSEL_2--计数器的工作时钟为 RT1PS 预分频器输出时钟
    //RTCTEV_0--时间间隔中断源设为 8 位定时器溢出(2^8 分频)
    //启动 RTC
    RTCCTL01 = RTCTEVIE + RTCSSEL_2 + RTCTEV_0;
    //RT0PS 的工作时钟为 ACLK(默认情况)
    //RT0PSDIV_2--分频系数设为 8
    //启动 RT0PS
    RTCPS0CTL = RT0PSDIV_2;
    //RT1SSEL_2--RT1PS 的工作时钟来源于 RT0PS
    //RT1PSDIV_3--分频系数为 16
    //启动 RT1PS
    RTCPS1CTL = RT1SSEL_2 + RT1PSDIV_3;
    //进入低功耗模式 LPM3,且开启全局中断
    __bis_SR_register(LPM3_bits + GIE);
}
//RTC 中断服务程序--实现 P3.5 状态翻转
#pragma vector=RTC_VECTOR
Interrupt voidRTC_ISR(void)
{
    switch(even_in_range(RTCIV, 16))
    { //Nointerrupts
        break;
        caseRTCIV_RTCRDYIFG: //RTCRDYIFG
        break;
        caseRTCIV_RTCTEVIFG; //RTCTEVIFG
        P3OUT^=BIT5; //TogglesP3.5everysecond
        break;
        caseRTCIV_RTCAIFG: //RTCAIFG
        break;
        caseRTCIV_RT0PSIFG: //RT1PSIFG
        break;
        case12: break; //Reserved
        case14: break; //Reserved
```

```
        case16: break; //Reserved
        default: break;
    }
}
```

■ 实验步骤

(1)将 MSP-FET430UIF 仿真器连接到 MSP430F5529-EVM 开发板的 JTAG 接口(J14),并将仿真器的另一端连接笔记本电脑/PC 机。

(2)给开发板上电。

(3)在 IAR 开发环境下,打开 RTC_A_01 工程,并将其下载到 MSP430F5529 芯片上。单击快捷命令菜单中"Download and Debug"命令,即"",程序下载完毕后进入调试窗口,然后再单击快捷菜单中"Go"命令,即""。这时发现用户指示灯开始闪烁,说明程序已正常运行,用户也可以用示波器测量 P3.5 引脚,查看该引脚是否是输出程序设计的预期信号。

■ 程序讨论与分析

请使用 SMCLK 作为 RTC 模块的 RT0PS 时钟源,同样产生 1 s 一次的中断,在中断服务程序里翻转 P3.5 引脚电平。程序设计参考代码如下:

```
Int main(void)
{

    ……
    //设置 RTC_A--工作在 32 位计数模式下
    //RTCTEVIE--开启实时时钟时间间隔中断使能
    //RTCSSEL_2--计数器的工作时钟为 RT1PS 预分频器输出时钟
    //RTCTEV_1--时间间隔中断源设为 16 位定时器溢出(2^16 分频)
    //启动 RTC
    RTCCTL01=RTCTEVIE+RTCSSEL_2+RTCTEV_1;

    //RT0PS 的工作时钟为 SMCLK
    //RT0PSDIV_1--分频系数设为 4
    //启动 RT0PS
    RTCPS0CTL=RT0SSEL+RT0PSDIV_1;

    //RT1SSEL_2--RT1PS 的工作时钟来源于 RT0PS
    //RT1PSDIV_1--分频系数为 4
    //启动 RT1PS
    RTCPS1CTL=RT1SSEL_2+RT1PSDIV_1;

    ……

}
```

例程 11 日历模式例程(RTC_02)

■ 实验目的

了解并熟悉 MSP430F5529 单片机实时时钟模块 RTC_A 的原理和日历模式下的程序设计方法。

■ 实验设备

MSP430F5529-EVM 开发板一套。

MSP-FET430UIF 仿真器一套。

■ 实验内容

本程序演示 RTC_A 工作在日历模式下,每秒钟翻转一次 P3.5 引脚电平信号。程序中使能 RTCRDYIFG、RTCAIFG 和 RTCTEVIFG 中断源,触发 3 种中断。其中,RTCRDYIFG 是 1s 触发一次,用于读取 RTC 寄存器的值和翻转 P3.5 引脚电平信号;RTCAIFG 则是发生闹钟事件的中断;RTCTEVIFG 则设置为每个整小时的时刻触发中断。

在程序中,当前的时刻设为 2020 年 12 月 3 日,星期四,上午 09:58:50,闹钟时间设为每周四上午 09:59:00。

■ 程序讲解

```
#include<msp430.h>
    intmain(void)
    {
        WDTCTL=WDTPW|WDTHOLD; //关闭看门狗
        //设置 P5.4,P5.5 为外设功能引脚,即 XT1 晶体的接口引脚
        P5SEL|=BIT4+BIT5; //PortselectXT1
        //初始化 LFXT1
        UCSCTL6&=~(XT1OFF); //EnableXT1
        UCSCTL6|=XCAP_3; //Internalloadcap
        UCSCTL3=0; //设置 FLL 的参考时钟源为 XT1
        //等待 XT1,XT2&DCO 时钟系统工作稳定
        do
        {
            UCSCTL7&=~(XT2OFFG|XT1LFOFFG|DCOFFG);
            //ClearXT2,XT1,DCOfaultflags
            SFRIFG1&=~OFIFG; //Clearfaultflags
        }while(SFRIFG1&OFIFG); //Testoscillatorfaultflag
        UCSCTL6&=~(XT1DRIVE_3); //XT1 已稳定,降低其驱动强度
        //设置外置晶体 XT1 产生的 XT1CLK 作为 ACLK 的时钟源
        //设置 DCOCLKDIV 作为 MCLK 的时钟源(上电复位默认值)UCSCTL4|=SELA_0+SELS_4+
SELM_4;
        P3DIR|=BIT5; //设置 P3.5 为输出引脚
        P3OUT|=BIT5; //设置 P3.5 初始电平为高
        //配置 RTC_A
        //使能 RTC 时间间隔事件中断,闹钟事件中断,和 RTC 寄存器数据准好中断
        //RTC 工作在日历模式下,RTC 的寄存器数据格式为 BCD 码,暂停 RTC
```

```
    RTCCTL01|=RTCRDYIE+RTCTEVIE+RTCAIE+RTCBCD+RTCHOLD+RTCMODE+RTCTEV_1;

    //RTCCTL0|=RTCRDYIE+RTCTEVIE+RTCAIE;
    //RTCCTL1|=RTCBCD_H+RTCHOLD_H+RTCMODE_H;
    //设置当前的年月日和时分秒
    RTCYEAR=0x2020; //Year=0x2020=2020
    RTCMON=0x12; //Month=0x12=December
    RTCDAY=0x03; //Day=0x03=3th
    RTCDOW=0x04; //Dayofweek=0x04=Thursday
    RTCHOUR=0x09; //Hour=0x09
    RTCMIN=0x58; //Minute=0x58
    RTCSEC=0x50; //Seconds=0x50
    //设置闹钟时间
    RTCADOW=RTCAE+0x04; //RTCDayofweekalarm
    RTCAHOUR=RTCAE+0x09; //RTCHourAlarm
    RTCAMIN=RTCAE+0x59; //RTCMinuteAlarm
    //启动 RTC
    RTCCTL01&=~(RTCHOLD); //StartRTCcalendarmode
    //进入低功耗模式 LPM3,且开启全局中断
    bis_SR_register(LPM3_bits|GIE); //EnterLPM3, interruptsenabled
      no_operation();
}
//RTCInterruptServiceRoutine#pragmavector=RTC_VECTOR
interruptvoidRTC_ISR(void)
{
    switch(even_in_range(RTCIV, 16))
    {
        caseRTCIV_NONE: //Nointerruptsbreak;
        caseRTCIV_RTCRDYIFG: //RTCRDYIFG
        P3OUT^=BIT5; //TogglesP3.5everysecondbreak;
        caseRTCIV_RTCTEVIFG: //RTCTEVIFG
        no_operation(); //Interruptseveryminute
        break;
        caseRTCIV_RTCAIFG: //RTCAIFG
        no_operation(); //Interruptseveryalarmevent
        break;
        caseRTCIV_RT0PSIFG: //RT0PSIFG
        break;
        caseRTCIV_RT1PSIFG: //RT1PSIFG
        break;
        case12: break; //Reserved
        case14: break; //Reserved
        case16: break; //Reserved
```

```
            default: break;
        }
    }
```

■ 实验步骤

(1)将 MSP－FET430UIF 仿真器连接到 MSP430F5529－EVM 开发板的 JTAG 接口(J14),并将仿真器的另一端连接笔记本电脑/PC 机。

(2)给开发板上电。

(3)在 IAR 开发环境下,打开 RTC_A_02 工程,并将其下载到 MSP430F5529 芯片上。单击快捷命令菜单中“Download and Debug”命令,即“▶”,程序下载完毕后进入调试窗口,然后再单击快捷菜单中“Go”命令,即“☰”。这时发现用户指示灯开始闪烁,说明程序已正常运行,用户也可以用示波器测量 P3. 5 引脚,查看该引脚是否是输出程序设计的预期信号。

(4)在中断服务程序里设置断点,如图 7. 31 所示。程序运行约 10 s 后,程序发生 RTCAIFG 中断,停止断点图示断点处。然后再继续运行程序,经过约 1 min 后,程序停在 RTCTEVIFG 中断处,这是每个整小时事件触发的中断,可以在程序运行日志处看出前后的时间,如图 7. 32 所示。

```
// RTC Interrupt Service Routine
#pragma vector=RTC_VECTOR
__interrupt void RTC_ISR(void)
{
    switch (__even_in_range(RTCIV, 16))
    {
        case RTCIV_NONE:                          // No interrupts
            break;
        case RTCIV_RTCRDYIFG:                     // RTCRDYIFG
            P1OUT ^= BIT1;                        // Toggles P1.1 every second
            break;
        case RTCIV_RTCTEVIFG:                     // RTCTEVIFG
            __no_operation();                     // Interrupts every minute
            break;
        case RTCIV_RTCAIFG:                       // RTCAIFG
            __no_operation();                     // Interrupts every alarm event
            break;
        case RTCIV_RT0PSIFG:                      // RT0PSIFG
            break;
        case RTCIV_RT1PSIFG:                      // RT1PSIFG
            break;
        case 12: break;                           // Reserved
        case 14: break;                           // Reserved
        case 16: break;                           // Reserved
        default: break;
    }
}
```

图 7. 31 RTC_A 断点设置

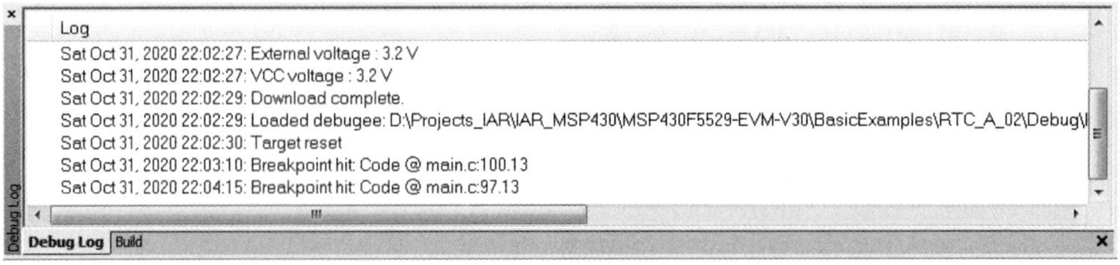

图 7. 32 程序运行日志

■ 程序讨论与分析

(1)请将 RTCCTL01 寄存器的设置改为用两个 8 位寄存器 RTCCTL0、RTCCTL1 单独进行设置。

(2)在 RTCRDYIFG 中断处用 UART0 输出当时的时间。

项 目 小 结

MSP430 单片机的定时器资源非常丰富,包括看门狗定时器、定时器 A、定时器 B 和实时时钟等。每种定时器都具有基本定时功能,还具有一些特殊功能,如看门狗定时器可用于当程序发生错误时系统复位;定时器 A 可用于基本定时、捕获输入信号、比较产生 PWM 波形等;定时器 B 的功能比定时器 A 更灵活、更强大;实时时钟可用于日历功能。

思考与习题

1. MSP430 单片机具有哪些定时器资源?每种定时器具有什么功能?

2. 定时器 A 由哪两个部分组成?每个部分如何工作?并具有什么功能?

3. 定时器 A 具有哪些工作模式?请对各工作模式进行简单描述。

4. 定时器 A 的捕获模式具有什么功能?可配置为何种触发方式?

5. 定时器 A 的比较模式具有几种输出模式?请对各输出模式进行简单介绍。

6. 编程实现:在 MSP430F5529 单片机系统上,P1.0、P1.1 和 P1.2 端口分别接了红色、绿色、蓝色 3 只 LED,均为高电平点亮。用定时器 A 实现以下事件:

(1)红色 LED 每秒闪烁 1 次(0.5 s 亮,0.5 s 灭);

(2)绿色 LED 每秒闪烁 2 次(0.25 s 亮,0.25 s 灭);

(3)蓝色 LED 每秒闪烁 1 次(0.25 s 亮,0.75 s 灭)。

7. 编程实现:在 MSP430F5529 单片机系统中,利用实时时钟 RTC 模块编写一个简单的时钟程序,并将当前时钟通过液晶或者数码管输出显示。

项目 8　模数转换模块与比较器 B

[项目描述]

MSP430 单片机在实时控制和智能仪表等实际应用系统中,经常会遇到连续变化的物理量,如温度、压力、流量和速度等。MSP430 单片机无法直接处理这些连续变化的模拟量,必须将其转换为数字量,将模拟量转换为数字量的功能模块即 ADC。目前,主流的 MCU、ARM、DSP 和 SoC 片内均集成了 ADC 模块,MSP430 单片机也是如此。本项目通过介绍 MSP430F5529 片内集成的 ADC12_A 模块的结构和寄存器等,学习 MSP430 单片机中 ADC 的工作原理,并通过不同转换模式的常见应用设计实例巩固对 ADC 的学习。

[项目目标]

1. 了解 ADC 的分类及工作原理
2. 了解 ADC12_A 模块的结构和寄存器
3. 掌握 MSP430F5529 片内 ADC12_A 模块的转换模式
4. 熟悉 ADC12_A 模块的实用例程

任务 8.1　模数转换模块概述

ADC 即 A/D 转换模块,是将模拟信号(电压或是电流的形式)转换成数字信号,这种数字信号可让仪表、计算机外设接口或微处理机来操作或使用。通常的 ADC 是把经过与标准量比较处理后的模拟量转换成以二进制数值表示的离散信号的转换器。

8.1.1　ADC 的工作原理

将模拟信号转换成数字信号的电路,称为 ADC,A/D 转换的作用是将时间连续、幅值也连续的模拟量转换为时间离散、幅值也离散的数字信号,因此,A/D 转换一般要经过取样、保持、量化及编码 4 个过程。在实际电路中,这些过程有的是合并进行的,例如,取样和保持、量化和编码往往都是在转换过程中同时实现的。一个完整的 A/D 转换过程必须包括取样、保持、量化、编码几部分。

1. 取样与保持

取样时间极短,取样输出为一连串断续的窄脉冲。要把每个取样的窄脉冲信号数字化需要一定的时间,因此在两次取样之间,应将取样的模拟信号暂时存储到下个取样脉冲到来,这个动作称为保持。因此,在模拟电路设计上,需要增加一个取样-保持电路。

为了保证正确转换,模拟电路要保留还未转换的数据。一个取样-保持电路可保证模拟电路取样时,取样时间的稳定和存储,通常使用电容组件来存储电荷。根据数字信号处理的基本原理,若要正确且忠实地呈现所撷取的模拟信号,必须取样频率至少高于最大频率的 2 倍。例如,若是输入一个 100 Hz 的正弦波的话,最小的取样频率至少要 2 倍,即 200 Hz,虽说理论值是如此,但真正在应用时,最好是接近 10 倍,才会有不错的还原效果。对于多信道的 ADC,就必须乘上信道数,这样平均下去,每一个信道才不会有失真的情况产生。

2. 量化与编码

数字信号不仅在时间上是离散的,而且在幅值上也是不连续的。任何一个数字量的大小只能是某个规定的最小数量单位的整数倍。为将模拟信号转换为数字量,在 A/D 转换过程中,还必须将取样-保持电路的输出电压按某种近似方式归化到相应的离散电平上,这一转化过程称为数值量化,简称量化。量化后的数值最后还需通过编码过程用一个代码表示出来。经编码后得到的代码就是 ADC 输出的数字量。

量化过程中所取最小数量单位称为量化单位,用△表示。它是数字信号最低位为 1 时所对应的模拟量,即 1 LSB。

在量化过程中,由于取样电压不一定能被△整除,所以量化前后不可避免地存在误差,此误差称为量化误差,用 ε 表示。量化误差属原理误差,它是无法消除的。ADC 的位数越多,各离散电平之间的差值越小,量化误差越小。

量化过程常采用两种近似量化方式:只舍不入量化方式和四舍五入量化方式。

(1)只舍不入量化方式

以 3 位 ADC 为例,设输入信号 v1 的变化范围为 0~8 V,采用只舍不入量化方式时,取△=1 V,量化中不足量化单位部分舍弃,如数值在 0~1 V 之间的模拟电压都当作 0△,用二进制数 000 表示,而数值在 1~2 V 之间的模拟电压都当作 1△,用二进制数 001……表示这种量化方式的最大误差为△。

(2)四舍五入量化方式

如采用四舍五入量化方式,则取量化单位△=8 V/15,量化过程将不足半个量化单位部分舍弃,对于等于或大于半个量化单位部分按一个量化单位处理。它将数值在 0~8 V/15 之间的模拟电压都当作 0△对待,用二进制数 000 表示,而数值在 8 V/15~24 V/15 之间的模拟电压均当作 1△,用二进制数 001 表示。

采用只舍不入量化方式最大量化误差 $|\varepsilon max|$ =1 LSB,而采用四舍五入量化方式 $|\varepsilon max|$ =1 LSB/2,后者量化误差比前者小,故为多数 ADC 所采用。

8.1.2 ADC 的分类

ADC 的型式有很多种,方式的不同会影响测量后的精准度。ADC 的功能是把模拟量转换成数字量,由于实现这种转换的工作原理和采用的工艺技术不同,因此生产出种类繁多的 A/D 转换芯片。

ADC 按分辨率分为 4 位、6 位、8 位、10 位、14 位、16 位和 BCD 码的 31/2 位、51/2 位等。按照转换速度可分为超高速(转换时间=330 ns)、次高速(330 ns~3.3 μs)、高速(3.3~333 μs)、低速(转换时间>333 μs)等。

ADC 按照转换原理可分为直接 ADC 和间接 ADC。所谓直接 ADC 是把模拟信号直接转换成数字信号,如并联比较型、逐次逼近型等。间接 ADC 是先把模拟量转化成中间量,然后再转化成数字量,如电压/时间转换型(积分型),电压/频率转换型,电压/脉宽转换型等。有些转换器还将多路开关、基准电压源、时钟电路、译码器和转换电路集成在一个芯片内,已超出了单纯 A/D 转换功能,使用十分方便。

并联比较型 ADC:由于并联比较型 ADC 采用各量级同时并行比较,各位输出码也是同时并行产生,所以转换速度快是它的突出优点,转换速度与输出码位的多少无关。并联比较型 ADC 的缺点是成本高、功耗大,因为 n 位输出的 ADC,需要 2n 个电阻、(2n-1)个比较器和 D 触发器,以及复杂的编码网络,其元件数量随位数的增加,以几何级数上升,所以这种 ADC 适用于要求高速、低分辨率的场合。

逐次逼近型 ADC:逐次逼近型 ADC 是另一种直接 ADC,它也产生一系列比较电压 V_R,但与并联比较型 ADC 不同,它是逐个产生比较电压,逐次与输入电压分别比较,以逐渐逼近的方式进行模数转换的。逐次逼近型 ADC 每次转换都要逐位比较,需要(n+1)个节拍脉冲才能完成,所以它比并联比较型 ADC 的转换速度慢,比双积分型 ADC 要快得多,属于中速 ADC 器件。另外,位数多时,它需用的元器件比并联比较型少得多,易于用集成工艺实现,且能达到较高的分辨率和速度,故目前集成化 A/D 芯片采用逐次逼近型者多。

双积分型 ADC:属于间接 ADC,它先对输入采样电压和基准电压进行两次积分,以获得与采样电压平均值成正比的时间间隔,同时在这个时间间隔内,用计数器对标准时钟脉冲(CP)计数,计数器输出的计数结果就是对应的数字量。双积分型 ADC 的优点是抗干扰能力强、稳定性好、可实现高精度模数转换。主要缺点是转换速度低,因此这种转换器大多应用于精度要求较高而转换速度要求不高的仪器仪表中,例如用于多位高精度数字直流电压表中。

ADC 经常用于通信、数字相机、仪器和测量以及计算机系统中,可方便数字讯号处理和信息的储存。大多数情况下,ADC 的功能会与数字电路整合在同一芯片上,但部分设备仍需使用独立的 ADC。移动电话是数字芯片中整合 ADC 功能的例子,而具有更高要求的蜂巢式基地台则需以独立的 ADC 来提供最佳性能。

ADC 具备一些特性,包括:

(1)模拟输入可以是单信道或多信道;

(2)参考输入电压可由外部提供,也可在 ADC 内部产生;

(3)频率输入通常由外部提供,用于确定 ADC 的转换速率;

(4)电源输入通常有模拟和数字电源接脚;

(5)ADC 可以提供平行或串行的数字输出,在输出位数越多(分辨率越好)以及转换时间越快的要求下,其制造成本与单价就越贵。

8.1.3 ADC 的主要性能指标

1. 分辨率

模拟数字转换器的分辨率是指,对于允许范围内的模拟信号,它能输出离散数字信号值的个数,这些信号值通常用二进制数来存储,因此分辨率通常用比特作为单位,且这些离散值的个数是 2 的幂指数。例如一个具有 8 位分辨率的模拟数字转换器,可以将模拟信号编码成 256 个不同的离散值(因 $2^8=256$),从 0 到 255(即无符号整数)或从-128 到 127(即带符号整数),至于使用哪一种则取决于具体的应用。

选择适用的 ADC 是相当重要的,并不是分辨率越高越好,不需要高分辨率的场合所撷取到的大多是噪声。分辨率太低,会无法取样到所需的信号。

2. 量化误差

量化误差是由于 A/D 的有限分辨率而引起的误差,即有限分辨率 A/D 的阶梯状转移特性曲线与无限分辨率 A/D(理想 A/D)的转移特性曲线(直线)之间的最大偏差。通常是 1 个或半个最小数字量的模拟变化量,表示为 1 LSB、1/2 LSB。

3. 转换误差

转换误差是指在零点和满度都校准以后,在整个转换范围内,分别测量各个数字量所对应的模拟输入电压实测范围与理论范围之间的偏差,取其中的最大偏差作为转换误差的指标。转换误差通常以相对误差的形式出现,并以最低有效位 LSB 为单位表示。

4. 转换时间

转换时间是 A/D 转换完成一次所需的时间,即从启动信号开始到转换结束并得到稳定的数字输出值为止的时间。转换时间越短则转换速度越快。ADC 的转换速度主要取决于转换电路的类型,并联比较型 ADC 的转换速度最高(转换时间可小于 50 ns),逐次逼近型 ADC 次之(转换时间在 10~100 μs 之间),双积分型 ADC 转换速度最低(转换时间在几十毫秒至数百毫秒之间)。

任务 8.2 认识 ADC12_A 模块

在 MSP430 系列的大部分单片机中,都集成了 ADC 以及 ADC 所需的附件,如基准源、采样保持器、通道选择模拟开关等。部分单片机内部还集成了缓冲器、差分可编程序放大器、温度传感器等部件,使得 MSP430 单片机非常容易地测量各种模拟量输入。整个系列涵盖了从最低成本的斜率 ADC,中端的 10 位、12 位 ADC,以及高端的 16 位 ADC(SD16 模块)。下面针对 MSP430F5529 片内集成的 ADC12_A 模块做简要介绍。

8.2.1 ADC12_A 模块简介

1. ADC12_A 模块的组成与特点

ADC12_A 模块是一个快速的 12 位 ADC,它主要包括一个 12 位的逐次逼近(SAR)内核、模拟输入多路复用器、参考电压产生器、采样与转换时序控制电路和 16 个转换结果存储寄存器与控制寄存器。ADC12_A 模块拥有独立的工作时钟,可在无 CPU 干预情况下完成 16 路模拟输入的模数转换与存储。ADC12_A 模块的主要特点如下:

(1)最大转换率高达 200 kHz 以上;

(2)无数据丢失的单调 12 位 ADC;

(3)由软件或定时器控制的可编程采样保持周期功能;

(4)由软件或定时器启动转换功能;

(5)可通过软件设置片内参考电压(1.5 V、2.0 V 或 2.5 V);

(6)可选的片内、片外参考电压源;

(7)多达12路独立的外部输入通道;

(8)可为内部温度传感器、AV_{CC} 和外部参考电压源分配转换通道;

(9)可为正、负参考电压配置独立的转换通道;

(10)可配置的转换时钟源(ADC12OSC、ACLK、MCLK 和 SMCLK);

(11)具有4种转换模式,分别为单通道单次转换、序列通道单次转换、单通道连续转换和序列通道连续转换;

(12)ADC 转换内核和参考电压源均可独立关闭;

(13)具有18路 ADC 中断快速响应能力;

(14)具有16个转换结果存储寄存器。

ADC12_A 模块的结构框图如图8.1所示。

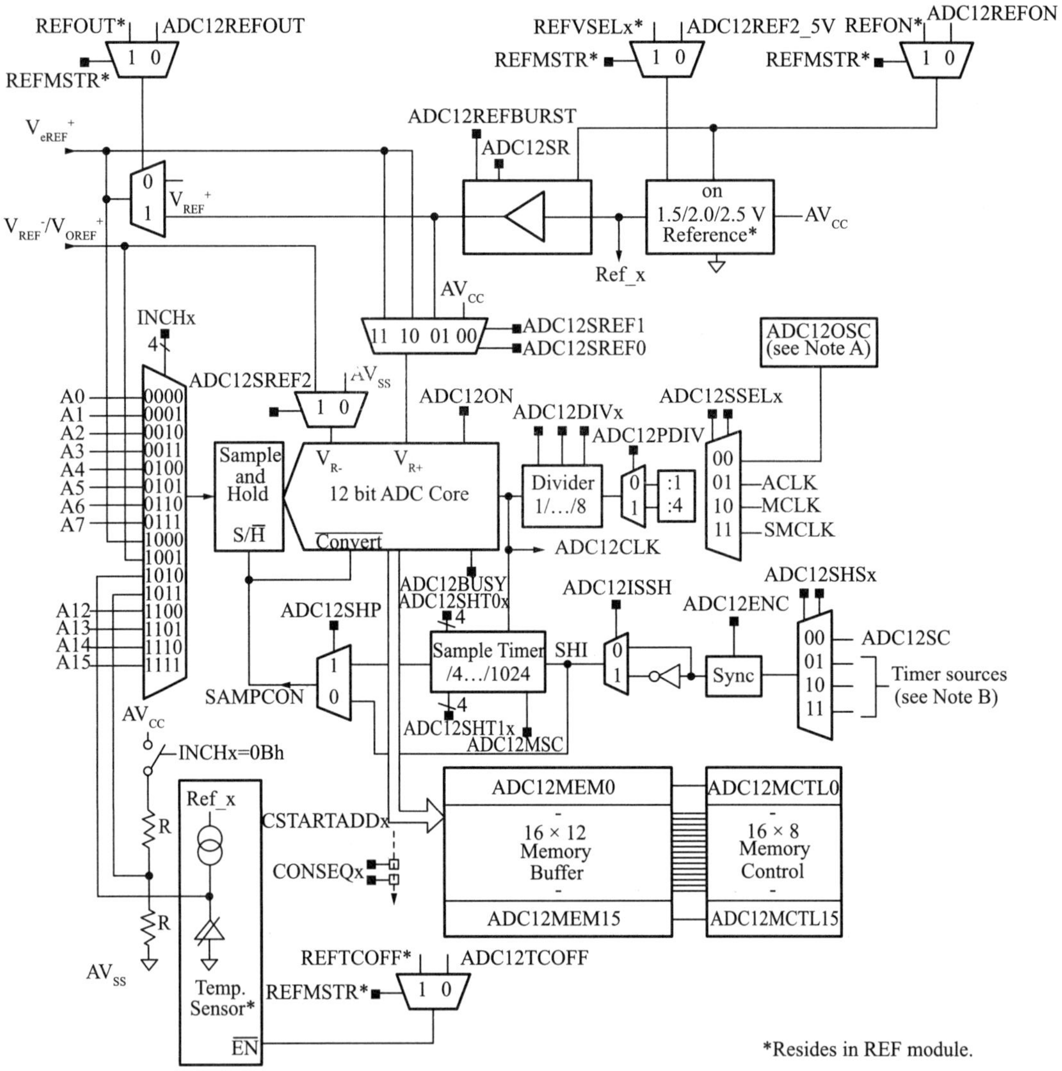

图 8.1 ADC12_A 模块结构框图

2. ADC12_A 模块的内核

ADC12_A 模块的内核是一个 12 位的 ADC,能够将转换结果存储在转换存储器中。该内核采用两个可编程/选择的参考电压(V_{R+}和 V_{R-})作为转换的上限和下限。当输入模拟信号电压大于或等于 V_{R+}时,ADC 输出满量程值 0FFFh;当输入模拟信号电压小于或等于 V_{R-}时,ADC 输出 0 h。输入模拟电压最终转换结果满足如下关系:

$$N_{ADC}=4\,095\times(Vin-V_{R-})/(V_{R+}-V_{R-})$$

ADC12_A 模块内核由两个控制寄存器 ADC12CTL0、ADC12CTL1 进行配置,并可由控制寄存器 ADC12CTL0 中状态控制位 ADC12ON 进行使能。当不使用 ADC12_A 模块时,可由控制位 ADC12ON 关闭该模块。ADC12_A 寄存器的所有控制位只能在控制位 ADC12ENC 为复位状态下进行修改,且任何模数转换前必须将控制位 ADC12ENC 置位。

ADC12_A 模块的工作时钟为 ADC12CLK,它不仅用于模数转换,而且在脉冲采样模式下用于产生采样周期。ADC12CLK 的时钟源有 4 种,分别是 ADC12OSC、ACLK、MCLK 和 SMCLK,可通过 ADC12CTL1 寄存器中的 ADC12SSELx 控制位进行选择,默认情况下选择 ADC12OSC 作为 ADC12_A 模块的时钟来源。通过设置 ADC12CTL2 寄存器中的 ADC12PDIV 控制位可以将 ADC12OSC 进行 1 分频或 4 分频,然后再设置 ADC12CTL1 寄存器中的 ADC12DIVx 控制位可以将其进一步进行 1~8 分频。ADC12OSC 时钟直接来源于 UCS 系统中的 MODOSC,其标称频率为 5.0 MHz。

3. ADC12_A 模块的采样与转换的时序控制

当采样触发信号 SHI(参看 ADC12_A 模块结构框图)出现上升沿时,将启动模数转换。SHI 信号有 4 种来源,分别是 ADC12SC、Timer_A0. OUT1(TA0. 1)、Timer_B0. OUT0(TB0. 0)和 Timer_B0. OUT1(TB0. 1),可通过 ADC12CTL1 寄存器中的 ADC12SHSx 控制位进行选择,默认情况为 ADC12SC 信号,此方式称为软件触发。ADC12_A 模块支持 8 位、10 位、12 位分辨率模式,可以设置 ADC12CTL2 寄存器中的 ADC12RES 控制位进行选择,默认情况下为 12 位。

采样转换信号 SAMPCON 用于控制采样的周期和转换的起始时间,该信号受控于 SHI 信号和定时器输出信号(TA0. 1、TB0. 0 和 TB0. 1)。当 SAMPCON 信号为高电平时,采样被激活;当 SAMPCON 信号出现下降沿时,经过 ADC12CLK 同步后启动模数转换。

ADC12_A 模块定义了两种采样模式,分别是扩展采样模式和脉冲采样模式,可由 ADC12CTL1 寄存器中的 ADC12SHP 控制位进行选择。

(1)扩展采样模式

当 ADC12SHP = 0 时,采样信号工作在扩展时序模式下。此时,SHI 信号直接作为 SAMPCON 信号,由该信号直接定义采样周期 t_{sample} 的长度。当 SAMPCON 为高电平时,处于信号采样阶段;当 SAMPCON 信号出现下降沿时,经过 ADC12CLK 同步后启动模数转换。扩展采样模式时序如图 8.2 所示。

在扩展采样模式下,需要用户设置采样触发信号 SHI 的高电平宽度来控制采样周期,这种设置并不方便,所以在实际应用中很少采用。

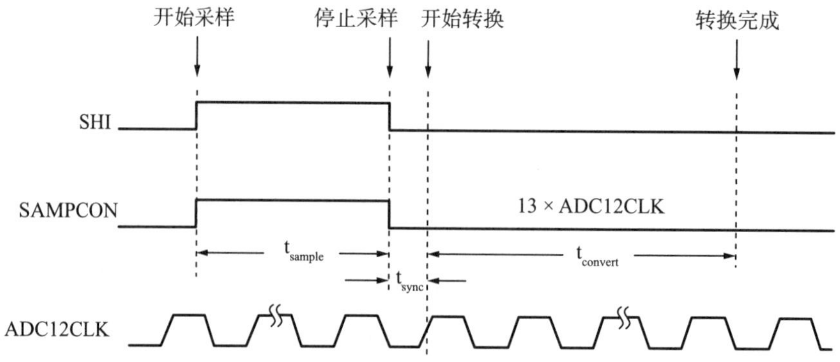

图 8.2 扩展采样模式时序图

(2)脉冲采样模式

当 ADC12SHP = 1 时,采样信号工作在脉冲采样模式下。此时,SHI 信号用于触发采样定时器(Sample Timer)产生采样转换信号 SAMPCON,且由采样定时器来控制采样周期 t_{sample} 的长度,采样周期 t_{sample} 的长度可以通过 ADC12CTL0 寄存器中的 ADC12SHT1x、ADC12SHT0x 控制位进行设置。采样定时器输出信号在与 ADC12CLK 时钟同步后,SAMPCON 信号在 t_{sample} 定义的时间内继续保持高电平,因此整个采样时间为 $t_{sample}+t_{sync}$。脉冲采样模式时序如图 8.3 所示。ADC12SHT1x、ADC12SHT0x 控制位分别控制 ADC12MCTL0~7、ADC12MCTL8~15 的采样时间。当 SAMPCON 为高电平时,经过 ADC12CLK 同步后即开始信号采样;当 SAMPCON 信号出现下降沿时启动模数转换。

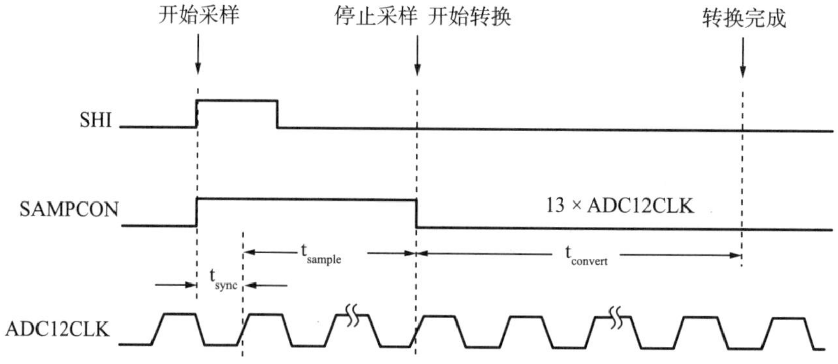

图 8.3 脉冲采样模式时序图

在脉冲采样模式下,用户只需进行简单的控制位设置即可实现采样周期的控制,操作非常方便,所以在实际应用中一般均使用这种模式。

8.2.2 ADC12 的寄存器

ADC12 的寄存器比较多,大概可以分成 4 类:转换控制类、中断控制类、存储及其控制类,如表 8.1 所示。用户可以根据实际需求通过软件配置 ADC12 的资源,灵活运用 ADC12 的各个功能模块。

表 8.1　ADC12 的寄存器

寄存器类型	寄存器缩写	寄存器含义
转换控制寄存器	ADC12CTL0	转换控制寄存器 0
	ADC12CTL1	转换控制寄存器 1
中断控制寄存器	ADC12IFG	中断标志寄存器
	ADC12IE	中断使能寄存器
	ADC12IV	中断向量寄存器
存储及其控制寄存器	ADC12MCTL0～ADC12MCTL15	存储控制寄存器 0～15
	ADC12MEM0～ADC12MEM15	存储寄存器 0～15

1. 转换控制寄存器：ADC12CTL0、ADC12CTL1

（1）转换控制寄存器 0——ADC12CTL0 是 ADC12 的重要寄存器，控制了 ADC12 的大部分操作，如表 8.2 所示。其中 4～15 位只有在 ENC=0（ADC12 为初始状态）时才可以被修改。

表 8.2　转换控制寄存器 0

15～12	11～8	7	6	5	4	3	2	1	0
SHT1	SHT0	MSC	REF2_5V	REF ON	ADC12 ON	ADC12 OVIE	ADC12 TOVIE	ENC	ADC12 SC

各位含义如下：

0 位——ADC12SC：采样/转换控制位。

1 位——ENC：转换允许位。

2 位——ADC12TOVIE：转换时间溢出中断允许位。

3 位——ADC12OVIE：溢出中断允许位。

4 位——ADC12ON：ADC12 内核控制位。

5 位——REFON：参考电压控制位。

6 位——REF2_5V：内部参考电压值选择位。

7 位——MSC：多次采样/转换位。

11～8 位——SHT0：采样保持定时器 0。

15～12 位——SHT1：采样保持定时器 1。

（2）转换控制寄存器 1——ADC12CTL1 如表 8.3 所示，大多数位只有在 ENC=0 的时候才可以修改，比如 3～15 位。

表 8.3　转换控制寄存器 1

15～12	11～10	9	8	7～5	4～3	2～1	0
CSTARTADD	SHS	SHP	ISSH	ADC12 DIV	ADC12 SSEL	CONSEQ	ADC12 BUSY

各位含义如下：

0 位——ADC12BUSY：ADC12 繁忙标志位。只用于单通道单次转换模式。

2～1 位——CONSEQ：转换模式(4 种)选择位。

4～3 位——ADC12SSEL：ADC12 的内核时钟源(4 种)选择位。

7～5 位——ADC12DIV：时钟源分频因子选择位，因子为 3 位二进制数加 1。

8 位——ISSH：采样信号输入方向控制位。

9 位——SHP：采样信号(SAMPCON)选择控制位。

11～10 位——SHS：采样触发输入源(4 种)选择位。

15～12 位——CSTARTADD：转换存储器地址位。

2. 中断控制寄存器：ADC12IFG、ADC12IE、ADC12IV

(1)中断标志寄存器——ADC12IFG：16 位，其中中断标志位 ADC12IFG. x 对应于转换存储寄存器 ADC12MEMx。中断标志寄存器如表 8.4 所示。

表 8.4 中断标志寄存器

15	14	……	1	0
ADC12 IFG15	ADC12 IFG14	……	ADC12 IFG1	ADC12 IFG0

ADC12IFG. x 置位：转换结束，并且转换结果已经装入转换存储寄存器。

ADC12IFG. x 复位：ADC12MEMx 被访问。

(2)中断允许寄存器——ADC12IE：16 位，与 ADC12IFG 寄存器相对应，如表 8.5 所示。

表 8.5 中断允许寄存器

15	14	……	1	0
ADC12 IE. 15	ADC12 IE. 14	……	ADC12 IE. 1	ADC12 IE. 0

置位：允许对应的中断标志位 ADC12IFG. x 在置位时发生的中断请求。

复位：禁止。

(3)中断向量寄存器——ADC12IV：有 18 个中断标志(ADC12IFG. 0～ADC12IFG. 15 与 ADC12TOV、ADC12OV)，但只有一个中断向量。所以需要设置这 18 个标志的优先级顺序，按照优先级顺序安排中断标志的响应，ADC12IV 中断向量表如表 8.6 所示。

表 8.6 ADC12IV 中断向量表

ADC12IV	中断源	中断标志	中断优先级
000h	无中断产生	无	无
002h	ADC12MEMx 溢出	无	最高

表8.6(续)

ADC12IV	中断源	中断标志	中断优先级
004h	转换时间溢出	无	依次降低
006h	ADC12MEM0	ADC12IFG0	
……	……	……	
024h	ADC12MEM15	ADC12IFG15	最低

各中断标志会产生一个0~36的偶数。

ADC12OV和ADC12TOV会在访问ADC12IV后自动复位。但在响应了ADC12IFG.x标志对应的中断服务之后,相应的标志不自动复位,用以保证能处理发生溢出的情况。

3. 存储及其控制寄存器:ADC12MEM0~ADC12MEM15、ADC12MCTL0~ADC12MCTL15

(1)转换存储寄存器——ADC12MEM0~ADC12MEM15:这组寄存器均为16位寄存器,用来存放A/D转换的结果。只用其中低12位,高4位在读出的时候为0。

(2)转换存储控制寄存器——ADC12MCTL0~ADC12MCTL15:由于每个转换存储寄存器都有一个对应的转换存储控制寄存器,所以在进行CSTARTADD转换存储器地址位设置的同时,也确定了ADC12MCTLx。控制寄存器控制各个转换存储寄存器必须选择的基本转换条件。各位含义如表8.7所示,所有位只有在ENC为低电平时可以修改。在POR时,各位被复位。

表8.7 转换存储控制寄存器

7	6~4	3~0
EOS	SREF	INCH

3~0位——INCH:选择模拟输入通道。

6~4位——SREF:参考电压源选择位。

7位——EOS:序列结束控制位。

8.2.3 ADC12_A模块的转换模式

ADC12_A模块共有4种转换模式,分别是单通道单次转换模式、序列通道单次转换模式、单通道连续转换模式和序列通道连续转换模式,可以通过ADC12CTL1寄存器中的ADC12CONSEQx控制位进行选择。具体转换模式如表8.8所示。

表8.8 ADC12_A模块的转换模式

ADCI2CONSEQx	转换模式	操作说明
00	单通道单次转换	一个单通道转换一次
01	序列通道单次转换	一个序列多个通道转换一次
10	单通道多次转换	一个单通道重复转换
11	序列通道多次转换	一个序列多个通道重复转换

1. 单通道单次转换模式

单通道单次转换模式实现对单一通道的单次模数转换,转换结果存入由 ADC12CTL1 寄存器中 ADC12CSTARTADDx 控制位设置的寄存器 ADC12MEMx 中。单通道单次转换模式的流程如图 8.4 所示。

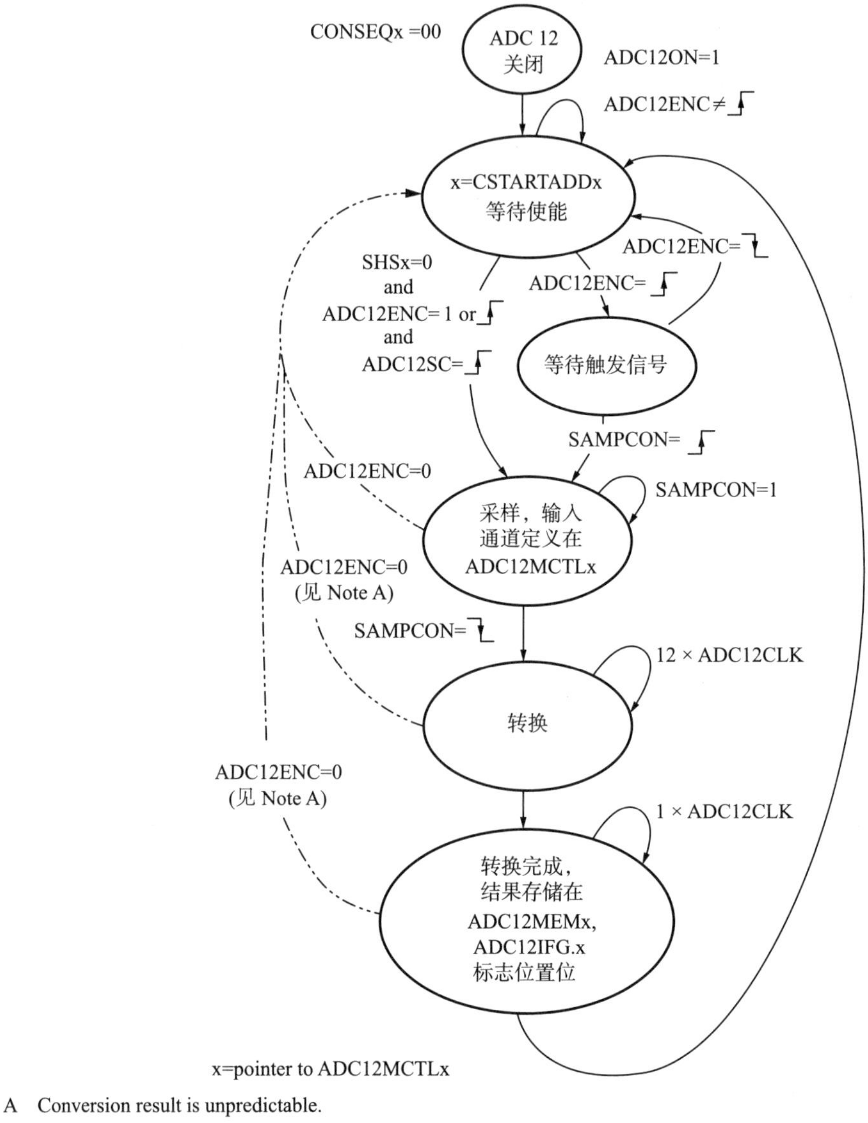

图 8.4 单通道单次转换模式流程图

当用户利用软件触发方式(置位 ADC12CTL0 寄存器中 ADC12SC 控制位)启动模数转换时,下一次转换可以通过简单的置位 ADC12CTL0 寄存器中 ADC12SC 控制位来启动。当用户利用定时器产生的信号作为触发源时,下次触发之前必须将 ADC12CTL0 寄存器中 ADC12ENC 控制位重新置位。

需要指出的是,在该模式下复位 ADC12ENC 控制位可立即停止当前转换,但得到的转换结果是不可靠的。为了得到正确的转换结果,可先检测 ADC12BUSY 控制位,当

ADC12BUSY 控制位为 0 时,再复位 ADC12ENC 控制位。

2. 序列通道单次转换模式

序列通道单次转换模式实现对序列通道单次的模数转换,转换结果依次存入由 ADC12CTL1 寄存器中 ADC12CSTARTADDx 控制位设置的寄存器 ADC12MEMx 中。序列通道最后一个转换通道由 ADC12MCTLx 寄存器中 ADC12EOS 控制位设置,当最后一个通道转换完成后,整个序列通道转换结束。序列通道单次转换模式的流程如图 8.5 所示。

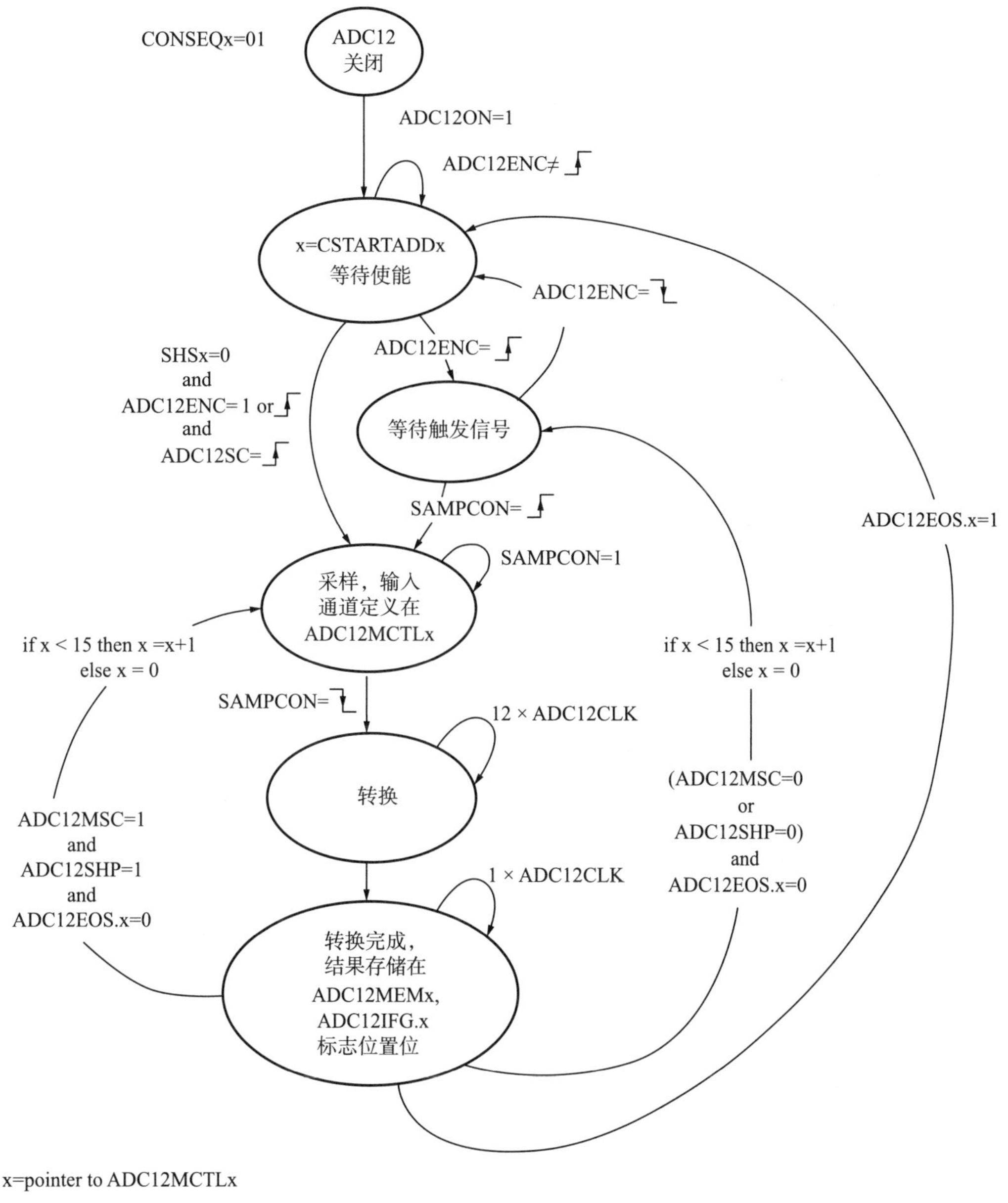

图 8.5 序列通道单次转换模式流程图

当用户利用软件触发方式(置位 ADC12CTL0 寄存器中 ADC12SC 控制位)启动模数转换时,完成一次序列转换进行下一次转换之前,必须先复位 ADC12SC 然后再置位 ADC12SC 来启动转换。当用户利用定时器产生的信号作为触发源时,下次触发之前必须将 ADC12CTL0 寄存器中 ADC12ENC 控制位重新置位。

3. 单通道连续转换模式

单通道连续转换模式实现在选定的通道上进行多次转换,转换结果存入由 ADC12CTL1 寄存器中 ADC12CSTARTADDx 控制位设置的寄存器 ADC12MEMx 中。在这种模式下,每次转换完成后,CPU 必须读取 ADC12MEMx 寄存器的值,否则在下次转换中,ADC12MEMx 寄存器的值将被覆盖。单通道连续转换模式的流程如图 8.6 所示。

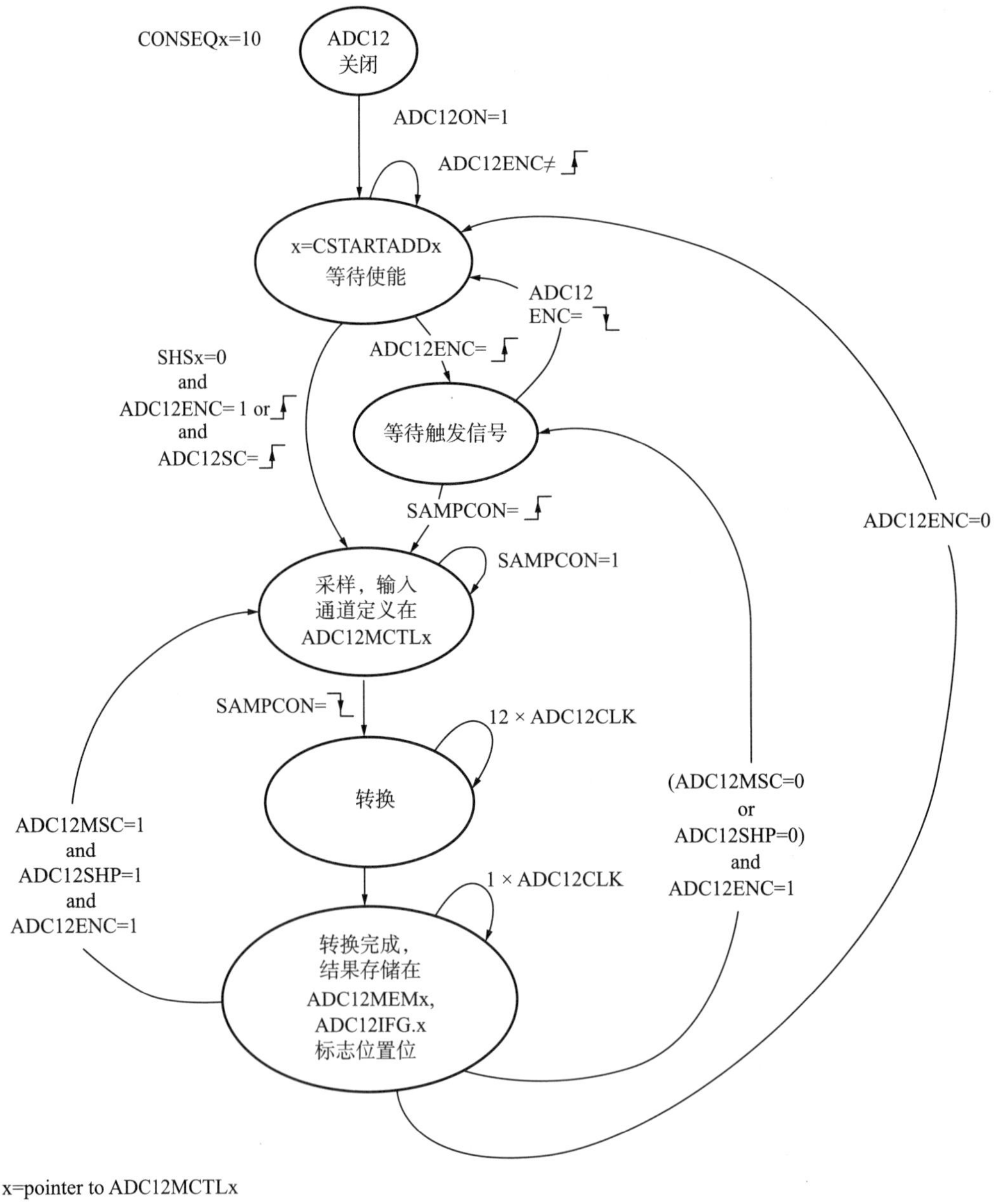

图 8.6 单通道连续转换模式流程图

在该模式下，复位 ADC12CTL0 寄存器中的 ADC12ENC 控制位可实现在当前转换结束之后立即停止连续转换。

4. 序列通道连续转换模式

序列通道连续转换模式实现对序列通道多次的模数转换，转换结果依次存入由 ADC12CTL1 寄存器中 ADC12CSTARTADDx 控制位设置的寄存器 ADC12MEMx 中。序列通道最后一个转换通道由 ADC12MCTLx 寄存器中的 ADC12EOS 控制位设置，当最后一个通道转换完成后，ADC12_A 模块会自动触发序列通道的下一次转换。序列通道连续转换模式的流程如图 8.7 所示。

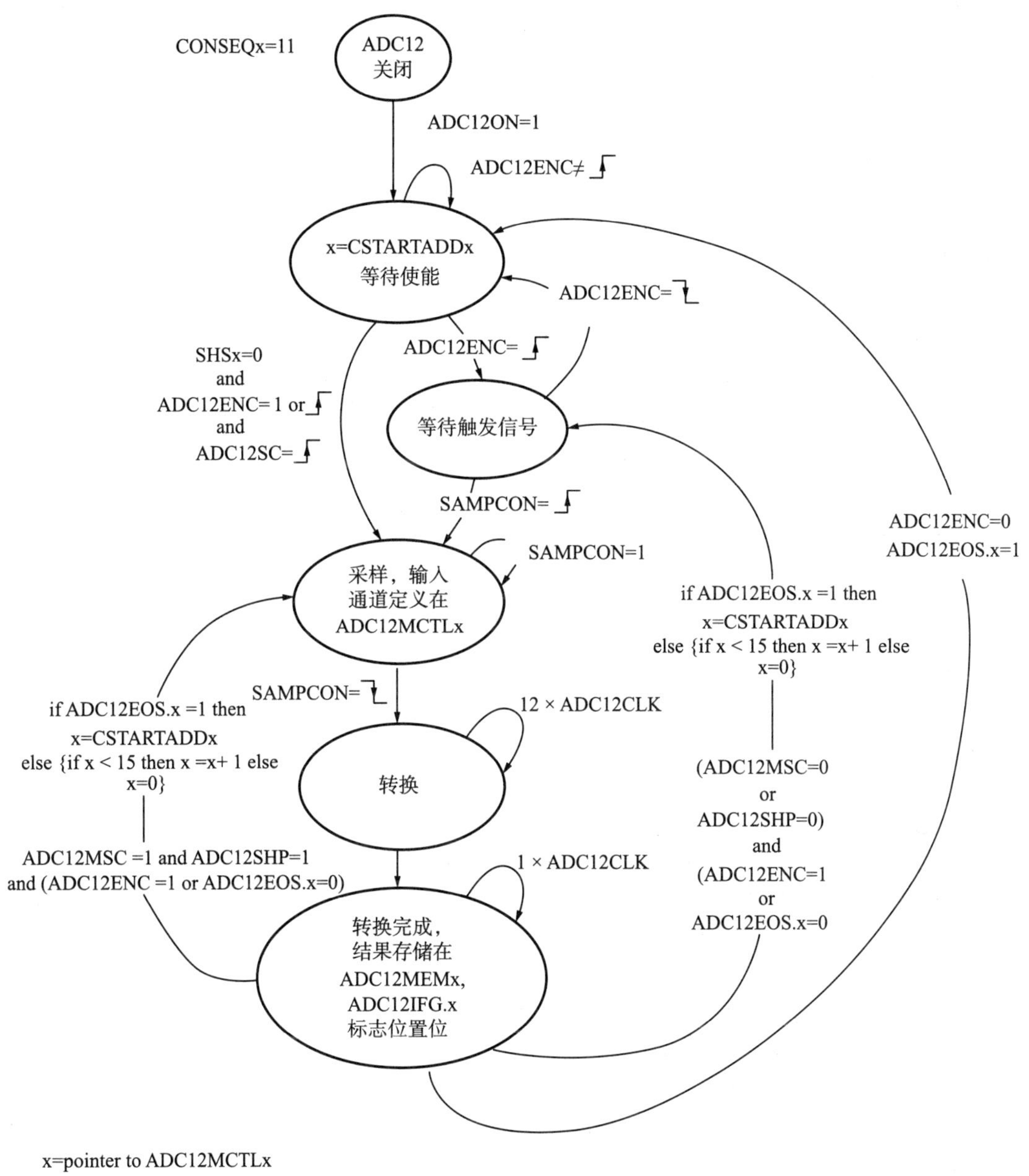

图 8.7 序列通道连续转换模式流程图

在该模式下，当序列通道中最后一个通道转换结束后，复位 ADC12CTL0 寄存器中 ADC12ENC 控制位可立即停止转换，再次置位 ADC12ENC 控制位之后，触发 ADC12_A 模块可再次进行序列通道连续转换。

任务 8.3　ADC12 应 用

例程 1　单通道单次转换例程(ADC_01)

■ 实验目的

了解并熟悉 MSP430F5529 单片机模数转换模块 ADC12_A 的原理和单通道单次转换模式下的程序设计方法。

■ 实验设备

MSP-EXP430F5529LP 开发板一套。

示波器一台。

■ 实验内容

本例程采用单通道单次转换模式，参考电压选择：$V_{R+}=AV_{CC}$、$V_{R-}=AV_{SS}$，ADC12_A 模块的参考时钟源选择内部默认的参考时钟 ADC12OSC(5 MHz)。在主函数中，设置完 ADC12_A 模块参数后，MSP430 单片机进入低功耗模式以降低功耗，当采样转换结束后，会自动进入 ADC12_A 中断服务程序，读取采样结果并唤醒 CPU。程序最终实现当模拟电压大于 0.5 倍的 AV_{CC} 时，使 P1.0 引脚输出高电平，点亮用户指示灯，否则输出低电平，熄灭用户指示灯。

■ 程序讲解

```
#include<msp430.h>

intmain(void)
{
    WDTCTL=WDTPW+WDTHOLD; //关闭看门狗
    //默认开启通道 A0,参考电压为(AVcc-AVss)
    //ADC12ON--启用 ADC12 模块
    //ADC12SHT0_4--设置采样保持的时间为 64 个 ADC12CLK
    ADC12CTL0=ADC12SHT0_4+ADC12ON;
    //设置采样定时器信号(ADC12SC,TA0.1,TB0.0-1)触发 ADC 采样保持
    //工作模式为单通道单次转换
    ADC12CTL1=ADC12SHP;
    ADC12IE=ADC12IE0; //使能 ADC12IFG0 标志触发中断功能
    ADC12CTL0|=ADC12ENC; //置位 ADC12ENC 控制位,锁定相关寄存器控制位
    P6SEL|=BIT0; //设置 P6.0 为 ADC 外设功能引脚
    P1DIR|=BIT0; //设置 P1.0 为输出引脚

    while(1)
```

```
    {
        ADC12CTL0|=ADC12SC; //启动 ADC 采样转换--软件触发方式
        __bis_SR_register(LPM0_bits+GIE); //进入低功耗模式 LPM0,使能全局中断
        __no_operation(); //空操作,用于调试
    }
}

//ADC12 模块中断服务程序
#pragmavector=ADC12_VECTOR
__interruptvoidADC12_ISR(void)
{
    switch(__even_in_range(ADC12IV,34))
    {
        case0: break; //Vector0: Nointerrupt
        case2: break; //Vector2: ADCoverflow
        case4: break; //Vector4: ADCtimingoverflow
        case6: //Vector6: ADC12IFG0
        if(ADC12MEM0>=0x7ff) //ADC12MEM=A0>0.5AVcc?
        P1OUT|=BIT0; //设置 P1.0 为高电平
        else
        P1OUT&=~BIT0; //设置 P1.0 为低电平
        __bic_SR_register_on_exit(LPM0_bits); //退出低功耗模式
        break;
        case8: break; //Vector8: ADC12IFG1
        case10: break; //Vector10: ADC12IFG2
        case12: break; //Vector12: ADC12IFG3
        case14: break; //Vector14: ADC12IFG4
        case16: break; //Vector16: ADC12IFG5
        case18: break; //Vector18: ADC12IFG6
        case20: break; //Vector20: ADC12IFG7
        case22: break; //Vector22: ADC12IFG8
        case24: break; //Vector24: ADC12IFG9
        case26: break; //Vector26: ADC12IFG10
        case28: break; //Vector28: ADC12IFG11
        case30: break; //Vector30: ADC12IFG12
        case32: break; //Vector32: ADC12IFG13
        case34: break; //Vector34: ADC12IFG14
        default: break;
    }
}
```

■ 实验步骤

(1)用杜邦线将 P6.0 引脚与 J10 的 GND 信号相连。

（2）将 MSP-EXP430F5529LP 开发板通过 USB 线缆与电脑相连。

（3）在 IAR 开发环境下，打开 ADC_01 工程，并将其下载到 MSP430F5529 芯片上。单击快捷命令菜单中“DownloadandDebug”命令，即“”，程序下载完毕后进入调试窗口，然后再单击快捷菜单中“Go”命令，即“”。将 P6.0 引脚交替与 J10 的 GND 和 3V3 信号相连，查看用户指示灯状态。

■ 程序讨论与分析

如果中断服务程序中没有退出低功耗模式，仍然需要连续采样转换模拟通道 A0，该怎么办？

不退出低功耗模式，则无法回到 while(1)循环中的第一条语句，就无法再次触发 ADC12_A 模块，所以无法实现再次采样转换，解决的方法是在中断中再次触发 ADC12_A 模块。

例程 2 序列通道单次转换例程（ADC_02）

■ 实验目的

了解并熟悉 MSP430F5529 单片机模数转换模块 ADC12_A 的原理和序列通道单次转换模式下的程序设计方法。

■ 实验内容

本例程采用序列通道单次转换模式，选择的通道为 A0、A1、A2 和 A3，参考电压选择：$V_{R+}=AV_{CC}$、$V_{R-}=AV_{SS}$，ADC12_A 模块的参考时钟源选择内部默认的参考时钟 ADC12OSC（5 MHz），采样结果依次存放在 ADC12MEM0、ADC12MEM1、ADC12MEM2 和 ADC12MEM3 中。在主函数中，设置完 ADC12_A 模块参数后，MSP430 单片机进入低功耗模式以降低功耗，当采样转换结束后，会自动进入 ADC12_A 中断服务程序，读取采样结果并唤醒 CPU。

■ 程序讲解

```
#include<msp430.h>

//设置全局变量存放 AD 序列转换值
volatileunsignedintg_uiResults[4];

intmain(void)
{
    WDTCTL=WDTPW+WDTHOLD; //关闭看门狗
    P6SEL=BIT0+BIT1+BIT2+BIT3; //设置 P6.0~3 为 ADC 外设功能引脚
    //启用 ADC12 模块,采样保持的时间为 16 个 ADC12CLK,多通道转换模式
    ADC12CTL0=ADC12ON+ADC12MSC+ADC12SHT0_2;
    //设置采样定时器信号(ADC12SC,TA0.1,TB0.0-1)触发 ADC 采样保持
    //工作模式为多通道单次转换
    ADC12CTL1=ADC12SHP+ADC12CONSEQ_1;
    ADC12MCTL0=ADC12INCH_0; //ref+=AVcc,channel=A0
    ADC12MCTL1=ADC12INCH_1; //ref+=AVcc,channel=A1
    ADC12MCTL2=ADC12INCH_2; //ref+=AVcc,channel=A2
    ADC12MCTL3=ADC12INCH_3+ADC12EOS; //ref+=AVcc,channel=A3,采样序列末尾通道
    ADC12IE=ADC12IE3; //使能 ADC12IFG.3 标志触发 ADC 中断
```

```
    ADC12CTL0|=ADC12ENC; //使能转换,锁定控制寄存器相关位
    while(1)
    {
        ADC12CTL0|=ADC12SC; //启动 ADC 采样转换--软件触发方式
        __bis_SR_register(LPM4_bits+GIE); //进入低功耗模式 LPM4,使能全局中断
        __no_operation(); //空操作,调试用
    }
}

//ADC 中断服务程序
#pragmavector=ADC12_VECTOR
__interruptvoidADC12ISR(void)
{
    switch(__even_in_range(ADC12IV,34))
    {
        case0: break; //Vector0: Nointerrupt
        case2: break; //Vector2: ADCoverflow
        case4: break; //Vector4: ADCtimingoverflow
        case6: break; //Vector6: ADC12IFG0
        case8: break; //Vector8: ADC12IFG1
        case10: break; //Vector10: ADC12IFG2
        case12: //Vector12: ADC12IFG3
        g_uiResults[0]=ADC12MEM0; //读取序列中第 1 通道 AD 转换值,自动清除相应 IFG
        g_uiResults[1]=ADC12MEM1; //读取序列中第 2 通道 AD 转换值,自动清除相应 IFG
        g_uiResults[2]=ADC12MEM2; //读取序列中第 3 通道 AD 转换值,自动清除相应 IFG
        g_uiResults[3]=ADC12MEM3; //读取序列中第 4 通道 AD 转换值,自动清除相应 IFG
        ADC12CTL0&=~ADC12SC; //转换结束后,清 ADC12SC 控制位,以便下次转换
        __bic_SR_register_on_exit(LPM4_bits); //退出低功耗模式 LPM4
        break;
        case14: break; //Vector14: ADC12IFG4
        case16: break; //Vector16: ADC12IFG5
        case18: break; //Vector18: ADC12IFG6
        case20: break; //Vector20: ADC12IFG7
        case22: break; //Vector22: ADC12IFG8
        case24: break; //Vector24: ADC12IFG9
        case26: break; //Vector26: ADC12IFG10
        case28: break; //Vector28: ADC12IFG11
        case30: break; //Vector30: ADC12IFG12
        case32: break; //Vector32: ADC12IFG13
        case34: break; //Vector34: ADC12IFG14
        default: break;
    }
}
```

■ 实验步骤

(1)用杜邦线将P6.0引脚与J10的GND信号相连。

(2)将MSP-EXP430F5529LP开发板通过USB线缆与电脑相连。

(3)在IAR开发环境下,打开ADC_02工程,并将其下载到MSP430F5529芯片上。单击快捷命令菜单中"Download and Debug"命令,即"▶",程序下载完毕后进入调试窗口,然后再单击快捷菜单中"Go"命令,即"☷"。用户可在中断服务程序中红色字体处设置断点,在观测窗口查看转换结果值g_uiResults[ ]。

(4)将P6.0引脚交替与J10的GND和3V3信号相连,查看ADC转换结果。

例程3 单通道连续转换例程(ADC_03)

■ 实验目的

了解并熟悉MSP430F5529单片机模数转换模块ADC12_A的原理和单通道连续转换模式下的程序设计方法。

■ 实验设备

MSP-EXP430F5529LP开发板一套。

示波器一台。

■ 实验内容

本例程采用单通道连续转换模式,选择的通道为A0,参考电压选择:$V_{R+}=AV_{CC}$、$V_{R-}=AV_{SS}$,ADC12_A模块的参考时钟源选择内部默认的参考时钟ADC12OSC(5 MHz),采样结果存放在ADC12MEM0中。在主函数中,设置完ADC12_A模块参数后,MSP430单片机进入低功耗模式以降低功耗,当采样转换结束后,会自动进入ADC12_A中断服务程序,读取转换结果存入g_uiResults[ ]中。用户可在中断服务程序中设置断点,在观测窗口查看转换结果值g_uiResults[ ]。

■ 程序讲解

```
#include<msp430.h>

#defineNum_of_Results8

//设置全局变量存放AD转换值
volatileunsignedintg_uiResults[Num_of_Results];

intmain(void)
{
    WDTCTL=WDTPW+WDTHOLD; //关闭看门狗
    P6SEL|=BIT0; //设置P6.0为ADC外设功能引脚
    //启用ADC12模块,采样保持的时间为256个ADC12CLK,单通道连续转换模式
    ADC12CTL0=ADC12ON+ADC12SHT0_8+ADC12MSC;
    //设置采样定时器信号(ADC12SC,TA0.1,TB0.0-1)触发ADC采样保持
    //工作模式为单通道多次转换
    ADC12CTL1=ADC12SHP+ADC12CONSEQ_2;
    ADC12IE=ADC12IE0; //使能ADC12IFG.0标志触发ADC中断
```

```
    ADC12CTL0|=ADC12ENC; //使能转换,锁定控制寄存器控制位
    ADC12CTL0|=ADC12SC; //启动 ADC 采样转换

    __bis_SR_register(LPM4_bits+GIE); //进入低功耗模式 LPM4,使能全局中断
    __no_operation(); //空操作,调试用
}

//ADC 中断服务程序
#pragmavector=ADC12_VECTOR
__interruptvoidADC12ISR(void)
{
    staticunsignedcharindex=0;
    switch(__even_in_range(ADC12IV, 34))
    {
        case0: break; //Vector0: Nointerrupt
        case2: break; //Vector2: ADCoverflow
        case4: break; //Vector4: ADCtimingoverflow
        case6: //Vector6: ADC12IFG0
        g_uiResults[index]=ADC12MEM0; //读取转换值,自动清中断标志位 IFG
        index++; //index 计数加 1
        if(index==8) //已进行了 8 次转换
        {
            index=0; //index 清零
        }
    break;
    case8: break; //Vector8: ADC12IFG1
    case10: break; //Vector10: ADC12IFG2
    case12: break; //Vector12: ADC12IFG3
    case14: break; //Vector14: ADC12IFG4
    case16: break; //Vector16: ADC12IFG5
    case18: break; //Vector18: ADC12IFG6
    case20: break; //Vector20: ADC12IFG7
    case22: break; //Vector22: ADC12IFG8
    case24: break; //Vector24: ADC12IFG9
    case26: break; //Vector26: ADC12IFG10
    case28: break; //Vector28: ADC12IFG11
    case30: break; //Vector30: ADC12IFG12
    case32: break; //Vector32: ADC12IFG13
    case34: break; //Vector34: ADC12IFG14
    default: break;
    }
}
```

■ 实验步骤

（1）用杜邦线将 P6.0 引脚与 J10 的 GND 信号相连。

（2）将 MSP-EXP430F5529LP 开发板通过 USB 线缆与电脑相连。

（3）在 IAR 开发环境下，打开 ADC_03 工程，并将其下载到 MSP430F5529 芯片上。单击快捷命令菜单中“Download and Debug”命令，即“ ”，程序下载完毕后进入调试窗口，然后再单击快捷菜单中“Go”命令，即“ ”。用户可在中断服务程序中红色字体处设置断点，在观测窗口查看转换结果值 g_uiResults[ ]。

（4）将 P6.0 引脚交替与 J10 的 GND 和 3V3 信号相连，查看 ADC 转换结果。

例程 4 序列通道连续转换例程（ADC_04）

■ 实验目的

了解并熟悉 MSP430F5529 单片机模数转换模块 ADC12_A 的原理和序列通道连续转换模式下的程序设计方法。

■ 实验设备

MSP-EXP430F5529LP 开发板一套。

示波器一台；

■ 实验内容

本例程采用序列通道连续转换模式，选择的通道为 A0、A1、A2 和 A3，参考电压选择：$V_{R+}=AV_{CC}$、$V_{R-}=AV_{SS}$，ADC12_A 模块的参考时钟源选择内部默认的参考时钟 ADC12OSC（5 MHz），采样结果依次存放在 ADC12MEM0、ADC12MEM1、ADC12MEM2 和 ADC12MEM3 中。在主函数中，设置完 ADC12_A 模块参数后，MSP430 单片机进入低功耗模式以降低功耗，当采样转换结束后，会自动进入 ADC12_A 中断服务程序，读取采样结果存入 g_uiResults[ ]中。

■ 程序讲解

```
#include<msp430.h>
#defineNum_of_Results8

//设置全局变量存放 AD 通道序列转换值
volatileunsignedintg_uiA0results[Num_of_Results];
volatileunsignedintg_uiA1results[Num_of_Results];
volatileunsignedintg_uiA2results[Num_of_Results];
volatileunsignedintg_uiA3results[Num_of_Results];

intmain(void)
{
    WDTCTL=WDTPW+WDTHOLD; //关闭看门狗
    P6SEL=BIT0+BIT1+BIT2+BIT3; //设置 P6.0~3 为 ADC 外设功能引脚
    //启用 ADC12 模块，采样保持的时间为 256 个 ADC12CLK，避免转换结果溢出
    //多通道转换模式
    ADC12CTL0=ADC12ON+ADC12MSC+ADC12SHT0_8;
    //设置采样定时器信号(ADC12SC, TA0.1, TB0.0-1)触发 ADC 采样保持
```

```
    //工作模式为多通道连续转换
    ADC12CTL1=ADC12SHP+ADC12CONSEQ_3;
    ADC12MCTL0=ADC12INCH_0; //ref+=AVcc, channel=A0
    ADC12MCTL1=ADC12INCH_1; //ref+=AVcc, channel=A1
    ADC12MCTL2=ADC12INCH_2; //ref+=AVcc, channel=A2
    ADC12MCTL3=ADC12INCH_3+ADC12EOS; //ref+=AVcc, channel=A3,采样序列末尾通道
    ADC12IE=ADC12IE3; //使能 ADC12IFG.3 标志触发 ADC 中断
    ADC12CTL0|=ADC12ENC; //使能转换
    ADC12CTL0|=ADC12SC; //启动 ADC 采样转换--软件触发方式

    __bis_SR_register(LPM0_bits+GIE); //进入低功耗模式 LPM0,使能全局中断
    __no_operation(); //空操作,调试用
}

//ADC12 中断服务程序
#pragmavector=ADC12_VECTOR
__interruptvoidADC12ISR(void)
{
    staticunsignedintindex=0;

    switch(__even_in_range(ADC12IV,34))
    {
        case0: break; //Vector0: Nointerrupt
        case2: break; //Vector2: ADCoverflow
        case4: break; //Vector4: ADCtimingoverflow
        case6: break; //Vector6: ADC12IFG0
        case8: break; //Vector8: ADC12IFG1
        case10: break; //Vector10: ADC12IFG2
        case12: //Vector12: ADC12IFG3
        g_uiA0results[index]=ADC12MEM0; //读取序列中第 1 通道 AD 转换值,自动清除相应 IFG
        g_uiA1results[index]=ADC12MEM1; //读取序列中第 2 通道 AD 转换值,自动清除相应 IFG
        g_uiA2results[index]=ADC12MEM2; //读取序列中第 3 通道 AD 转换值,自动清除相应 IFG
        g_uiA3results[index]=ADC12MEM3; //读取序列中第 4 通道 AD 转换值,自动清除相应 IFG
        index++; //Incrementresultsindex, modulo; SetBreakpoint1here

        if(index==8)
        {
            (index=0);
        }
    break;
    case14: break; //Vector14: ADC12IFG4
    case16: break; //Vector16: ADC12IFG5
    case18: break; //Vector18: ADC12IFG6
```

```
        case20: break; //Vector20: ADC12IFG7
        case22: break; //Vector22: ADC12IFG8
        case24: break; //Vector24: ADC12IFG9
        case26: break; //Vector26: ADC12IFG10
        case28: break; //Vector28: ADC12IFG11
        case30: break; //Vector30: ADC12IFG12
        case32: break; //Vector32: ADC12IFG13
        case34: break; //Vector34: ADC12IFG14
        default: break;
        }
}
```

■ 实验步骤

(1)用杜邦线将 P6.0 引脚与 J10 的 GND 信号相连。

(2)将 MSP-EXP430F5529LP 开发板通过 USB 线缆与电脑相连。

(3)在 IAR 开发环境下,打开 ADC_04 工程,并将其下载到 MSP430F5529 芯片上。单击快捷命令菜单中“Download and Debug”命令,即“”,程序下载完毕后进入调试窗口,然后再单击快捷菜单中“Go”命令,即“”。用户可在中断服务程序中红色字体处设置断点,在观测窗口查看转换结果值 g_uiResults[ ]。

(4)将 P6.0 引脚交替与 J10 的 GND 和 3V3 信号相连,查看 ADC 转换结果。

例程 5 片内温度传感器单次转换例程(ADC_05)

■ 实验目的

了解并熟悉 MSP430F5529 单片机模数转换模块 ADC12_A 的原理和读取片内温度传感器的程序设计方法。

■ 实验内容

本例程利用 A10 通道采样内部温度传感器,将采样的数值转化为摄氏和华氏温度。参考电压选择:$V_{R+}=1.5$ V(片内参考电压产生器提供)、$V_{R-}=AV_{SS}$,ADC12_A 模块的参考时钟源选择内部默认的参考时钟 ADC12OSC(5 MHz),工作模式为单通道单次转换,采样的结果存储在 ADC12MEM0 寄存器中。

在主函数中,设置完参数、触发 ADC12_A 模块后,MSP430 单片机进入低功耗模式以降低功耗,当采样转换结束后,会自动进入 ADC12_A 中断服务程序,读取采样结果并唤醒 CPU。

■ 程序讲解

```
//温度传感器校准参数地址映射,参考芯片手册中的 TLV 表
//TemperatureSensorCalibration-30C,参考电压为 1.5V
#defineCALADC12_15V_30C *((unsignedint *)0x1A1A)
//TemperatureSensorCalibration-85C,参考电压为 1.5V
#defineCALADC12_15V_85C *((unsignedint *)0x1A1C)

unsignedintg_uiTemp;
volatilefloatg_fTemperatureDegC;
```

```
volatilefloatg_fTemperatureDegF;

intmain(void)
{
    WDTCTL=WDTPW+WDTHOLD; //关闭看门狗
    REFCTL0&=~REFMSTR; //复位 REFMSTR 控制位,将参考电压交由 ADC12_A 寄存器设置
    //ADC12ON--启用 ADC12 模块
    //ADCSHT0_8--采样保持的时间为 256 个 ADC12CLK
    //ADC12REFON--开启 ADC12 模块的参考电压产生器
    //ADC12REF2_5V(0b)--设置 ADC12 参考电压为 1.5V
    ADC12CTL0=ADC12SHT0_8+ADC12REFON+ADC12ON;
    //设置采样定时器信号(ADC12SC, TA0.1, TB0.0-1)触发 ADC 采样保持
    //工作模式为单通道单次转换
    ADC12CTL1=ADC12SHP;
    //ADC12MCTL0--ADC 转换数据存放在 ADC12MEM0
    //ADC12SREF_1--设置参考电压为(VREF+, AVss)
    //ADC12INCH_10--设置采样通道为温度传感器
    ADC12MCTL0=ADC12SREF_1+ADC12INCH_10;
    ADC12IE=0x001; //使能 ADC12IFG0 标志触发中断功能
    __delay_cycles(100); //延时等待 REF 稳定
    ADC12CTL0|=ADC12ENC; //使能转换,锁定相关寄存器控制位

    while(1)
    {
        ADC12CTL0|=ADC12SC; //启动 ADC 采样转换--软件触发方式

        __bis_SR_register(LPM4_bits+GIE); //进入低功耗模式 LPM4,使能全局中断
        __no_operation();

        //将温度传感器的转换值转换为摄氏温度值
        g_fTemperatureDegC=(float)(((long)g_uiTemp-CALADC12_15V_30C)*(85-30))/
        (CALADC12_15V_85C-CALADC12_15V_30C)+30.0f;
        //摄氏温度转换为华氏温度,Tf=(9/5)*Tc+32
        g_fTemperatureDegF=g_fTemperatureDegC*9.0f/5.0f+32.0f;

        __no_operation(); //空操作,可设置断点
    }
}

//ADC 中断服务程序
#pragmavector=ADC12_VECTOR
__interruptvoidADC12ISR(void)
{
```

```
    switch(__even_in_range(ADC12IV, 34))
    {
        case0: break; //Vector0: Nointerrupt
        case2: break; //Vector2: ADCoverflow
        case4: break; //Vector4: ADCtimingoverflow
        case6: //Vector6: ADC12IFG0
        g_uiTemp=ADC12MEM0; //读取转换值，自动清除中断标志位
        __bic_SR_register_on_exit(LPM4_bits); //退出低功耗模式 LPM4
        break;
        case8: break; //Vector8: ADC12IFG1
        case10: break; //Vector10: ADC12IFG2
        case12: break; //Vector12: ADC12IFG3
        case14: break; //Vector14: ADC12IFG4
        case16: break; //Vector16: ADC12IFG5
        case18: break; //Vector18: ADC12IFG6
        case20: break; //Vector20: ADC12IFG7
        case22: break; //Vector22: ADC12IFG8
        case24: break; //Vector24: ADC12IFG9
        case26: break; //Vector26: ADC12IFG10
        case28: break; //Vector28: ADC12IFG11
        case30: break; //Vector30: ADC12IFG12
        case32: break; //Vector32: ADC12IFG13
        case34: break; //Vector34: ADC12IFG14
        default: break;
    }
}
```

■ 实验步骤

（1）将 MSP-EXP430F5529LP 开发板通过 USB 线缆与电脑相连。

（2）在 IAR 开发环境下，打开 ADC_05 工程，并将其下载到 MSP430F5529 芯片上。单击快捷命令菜单中“Download and Debug”命令，即“”，程序下载完毕后进入调试窗口，然后再单击快捷菜单中“Go”命令，即“”。

（3）在主函数中，将断点设置在主循环的末尾语句处，即“__no_operation();”，在观测窗口查看温度变量值，如图 8.8 所示。

Watch 1

Expression	Value	Location	Type
g_fTemperatureDegC	1.8382352822E+1	Memory:0x2402	float
g_fTemperatureDegF	6.5088233944E+1	Memory:0x2406	float
<click to edit>			

图 8.8　采集的温度值

■ 程序分析与讨论

由于 MSP430 单片机内部温度传感器偏移误差较大,在实际应用中需要进行校准。本例程选择的参考电压为 1.5 V,所以要从 TLV 参数表(参看 MSP430F5529 芯片手册)中读取 85°和 30°的参数值用于校准。

问题:如果选择片内 2.5 V 为参考电压,那么程序该如何作相应修改?

例程 6 定时器触发单通道单次转换例程(ADC_06)

■ 实验目的

了解并熟悉 MSP430F5529 单片机模数转换模块 ADC12_A 的原理和定时器触发单通道单次转换模式下的程序设计方法。

■ 实验设备

MSP-EXP430F5529LP 开发板一套。

示波器一台。

■ 实验内容

本例程采用单通道单次转换模式,触发方式为定时器触发,参考电压选择:$V_{R+}=AV_{CC}$、$V_{R-}=AV_{SS}$,ADC12_A 模块的参考时钟源选择内部默认的参考时钟 ADC12OSC(5 MHz)。在主函数中,设置 TimerA0 工作时钟为 ACLK(32 768 Hz),输出 PWM 波形的周期为 15.6 ms(512/32 768),占空比为 6.25%[(512-480)/512]。在设置完 ADC12_A 模块参数后,MSP430 单片机进入低功耗模式以降低功耗,由定时器 TimerA0 输出 TA0.1 信号定时触发 ADC12_A 模块,当采样转换结束后会自动进入 ADC12_A 中断服务程序,读取采样结果,并翻转引脚 P1.1 电平。

■ 程序讲解

```
#include<msp430.h>

volatileunsignedintg_uiResults;

intmain(void)
{
    WDTCTL=WDTPW+WDTHOLD; //关闭看门狗
    //默认开启通道 A0,参考电压为(AVcc-AVss)
    //启用 ADC12 模块,设置采样保持的时间为 64 个 ADC12CLK
    ADC12CTL0=ADC12SHT0_4+ADC12ON;
    //设置工作模式为单通道单次转换,采样定时器信号(TA0.1)触发 ADC 采样保持
    ADC12CTL1=ADC12SHP+ADC12SHS_1;

    ADC12IE=ADC12IE0; //使能 ADC12IFG0 标志触发中断功能
    ADC12CTL0|=ADC12ENC; //使能转换,锁定相关寄存器控制位
    P6SEL|=BIT0; //设置 P6.0 为 ADC 外设功能引脚
    P1SEL|=BIT2; //设置 P1.2 为外设功能引脚(TA0.1)
    P1DIR|=BIT0+BIT2; //设置 P1.1-P1.2 为输出引脚
```

```
    TA0CCR0=512-1; //设置 PWM 计数周期
    TA0CCTL1=OUTMOD_3; //CCR1 为比较输出模式 3: 置位/复位
    TA0CCR1=480; //CCR1PWM 占空比的计数周期(512-480)/512
    //选择 ACLK 为 TIMER0_A 的时钟源, 加计数模式, 清 Timer0_A 计数寄存器
    //Thetimerperiodis~(512/32k)~15.6ms, CLK 与 TA0CCR0 一起决定 PWM 周期
    TA0CTL=TASSEL_1+MC_1+TACLR; //ACLK, upmode, clearTAR

    __bis_SR_register(LPM0_bits+GIE); //进入低功耗模式 LPM0, 使能全局中断
    __no_operation(); //空操作, 用于调试
}

//ADC12 模块中断服务程序
#pragmavector=ADC12_VECTOR
__interruptvoidADC12_ISR(void)
{
    switch(__even_in_range(ADC12IV, 34))
    {
        case0: break; //Vector0: Nointerrupt
        case2: break; //Vector2: ADCoverflow
        case4: break; //Vector4: ADCtimingoverflow
        case6: //Vector6: ADC12IFG0
        g_uiResults=ADC12MEM0; //读取转换值, 自动清除相应标志位
        P1OUT^=BIT0; //翻转 P1.0 电平
        ADC12CTL0|=ADC12ENC; //使能转换, 锁定相关寄存器控制位
        break;
        case8: break; //Vector8: ADC12IFG1
        case10: break; //Vector10: ADC12IFG2
        case12: break; //Vector12: ADC12IFG3
        case14: break; //Vector14: ADC12IFG4
        case16: break; //Vector16: ADC12IFG5
        case18: break; //Vector18: ADC12IFG6
        case20: break; //Vector20: ADC12IFG7
        case22: break; //Vector22: ADC12IFG8
        case24: break; //Vector24: ADC12IFG9
        case26: break; //Vector26: ADC12IFG10
        case28: break; //Vector28: ADC12IFG11
        case30: break; //Vector30: ADC12IFG12
        case32: break; //Vector32: ADC12IFG13
        case34: break; //Vector34: ADC12IFG14
        default: break;
    }
}
```

■ 实验步骤

(1)用杜邦线将 P6.0 引脚与 J10 的 GND 信号相连。

(2)将 MSP-EXP430F5529LP 开发板通过 USB 线缆与电脑相连。

(3)在 IAR 开发环境下,打开 ADC_06 工程,并将其下载到 MSP430F5529 芯片上。单击快捷命令菜单中“Download and Debug”命令,即“ ”,程序下载完毕后进入调试窗口,然后再单击快捷菜单中“Go”命令,即“ ”。用户可以在中断服务程序中红色字体处设置断点,查看相关转换结果与现象。

(4)用示波器测量引脚 P1.1 和 P1.2 定时器 TimerA0 输出的 PWM 信号,如图 8.9 所示。

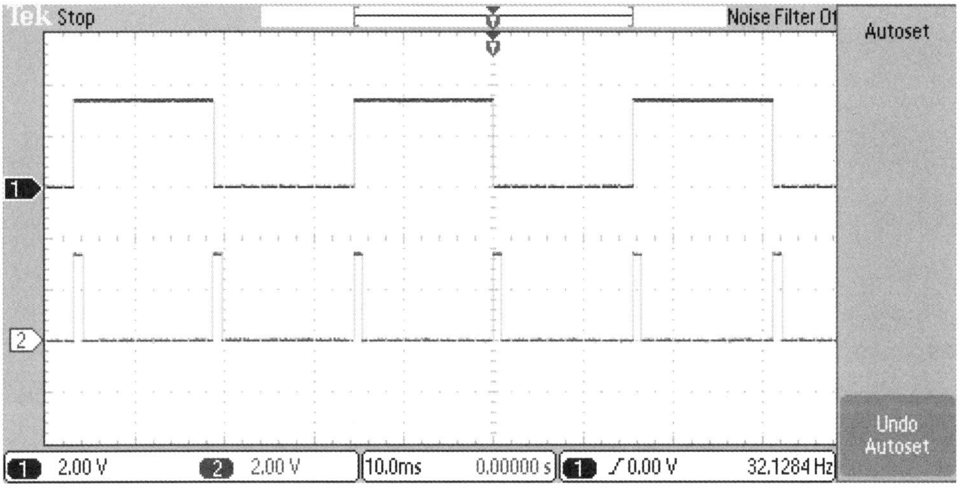

图 8.9 P1.1 和 P1.2 引脚输出信号

(5)将 P6.0 引脚交替与 J10 的 GND 和 3V3 信号相连,查看 ADC 转换结果。

■ 程序讨论与分析

TimerA0 输出 PWM 波形的频率决定了 ADC12_A 的采样转换频率,在实际应用中,用户需要根据系统需要确定 ADC 的采样频率,这里设置的频率仅供参考。另外,每次转换完毕后,必须在下次触发信号到来之前再次置位 ADC12ENC 控制位才能正常进行下次采样转换。

问题:在序列通道单次转换模式下用定时器触发 ADC12_A 进行模数转换,程序该如何设计?

例程 7 定时器触发单通道连续转换例程(ADC_07)

■ 实验目的

了解并熟悉 MSP430F5529 单片机模数转换模块 ADC12_A 的原理和定时器触发单通道连续转换模式下的程序设计方法。

■ 实验设备

MSP-EXP430F5529LP 开发板一套。

示波器一台。

■ 实验内容

本例程采用单通道连续转换模式，触发方式为定时器触发，参考电压选择：$V_{R+}=AV_{CC}$、$V_{R-}=AV_{SS}$，ADC12_A 模块的参考时钟源选择内部默认的参考时钟 ADC12OSC（5 MHz）。在主函数中，设置定时器 TimerA0 工作时钟为 ACLK（32 768 Hz），输出 PWM 波形的周期为 15.6 ms（512/32 768），占空比为 6.25%[（512−480）/512]。在设置完 ADC12_A 模块参数后，MSP430 单片机进入低功耗模式以降低功耗，由定时器 TimerA0 输出 TA0.1 信号定时触发 ADC12_A 模块。当采样转换结束后会自动进入 ADC12_A 中断服务程序，读取采样结果，并翻转 P1.0 引脚信号；当完成连续 8 次模数转换后，翻转 P4.7 引脚信号并停止转换，等待下次触发信号的到来。

■ 程序讲解

```
#include<msp430.h>

#defineNum_of_Results8

//设置全局变量存放 AD 转换值
volatileunsignedintg_uiResults[Num_of_Results];

intmain(void)
{
    WDTCTL=WDTPW+WDTHOLD; //关闭看门狗
    //默认开启通道 A0, 参考电压为(AVcc-AVss)
    //启用 ADC12 模块, 设置采样保持的时间为 64 个 ADC12CLK
    ADC12CTL0=ADC12SHT0_4+ADC12ON+ADC12MSC;
    //设置工作模式为单通道多次转换, 采样定时器信号(TA0.1)触发 ADC 采样保持
    ADC12CTL1=ADC12SHP+ADC12SHS_1+ADC12CONSEQ_2;

    ADC12IE=0x01; //使能 ADC12IFG0 标志触发中断功能
    ADC12CTL0|=ADC12ENC; //使能转换, 锁定相关寄存器控制位
    P6SEL|=BIT0; //设置 P6.0 为 ADC 外设功能引脚
    P1SEL|=BIT2; //设置 P1.2 为外设功能引脚(TA0.1)
    P1DIR|=BIT2; //设置 P1.2 为输出引脚

    P1DIR|=BIT0; //设置 P1.0 为输出引脚, 用于点灯
    P4DIR|=BIT7; //设置 P4.7 为输出引脚, 用于点灯

    TA0CCR0=512-1; //设置 PWM 计数周期
    TA0CCTL1=OUTMOD_3; //CCR1 为比较输出模式 3: 置位/复位
    TA0CCR1=480; //CCR1PWM 占空比的计数周期(512-480)/512
    //选择 ACLK 为 TIMER0_A 的时钟源, 加计数模式, 清 Timer0_A 计数寄存器
    //Thetimerperiodis~(512/32k)~15.6ms, CLK 与 TA0CCR0 一起决定 PWM 周期
    TA0CTL=TASSEL_1+MC_1+TACLR; //ACLK, upmode, clearTAR

    __bis_SR_register(LPM0_bits+GIE); //进入低功耗模式 LPM0, 使能全局中断
    __no_operation(); //空操作, 用于调试
```

```
    //__bis_SR_register(GIE); //进入低功耗模式 LPM0,使能全局中断
    //while(1);
}

//ADC12 模块中断服务程序
#pragmavector=ADC12_VECTOR
__interruptvoidADC12_ISR(void)
{
    staticunsignedcharindex=0;
    switch(__even_in_range(ADC12IV,34))
    {
        case0: break; //Vector0: Nointerrupt
        case2: break; //Vector2: ADCoverflow
        case4: break; //Vector4: ADCtimingoverflow
        case6: //Vector6: ADC12IFG0
        g_uiResults[index]=ADC12MEM0; //读 AD 转换值,自动清中断标志 IFG
        index++; //index 计数加 1
        P1OUT^=BIT0; //翻转 P1.0 输出电平
        if(index==8)
        {
            index=0;
            ADC12CTL0&=~ADC12ENC; //停止转换
            P4OUT^=BIT7; //翻转 P4.7 输出电平
        }
    ADC12CTL0|=ADC12ENC; //使能转换,等待定时器触发 ADC
    break;
    case8: break; //Vector8: ADC12IFG1
    case10: break; //Vector10: ADC12IFG2
    case12: break; //Vector12: ADC12IFG3
    case14: break; //Vector14: ADC12IFG4
    case16: break; //Vector16: ADC12IFG5
    case18: break; //Vector18: ADC12IFG6
    case20: break; //Vector20: ADC12IFG7
    case22: break; //Vector22: ADC12IFG8
    case24: break; //Vector24: ADC12IFG9
    case26: break; //Vector26: ADC12IFG10
    case28: break; //Vector28: ADC12IFG11
    case30: break; //Vector30: ADC12IFG12
    case32: break; //Vector32: ADC12IFG13
    case34: break; //Vector34: ADC12IFG14
    default: break;
    }
}
```

■ 实验步骤

(1)用杜邦线将 P6.0 引脚与 J10 的 GND 信号相连。

(2)将 MSP-EXP430F5529LP 开发板通过 USB 线缆与电脑相连。

(3)在 IAR 开发环境下,打开 ADC_07 工程,并将其下载到 MSP430F5529 芯片上。单击快捷命令菜单中"Download and Debug"命令,即"",程序下载完毕后进入调试窗口,然后再单击快捷菜单中"Go"命令,即""。用户可在中断服务程序中的红色字体处设置断点,查看转换结果与实验现象。

(4)用示波器测量引脚 P1.1 和 P1.3 信号,如图 8.10 所示。

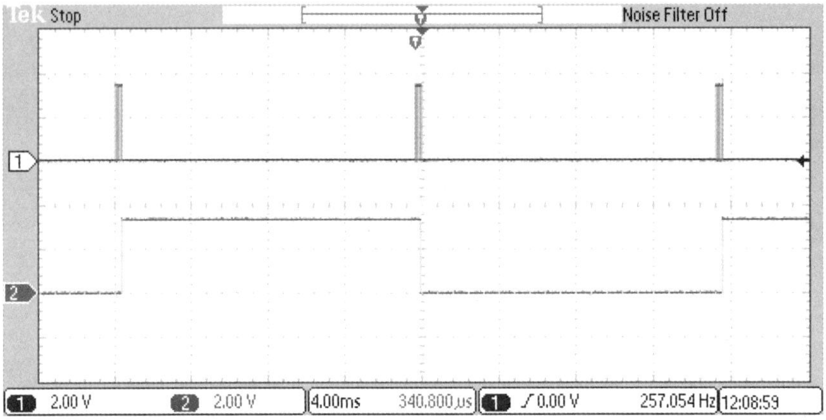

图 8.10 P1.1 和 P1.3 引脚输出信号

(5)将 P6.0 引脚交替与 J10 的 GND 和 3V3 信号相连,查看 ADC 转换结果。

可以将示波器的时间刻度缩小,查看 P1.1 引脚的波形细节,如图 8.11 所示,从图可以看出 ADC12_A 模块是连续采样转换了 8 次,然后再结束转换,等待下次触发信号的到来。

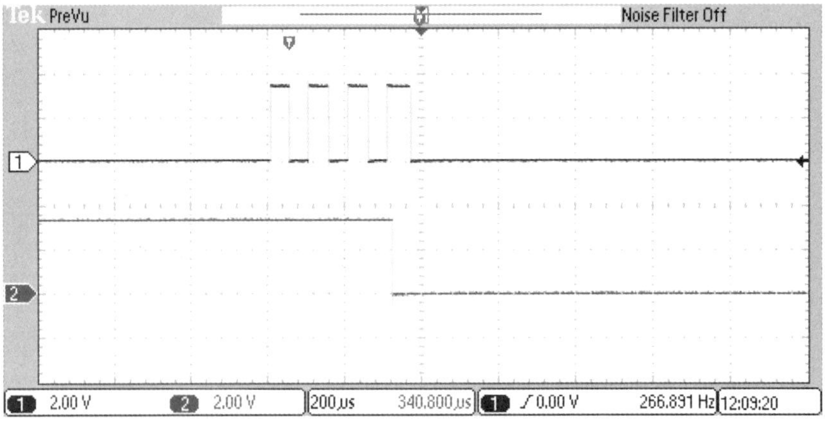

图 8.11 P1.1 引脚输出信号细节

■ 程序讨论与分析

这种由定时器触发单通道连续转换模式在实际应用中非常有用,用户可以在无须人为干预情况下得到连续采样和转换后的数值,只要将其进行滤波处理即可进行后续相关的信号处理。

问题:在序列通道连续转换模式下用定时器(TA0.1/TB0.0/TB0.1)触发 ADC12_A 进行模数转换,程序该如何设计?

任务8.4 比 较 器 B

8.4.1 比较器B简介

比较器B模块的主要特点如下:

(1)同相、反相输入端与多路复用器相连,支持多路信号输入功能;

(2)支持软件可编程 RC 滤波器的比较器输出功能;

(3)比较器输出可内部连接到定时器 Timer_A 捕获信号输入端;

(4)可由软件控制端口输入缓冲区;

(5)中断能力;

(6)可选的参考电压发生器,且可产生滞回参考电压;

(7)可选择片内共享的基准电压源作参考电压;

(8)具有超低功耗能力;

(9)在低功耗模式下,支持比较器中断驱动测量系统。

1. 比较器B的基本组成

比较器B的组成框图如图8.12所示。

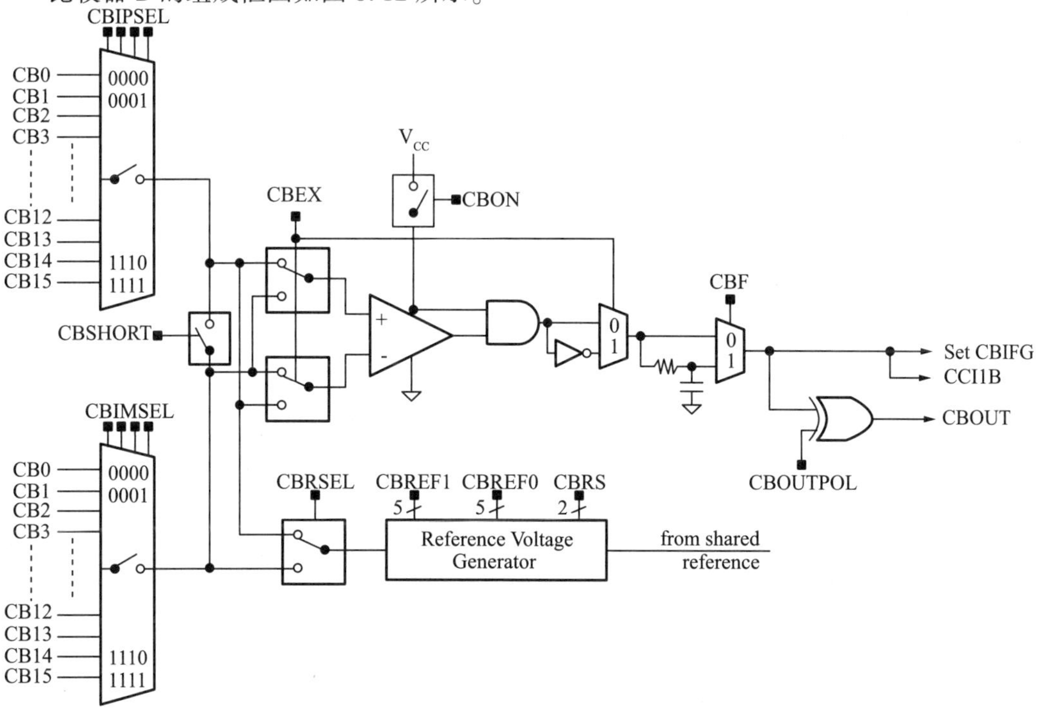

图8.12 比较器B的组成框图

由图可知，比较器 B 由 16 个输入通道、模拟电压比较器、参考电压发生器、输出滤波器和一些控制逻辑单元组成。比较器 B 主要用来比较“+”输入端和“-”输入端的模拟电压大小，然后设置输出信号 CBOUT 的值。如果“+”输入端的电压高于“-”输入端，则输出信号 CBOUT 置高，否则置低。通过控制寄存器 CBCTL1 中的 CBON 控制位可控制比较器 B 的开启和关闭，当 CBON=1 时，开启比较器 B，当 CBON=0 时，关闭比较器 B。当不使用比较器时，应该将其关闭，以减少电流的消耗。当比较器 B 关闭时，CBOUT 信号为低。

2. 模拟输入开关

模拟输入开关电路通过控制寄存器 CBCTL0 中的 CBIPSEL、CBIMSEL 控制位来控制 16 个输入通道模拟信号的输入，每个通道相对独立，都可以引入比较器 B 的“+”输入端或“-”输入端。另外，通过控制寄存器 CBCTL1 中的 CBSHORT 控制位可以将比较器 B 的模拟输入短路，通过控制寄存器 CBCTL1 中的 CBEX 控制位和控制寄存器 CBCTL2 中的 CBRSEL 控制位相配合可将内部基准电压生成器产生的参考电压引接到比较器 B 的输入端。通过相关的寄存器配置，比较器 B 可实现如下的模拟电压比较：

- 两个外部输入电压信号的比较；
- 每个外部输入电压信号与内部基准电压的比较。

3. 参考电压生成器

比较器 B 参考电压生成器结构框图如图 8.13 所示（这里的 1.2 V 仅作示例）。

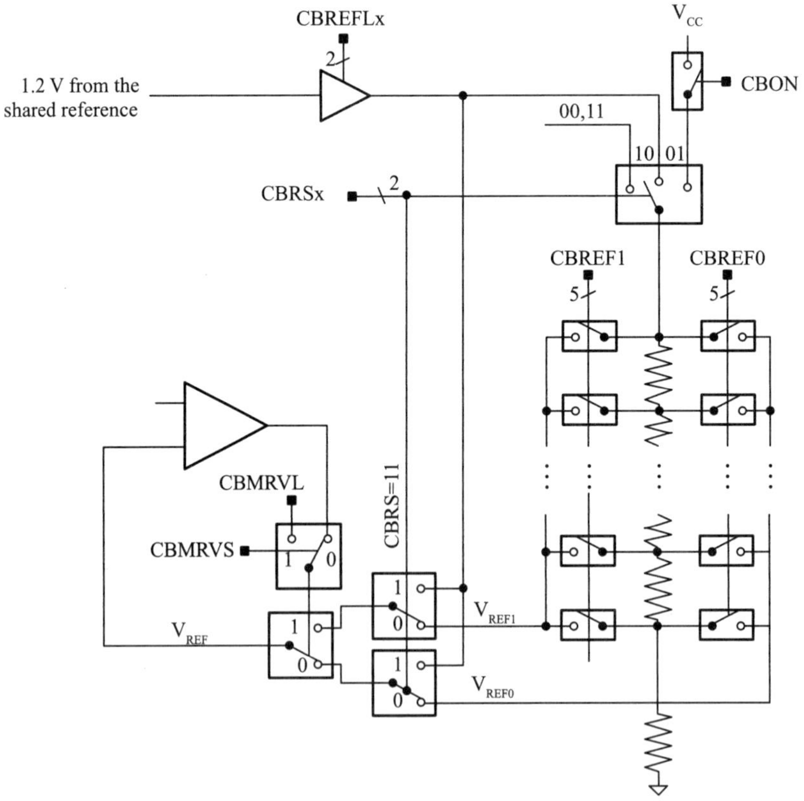

图 8.13　比较器 B 参考电压生成器结构框图

由图可知,参考电压生成器是通过接入梯形电阻电路与内部共享基准电压来实现生成不同参考电压 V_{REF} 的目的。控制寄存器 CBCTL2 中的 CBRSx 控制位可选择参考电压来源。当 CBRSx 为 00b 时,无内部参考电压;当 CBRSx 为 11b 时,选择内部共享基准电压(0 V、1.5 V、2.0 V 或 2.5 V)作为参考电压,由控制寄存器 CBCTL2 中的 CBREFLx 控制位来选择共享基准电压源的电压;当 CBRSx 为 01b 或 10b 时,设置参考电压来自内部梯形电阻网络,此时梯形电阻网络的供电电源来自 V_{CC} 或内部共享基准电压。当参考电压源来自内部梯形电阻网络时,控制寄存器 CBCTL2 中的 CBREF0 和 CBREF1 控制位分别控制 V_{REF0} 和 V_{REF1} 对电阻网络供电电源的分压倍数,由于控制位为 5 位,所以分压倍数可为 1/32,2/32,3/32,…,32/32。

控制寄存器 CBCTL1 中的 CBMRVS 控制位可实现对 V_{REF} 来源控制位的控制。当 CBMRVS 为 0 时,选择 CBOUT 来控制 V_{REF} 来源;当 CBOUT 为 0 时,选择 V_{REF0} 作为参考电压 V_{REF};当 CBOUT 为 1 时,选择 V_{REF1} 作为参考电压 V_{REF},这种工作模式可实现电压滞回比较功能。当 CBMRVS 为 1 时,则由 CBMRVL 控制位来控制 V_{REF} 来源;当 CBMRVL 为 0 时,选择 V_{REF0} 作为参考电压 V_{REF};当 CBMRVL 为 1 时,选择 V_{REF1} 作为参考电压 V_{REF}。

4. 比较器 B 中断

比较器 B 模块拥有一个中断标志位 CBIFG/CBIIFG 和一个中断向量 CBIV。通过控制寄存器 CBCTL1 中的 CBIES 控制位可以在比较器输出信号的上升沿或下降沿置中断标志位。如果 CBIE 和 GIE 均被置位,那么 CBIFG/CBIIFG 标志信号将产生中断请求。

需要注意的是,即使比较器 B 模块处于关闭状态,修改 CBIES 控制位也可能置位中断标志位 CBIFG/CBIIFG,所以在设置好比较器 B 模块的寄存器参数之后、开启该模块之前须清中断标志位 CBIFG/CBIIFG。

8.4.2 比较器 B 模块的应用

1. 利用比较器 B 实现电阻测量

利用比较器 B 模块可以测量电阻的阻值,其原理如图 8.14 所示。被测电阻 R_{meas} 和一个标准参考电阻 R_{ref} 分别连接到比较器 B 的两个输入通道,被测电阻可以是固定的,也可以是变化的,如温控电阻等。被测电阻和标准参考电阻的另一端连接一个固定电容,并接入比较器 B 的"+"输入端。在比较器的"-"输入端接入内部 0.25V_{CC} 的参考电压(也可以设置为其他参考电压),比较器 B 的输出连接 Timer_A。

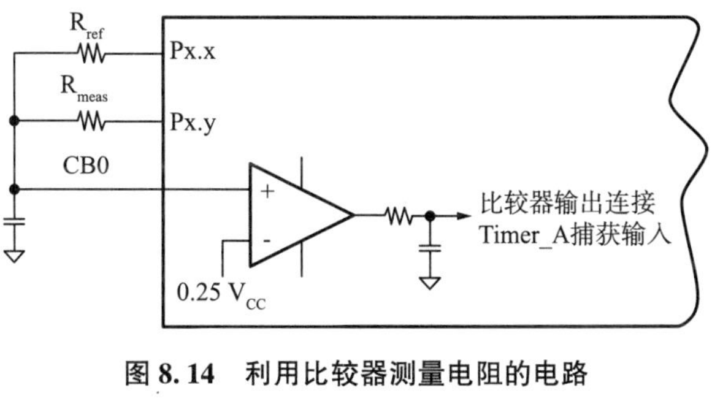

图 8.14 利用比较器测量电阻的电路

对被测电阻 R_{meas} 的测量步骤如下：

(1)将 Px.x 引脚拉高，通过标准电阻 R_{ref} 对电容进行充电；

(2)将 Px.x 引脚拉低，通过标准电阻 R_{ref} 对电容进行放电；

(3)再将 Px.x 引脚拉高，通过标准电阻 R_{ref} 对电容进行充电；

(4)通过控制寄存器 CBCTL3 中相应的 CBPDx 控制位将 Px.x 引脚设为高阻态，然后将 Px.y 引脚拉低，通过被测电阻 R_{meas} 对电容进行放电。

将比较器 B 的输出接入 Timer_A 的捕获输入脚 CCI1B，并触发捕获单元，由 Timer_A 分别测量标准电阻 V_{ref} 和被测电阻 V_{meas} 的放电时间，这里用捕获的计数值 N_{ref} 和 N_{meas} 表征。电容的充电、放电过程如图 8.15 所示。

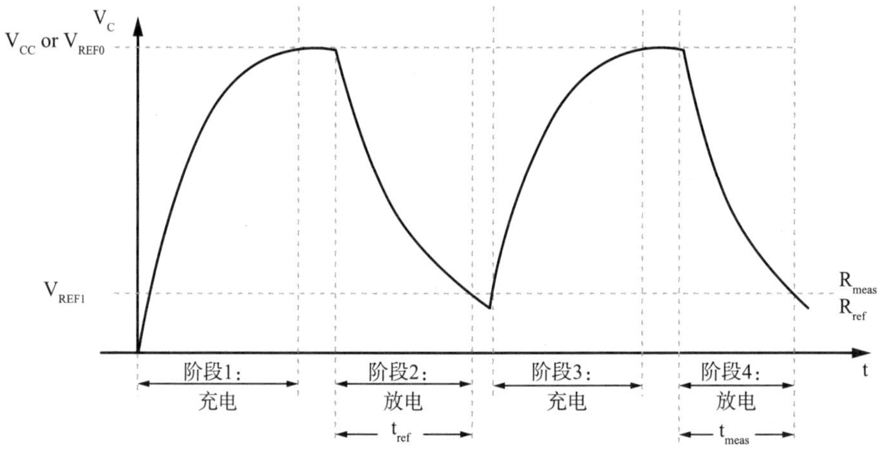

图 8.15 电容充放电示意图

2. 利用比较器 B 实现电容触摸按键

在基于比较器 B 测量电阻的过程中，利用了一阶 RC 电阻放电时间与电路参数之间的关系得到了被测电阻与标准电阻之间的关系公式。同样，一阶 RC 电路中，如果电阻参数不变，利用电路充电、放电时间的变化也可测量出前后电容的变化情况。由于人体具有一定电容，我们可以利用人体(手指)触摸电路板前后的电容变化来判断是否有按键触摸事件发生，这就是电容触摸按键的基本原理。要在电路板上实现一个电容触摸按键，首先需要在 PCB 板上利用铜箔绘制一个电容器，该电容称为基本电容。触摸按键的结构如图 8.16 所示，中间的圆形区域与手指大小相仿，其与周围参考地的绝缘距离约为其直径的 1/20，通过合理地设置铜箔的厚度与周围参考地的密度就可以实现一个 10 pF 左右的基本电容。

当导电外物(如图 8.17 中的手指)靠近触摸按键时，就会产生一个感应电容叠加在基本电容上，如图 8.17 所示，这样也就改变了电路的电容参数，通过监测电容的变化量，我们就可以判定是否有触摸事件发生。

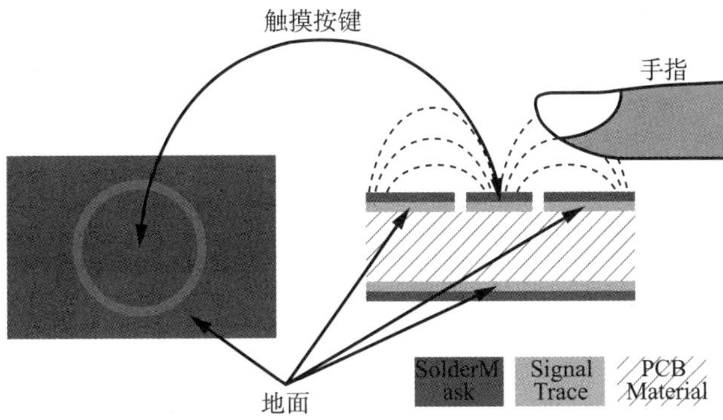

图 8.16 触摸按键结构图

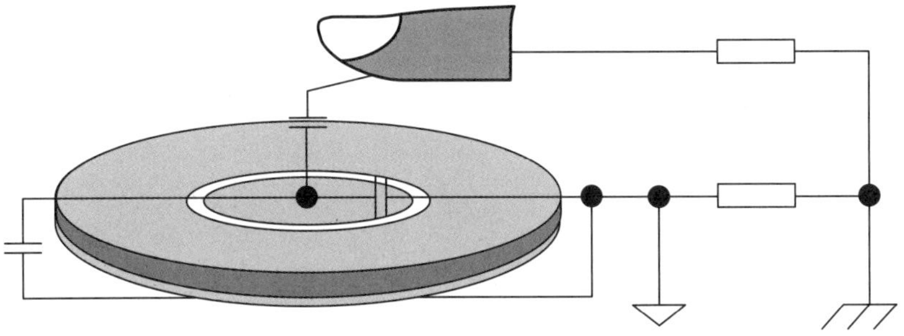

图 8.17 手指接触按键时的电容变化示意图

根据 MSP430 单片机片内硬件资源的不同,电容触摸按键的实现方式可分为三大类,分别是 RC 型触摸按键、RO 型触摸按键和 fRO 型触摸按键。RC 型触摸按键是通过在单片机 P1 或 P2 端口上接一个较大的电阻(5.1 MΩ 左右)构成一个 RC 一阶电路,然后测量电容的放电(和充电)时间来确定电容变化情况,从而确定是否有触摸事件发生。该型按键可在所有 MSP430 单片机上实现,无特殊要求。RO 型触摸按键实现方式又可分为三种:一是通过比较器(COMP_A/COMP_B)构成张弛振荡器,通过测量张弛振荡器的频率变化情况来确定是否有触摸事件发生,如在 F4xx、F5xx 系列单片机上均可实现此类触摸按键;二是通过带有 Pinosc 特性的引脚构成张弛振荡器来实现触摸按键,如在低功耗、高性价比的 G2xx 系列单片机上可实现此类触摸按键;三是通过专门的电容触摸 IO 端口来构成张弛振荡器,如在 FR2xx、FR4xx 和 FR5xx 等系列单片机上均有此类 IO 端口。fRO 型触摸按键与 RO 型触摸按键的硬件实现方式是完全相同的,不同的是 fRO 型触摸按键的算法是用高速计数器对张弛振荡器的时钟周期进行测量,而非在一个固定的测量周期内计数张弛振荡器的时钟个数。这三类触摸型按键对比可知,RC 型触摸按键具有较高的按键扫描速度,RO 型触摸按键的灵敏度较高,而 fRO 型触摸按键在按键扫描速度和灵敏度之间取得了较好的平衡。

在 MSP430F55xx 系列单片机中,片内集成了 COMP_B 比较器,该比较器内部自带梯形电阻网络,可提供较高精度的基准电压源,这样就无须通过外接电阻网络为比较器提供基准电压(注:COMP_A 比较器内部没有梯形电阻网络,需要外接电阻网络提供基准电压)。基于 COMP_B 比较器构成的张弛振荡器的电容测量如图 8.18 所示,图中左侧两个圆形区域代表触摸按键的基本电容,它们通过 100 kΩ 的电阻连接到比较器的输出端 CBOUT,比较器输出信号 CBOUT 控制参考基准电压的大小,并将其连接到比较器的“+”输入端,触摸按键信号通过多路选择器连接到比较器的“-”输入端,这样就构成一个张弛振荡器。

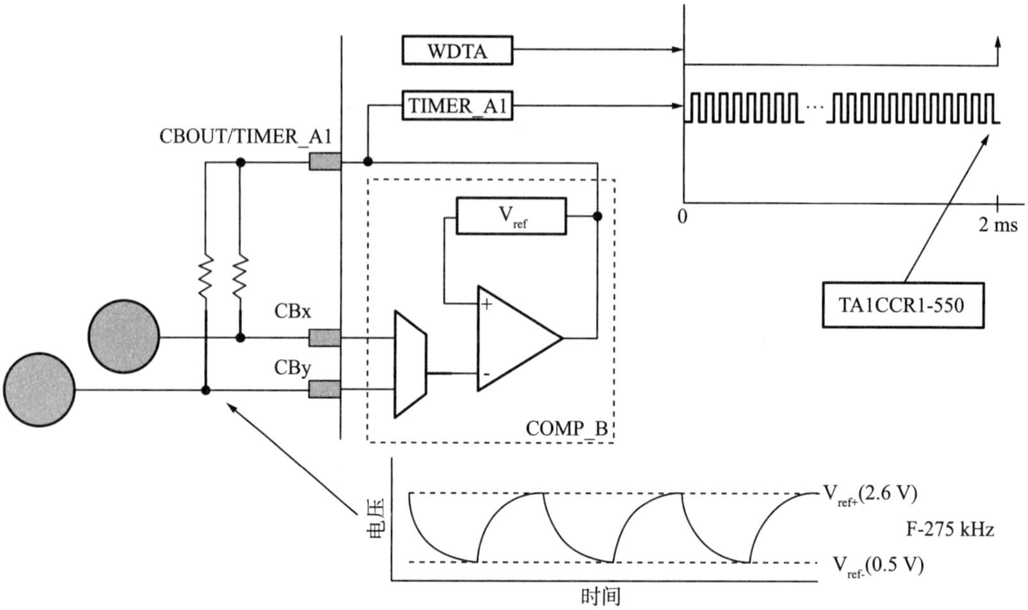

图 8.18 基于张弛振荡器的电容测量

假设初始状态时 CBOUT 为高电平,则选择 V_{ref+} 为参考基准电压,CBOUT 高电平通过电阻给触摸按键的基本电容进行充电,当电容两端电压超过 V_{ref+} 时,COMP_B 输出低电平,这时选择 V_{ref-} 为参考基准电压,基准电容通过电阻进行放电;当电容两端电压低于 V_{ref-} 时,COMP_B 输出高电平,选择 V_{ref+} 为参考基准电压,这样周而复始就使得电路振荡起来,CBOUT 输出一个稳定的时钟脉冲。当有触摸事件发生时,电路中的电容就发生变化,从而使得张弛振荡器的振荡频率发生变化。我们只要测得其振荡频率变化超过一定的阈值,就可以判定有触摸事件发生。

设充电时间为 t_1,放电时间为 t_2,COMP_B 的供电电压为 V_{CC},根据一阶 RC 电路的暂态响应的基本原理可知,充电阈值电压(即 V_{ref+})对应公式如下:

$$V_{ref+}=V_{ref-}e^{-\frac{t_1}{RC}}+V_{CC}(1-e^{-\frac{t_1}{RC}})$$

放电阈值电压(即 V_{ref-})对应公式如下:

$$V_{ref-}=V_{ref+}e^{-\frac{t_2}{RC}}$$

则张弛振荡器的振荡频率为:

$$f_{OSC}=\frac{1}{t_1+t_2}$$

如果电源电压为 3.3 V,参考基准电压分别为 2.6 V 和 0.5 V,则代入上述公式可得基本电容对应的振荡频率为 330 kHz。考虑到 CPU 执行指令的延时、比较器响应速度等问题,实际的振荡频率会比理论值略小。

将比较器输出信号 CBOUT 内部连接到 Timer1_A 的时钟输入端，然后通过看门狗定时器模块设置一个测量时间窗口，在该时间窗口的开始与结束处触发 Timer1_A 捕获其计数值，这样就可以根据计数值的变化来判定振荡电路的频率是否改变，即可判定是否有触摸事件发生。张弛振荡器振荡频率测量原理如图 8.19 所示。

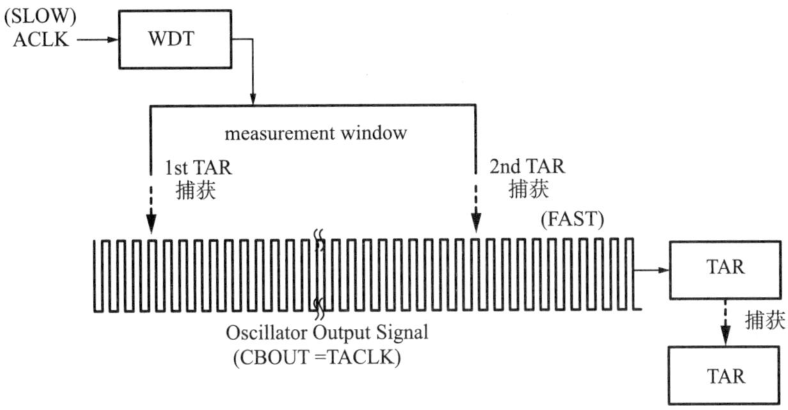

图 8.19 张弛振荡器振荡频率测量原理

由于触摸按键的基本电容容值会随着周围温度、湿度与工作环境等因素的变化而变化，所以在 RO 型触摸按键的实际应用中精确地跟踪基本电容的变化是使触摸按键具有强鲁棒性的关键之一。RO 型触摸按键的基本电容跟踪算法如图 8.20 所示，图中 $Delta_i$ 表示基本电容条件下的定时器捕获的计数值($base_i$)与测量时计数值($meas_i$)的差值。当发现基本电容的容值变小时，即 $Delta_i<0$ 时，则可能是环境参数如温度、湿度变化等原因造成的；当 $Delta_i<Threshold$ 时，则可能是触摸按键周围导电物体导致的，此时应使 $base_i$ 缓慢变小。

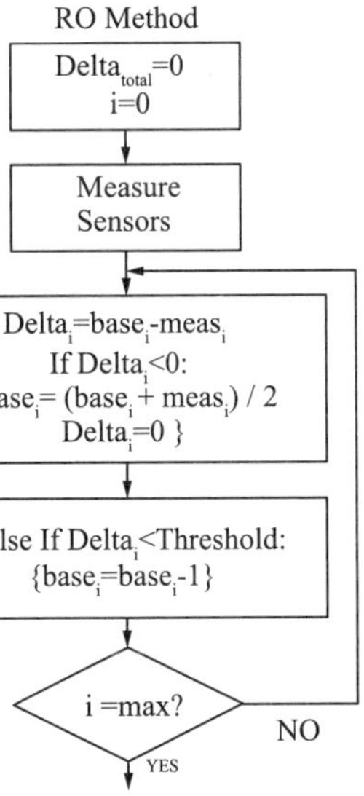

图 8.20 RO 型触摸按键的基本电容跟踪算法

在触摸按键的实际应用中，程序设计的算法要比上述复杂得多，但其基本思想是相同的。

任务 8.5 比较器 B 的应用

例程 8 简单电压比较例程(COMP_B_01)

■ 实验目的

了解并熟悉 MSP430F5529 单片机片内 COMP_B 的原理和单通道电压比较器的程序设计方法。

■ 实验设备

MSP430F5529-EVM 开发板一套。

MSP-FET430UIF 仿真器一套。

示波器一台。

■ 实验内容

本例程实现一个单通道电压比较器,外部输入电压接到 CB0 输入通道且连接到比较器的"+"输入端,参考基准电压选择片内 2.0 V 参考电压且输入到比较器的"-"输入端。当输入电压超过参考基准电压时,比较器输出高电平,点亮用户指示灯;当输入电压低于参考基准电压时,比较器输出低电平,熄灭用户指示灯。

■ 程序讲解

```
#include <msp430.h>
int main(void)
{
    WDTCTL = WDTPW + //关闭看门狗
    WDTHOLD; P1DIR |= BIT6; //设置 P1.6 引脚为输出
    P1SEL |= BIT6; //设置 P1.6 为外设功能引脚, 即 CBOUT

    //设置比较器模块 ComparatorB CBCTL0 |= CBIPEN + CBIPSEL_0; CBCTL1 |= CBPWRMD_ 1;
    //外部信号引至比较器 V+端, 选择 CB0 输入通道 //正常工作模式

    CBCTL2 |= CBRSEL; //VREF接到比较器的 V-端
    //CBRS_3--不启用梯形电阻网络, 参考电压来自片内共享基准电压(1.5V, 2.0V 或 2.5V) //
CBREFL_2--选择共享基准电压中 2.0V 为比较器参考电压
    CBCTL2 |= CBRS_3 + CBREFL_2; CBCTL3 |= BIT0; //关闭 P6.0/CB0 引脚对应的输入缓冲器
    CBCTL1 |= CBON; //开启比较器模块
    __delay_cycles(75); //延时 75 个时钟周期, 等待参考电压稳定
    __bis_SR_register(LPM4_bits); //进入低功耗模式 LPM4
    __no_operation(); //空操作, 调试用
}
```

■ 实验步骤

(1) 将 MSP-FET430UIF 仿真器连接到 MSP430F5529-EVM 开发板的 JTAG 接口(J14),并将仿真器的另一端连接笔记本电脑/PC 机。

(2)给开发板上电。

(3)在 IAR 开发环境下,打开 COMP_B_01 工程,并将其下载到 MSP430F5529 芯片上。单击快捷命令菜单中“Download and Debug”命令,即“”,程序下载完毕后进入调试窗口,然后再单击快捷菜单中“Go”命令,即“”。

(4)旋转齿轮电位计改变 CB0 通道输入电压,查看用户指示灯(LED2)变化情况。

例程 9 CBOUT 触发中断例程(COMP_B_02)

■ 实验目的

了解并熟悉 MSP430F5529 单片机片内 COMP_B 的原理和电压比较器输出 CBOUT 触发中断的程序设计方法。

■ 实验设备

MSP430F5529-EVM 开发板一套。

MSP-FET430UIF 仿真器一套。

示波器一台。

■ 实验内容

本例程实现一个单通道电压比较器,外部输入电压接到 CB0 输入通道且连接到比较器的“+”输入端,参考基准电压选择片内 1.5 V 参考电压且输入到比较器的“-”输入端。使能比较器输出边沿触发中断功能,在中断服务程序中翻转用户指示灯。

■ 程序讲解

```
#include <msp430.h>
int main(void)
{
    WDTCTL = WDTPW + WDTHOLD; //关闭看门狗
    P3DIR |= BIT5; //设置 P3.5 引脚为输出
    //设置比较器模块 ComparatorB
    CBCTL0 |= CBIPEN + CBIPSEL_0; //外部信号引至比较器 V+端,选择 CB0 输入通道
    CBCTL1 |= CBPWRMD_1; //正常工作模式
    CBCTL2 |= CBRSEL; //VREF 接到比较器的 V-端
    //CBRS_3--不启用梯形电阻网络,参考电压来自片内共享基准电压(1.5V,2.0V 或 2.5V)
    //CBREFL_1--选择共享基准电压中 1.5V 为比较器参考电压
    CBCTL2 |= CBRS_3 + CBREFL_1;
    CBCTL3 |= BIT0; //关闭 P6.0/CB0 引脚对应的输入缓冲器
    __delay_cycles(75); //延时 75 个时钟周期,等待参考电压稳定
    CBINT &= ~(CBIFG + CBIIFG); //清除比较器中断标志位
    CBINT |= CBIE; //使能比较器中断,且 CBOUT 信号的上升沿触发中断(CBIES=0)
    CBCTL1 |= CBON; //开启比较器模块
    __bis_SR_register(LPM4_bits + GIE); //进入低功耗模式 LPM4,且使能全局中断
    __no_operation(); //空操作,调试用
}
// Comp_B ISR - LED Toggle
#pragma vector = COMP_B_VECTOR
__interrupt void Comp_B_ISR (void)
```

```
{
    CBCTL1 ^= CBIES; //交换中断的边沿触发模式
    CBINT &= ~CBIFG; //清除 CB 中断标志
    P3OUT ^= BIT5; //翻转 P3.5
}
```

■ 实验步骤

(1)将 MSP-FET430UIF 仿真器连接到 MSP430F5529-EVM 开发板的 JTAG 接口(J14),并将仿真器的另一端连接笔记本电脑/PC 机。

(2)给开发板上电。

(3)在 IAR 开发环境下,打开 COMP_B_02 工程,并将其下载到 MSP430F5529 芯片上。单击快捷命令菜单中“Download and Debug”命令,即“”,程序下载完毕后进入调试窗口,然后再单击快捷菜单中“Go”命令,即“”。

(4)旋转齿轮电位计改变 CB0 通道输入电压,查看用户指示灯(LED1、LED2)变化情况。

例程 10 由 CBMRVL 选择参考电压的例程(COMP_B_03)

■ 实验目的

了解并熟悉 MSP430F5529 单片机片内 COMP_B 的原理和由 CBMRVS 选择参考基准电压的程序设计方法。

■ 实验设备

MSP430F5529-EVM 开发板一套。

MSP-FET430UIF 仿真器一套。

示波器一台。

■ 实验内容

本例程实现一个单通道电压比较器,外部输入电压接到 CB0 输入通道且连接到比较器的“+”输入端,参考基准电压由 CBMRVL 选择 V_{REF0} 或 V_{REF1},它们由片内电阻网络产生,且输入到比较器的“-”输入端。由比较器输出信号 CBOUT 控制用户指示灯。

■ 程序讲解

```
#include <msp430.h>
int main(void)
{
    WDTCTL = WDTPW + //关闭看门狗
    WDTHOLD; P1DIR |= BIT6; //设置 P1.6 引脚为输出
    P1SEL |= BIT6; //设置 P1.6 为外设功能引脚, 即 CBOUT
    //设置比较器模块 ComparatorB
    CBCTL0 |= CBIPEN + CBIPSEL_0; //外部信号引至比较器 V+端, 选择 CB0 输入通道
    //CBMRVS-- 由 CBMRVL 选择 VREF0 或 VREF1, CBMRVL 为 0, 选择 VREF0 为比较器的参考电压
CBCTL1 |= CBMRVS;
    CBCTL1 |= CBPWRMD_2; //超低功耗模式
    CBCTL2 |= CBRSEL; //VREF 接到比较器的 V-端
    //CBRS_ 1--选择 VCC 作为梯形电阻网络的参考电压来源
```

```
    //VREF0的电压设为 VCC的 1/2(实际应该是 17/32, 核实一下)
    CBCTL2 |= CBRS_1 + CBREF04;
    CBCTL3 |= BIT0; //关闭 P6.0/CB0 引脚对应的输入缓冲器
    CBCTL1 |= CBON; //开启比较器模块
    __delay_cycles(75); //延时 75 个时钟周期, 等待参考电压稳定

    __bis_SR_register(LPM4_bits); //进入低功耗模式 LPM4
    __no_operation(); //空操作, 调试用
}
```

■ 实验步骤

(1)将 MSP-FET430UIF 仿真器连接到 MSP430F5529-EVM 开发板的 JTAG 接口(J14),并将仿真器的另一端连接笔记本电脑/PC 机。

(2)给开发板上电。

(3)在 IAR 开发环境下,打开 COMP_B_03 工程,并将其下载到 MSP430F5529 芯片上。单击快捷命令菜单中“Download and Debug”命令,即“ ”,程序下载完毕后进入调试窗口,然后再单击快捷菜单中“Go”命令,即“ ”。

(4)旋转齿轮电位计改变 CB0 通道输入电压,查看用户指示灯(LED2)变化情况。

例程 11 滞回比较器例程(COMP_B_04)

■ 实验目的

了解并熟悉 MSP430F5529 单片机片内 COMP_B 的原理和由 CBOUT 选择参考基准电压构成滞回比较器的程序设计方法。

■ 实验设备

MSP430F5529-EVM 开发板一套。

MSP-FET430UIF 仿真器一套。

示波器一台。

■ 实验内容

本例程实现一个单通道电压比较器,外部输入电压接到 CB0 输入通道且连接到比较器的“+”输入端,参考基准电压由 CBOUT 选择 V_{REF0} 或 V_{REF1},它们由片内电阻网络产生,且输入到比较器的“-”输入端。由比较器输出信号 CBOUT 控制用户指示灯。

■ 程序讲解

```
#include <msp430.h>
int main(void)
{
    WDTCTL = WDTPW + WDTHOLD; //关闭看门狗
    P1DIR |= BIT6; //设置 P1.6 引脚为输出
    P1SEL |= BIT6; //设置 P1.6 为外设功能引脚, 即 CBOUT
    //设置比较器模块 ComparatorB
    CBCTL0 |= CBIPEN + CBIPSEL_0; //外部信号引至比较器 V+端, 选择 CB0 输入通道
    //CBMRVS=0--由 CBOUT 选择 VREF0或 VREF1
    //CBOUT 为低电平时选择 VREF0为比较器的参考电压, 为高时选择 VREF1
```

```
    CBCTL1 |= CBPWRMD_0; //高速模式
    CBCTL2 |= CBRSEL; //VREF 接到比较器的 V-端
    //CBRS_1--选择 VCC作为梯形电阻网络的参考电压来源
    //VREF1 的电压设为 VCC的 1/4(实际应该是 9/32,核实一下)
    CBCTL2 |= CBRS_1 + CBREF13; //VREF1 is Vcc * 1/4
    //VREF0 的电压设为 VCC的 3/4(实际应该是 17/32 + 9/32,核实一下)
    CBCTL2 |= CBREF04 + CBREF03; //VREF0 is Vcc * 3/4
    CBCTL3 |= BIT0; //关闭 P6.0/CB0 引脚对应的输入缓冲器
    CBCTL1 |= CBON; //开启比较器模块
    __delay_cycles(75); //延时 75 个时钟周期,等待参考电压稳定
    __bis_SR_register(LPM4_bits); //进入低功耗模式 LPM4
    __no_operation(); //空操作,调试用
}
```

■ 实验步骤

(1)将 MSP-FET430UIF 仿真器连接到 MSP430F5529-EVM 开发板的 JTAG 接口(J14),并将仿真器的另一端连接笔记本电脑/PC 机。

(2)给开发板上电。

(3)在 IAR 开发环境下,打开 COMP_B_04 工程,并将其下载到 MSP430F5529 芯片上。单击快捷命令菜单中“Download and Debug”命令,即“ ”,程序下载完毕后进入调试窗口,然后再单击快捷菜单中“Go”命令,即“ ”。

(4)旋转齿轮电位计改变 CB0 通道输入电压,查看用户指示灯变化情况。

项 目 小 结

MSP430 单片机的 ADC12 模块支持快速的 12 位模数转换。该模块具有一个 12 位的逐次渐进(SAR)内核、模拟输入多路复用器、参考电压发生器、采样及转换所需的时序控制电路和 16 个转换结果缓冲及控制寄存器。转换结果缓冲及控制寄存器允许在没有 CPU 干预的情况下,进行多达 16 路信号的采样、转换和保存。

MSP430 单片机的比较器 B 模块可实现多达 16 个通道的比较功能,可用于测量电阻、电容、电流、电压等,广泛应用于工业仪表、手持式仪表等产品中。

思考与习题

1. 请写出 MSP430 单片机 ADC12 模块输入模拟电压转换公式。

2. MSP430 单片机的 ADC12 模块可产生哪些内部参考电压? ADC12 模块的参考电压有哪些组合?

3. ADC12 模块具有哪些转换模式? 简述各转换模式下的工作情况。

4. 编程实现:在 MSP430F5529 单片机系统中,利用 ADC12 模块工作在单通道单次转换模式下,采集 A6 通道模拟信号。

5. 简述比较器 B 的工作原理。

6. 比较器 B 的参考电压发生器能产生哪些参考电压?

7. 如何利用比较器 B 测量未知电阻?

8. 简述采用比较器 B 实现电容触摸按键的原理。

9. 编程实现:利用比较器 B 和定时器实现电容触摸按键的检测。

项目 9 MSP430 单片机片内通信模块

［项目描述］

数据通信是单片机系统与外界联系的重要手段,每种型号的 MSP430 单片机均具有数据通信的功能。串行通信是处理器与外界进行数据传输最常用的方式之一,可以分为同步通信和异步通信两种类型。本项目主要讨论 MSP430F5529 单片机的 USCI 通信模块和 USB 通信模块的结构、原理及功能,并给出简单的数据通信例程。

［项目目标］

1. 了解 MSP430 单片机的通信方式
2. 掌握 MSP430F5529 单片机 UART 的结构和原理
3. 了解 MSP430F5529 单片机通信接口的应用

任务 9.1 MSP430 单片机通信接口概述

计算机系统与外部的信息交换称为通信,通信方式主要有并行与串行两种方式。并行通信是指通信数据的各数据位在多条线上同时被传输,以字或字节为单位并行进行。并行通信速度快,但用的通信线多、成本高,故不宜进行远距离通信。串行通信是指使用一条数据线将数据一位一位地依次传输,每一位数据占据一个固定的时间长度。串行通信只需要少数几条线就可以在系统间交换信息,特别适用于计算机与计算机、计算机与外设之间的远距离通信。根据信息的传送方向,串行通信可以进一步分为单工、半双工和全双工三种方式:信息只能单向传送称为单工;信息能双向传送,但不能同时双向传送,称为半双工;信息能同时双向传送则称为全双工。

串行通信又分为同步通信和异步通信两种方式。同步通信是一种连续串行传输数据的通信方式,内部带有同步时钟,一次通信只能传送一帧信息,比如常用的 SPI 和 I^2C 接口就属于同步串行通信接口。这里的信息帧与异步通信中的字符帧不同,通常含有若干数据字符,它们均由同步字符、数据字符和校验字符(CRC)组成。其中同步字符位于帧开头,用于确认数据字符的开始;数据字符在同步字符之后,个数没有限制,由所需传输的数据块长度来决定;校验字符有 1~2 个,用于接收端对接收到的字符序列进行正确性的校验。同步通信的缺点是要求发送时钟和接收时钟保持严格的同步。

异步通信内部没有同步时钟,通过严格的时间间隔来传输信息。异步通信中有两个比较重要的指标:字符帧格式和波特率。数据通常以字符或者字节为单位组成字符帧传送。字符帧由发送端逐帧发送,通过传输线被接收设备逐帧接收。发送端和接收端可以由各自的时钟来控制数据的发送和接收,这两个时钟源彼此独立,互不同步。接收端检测到传输线上发送过来的低电平逻辑“0”(即字符帧起始位)时,确定发送端已开始发送数据,每当接收到字符帧中的停止位置,就知道一帧字符已经发送完毕。

任务 9.2 USCI 通信模块

9.2.1 UART

1. 异步 UART 模式的结构

MSP430F5529 芯片拥有两种串行通信模块,分别是 USCI_A 和 USCI_B。不同的模块支持不同的通信模式,其中,USCI_A 模块支持 UART、IrDA 和 SPI 通信模式,USCI_B 支持 I^2C 和 SPI 通信模式。

UART 简介与实验 1

MSP430F5529 的串行通信模式可以通过软件设置来完成,当 USCI_A 控制寄存器 UCAxCTL0 中 UCSYNC 位为“0”时,USCI_A 模块工作在 UART 模式下。UCAxCTL0 和 UCAxCTL1 是 USCI_A 控制寄存器,参见 USCI 相关寄存器的功能说明和 msp430. h 头文件中对这个功能控制位的值进行的宏定义,在学习和编写程序时注意前后对照,有助于对程序的理解和提高程序的可读性。

(1) UCAxCTL0 控制寄存器(表 9.1)

表 9.1 UCAxCTL0 控制寄存器

7	6	5	4	3	2	1	0
UCPEN	UCPAR	UCMSB	UC7BIT	UCSPB	UCMODEx		UCSYNC

UCPEN 奇偶使能,0/1 分别代表奇偶禁止/奇偶使能(奇偶位的产生和接收);

UCPAR 奇偶选择,0/1 分别代表奇校验/偶校验;

UCMSB 控制接收和发送移位寄存器的方向,0/1 分别代表 LSB 先/MSB 先;

UC7BIT 数据位长度,0/18 位数据/7 位数据;

UCSPB 停止位个数,0/1 分别代表一个停止位/两个停止位;

UCMODEx USCI 模式,00/01/10/11USART 分别代表 UART 模式/线路空闲多机模式/地址多机模式/自动波特率检测 UART 模式;

UCSYNC0/1 分别代表异步模式/同步模式。

(2) UCAxCTL1 控制寄存器(表 9.2)

表 9.2 UCAxCTL1 控制寄存器

7	6	5	4	3	2	1	0
USCCELx		UCRXEIE	UCBRKIE	UCDORM	UCTXADDR	UCTXBRK	UCSWRST

UCSSELx 选择 BRCLK 时钟源,00/01/10/11 分别代表 UCLK/ACLK/SMCLK/SMCLK。

UCRXEIE 接收错误字符中断使能,0/1 分别代表错误字符丢弃/错误字符接收,位置 UCA0RXIFG 接收中断标志位。

UCBRKIE 接收暂停字符中断允许,0/1 分别代表不接收暂停字符置位 UCA0RXIFG/接收暂停字符置位 UCA0RXIG。

UCDORM 睡眠模式选择控制位,置位该控制位可使 USCI 进入睡眠模式。

0:不睡眠。所有接收的字符均置位 UCRXIFG。

1:睡眠。只有空闲线路或地址位作为前导的字符置位 UCRXIFG。带自动波特率检测的

UART 模式下,只有打断和同步字段的组合可以置位 UCRXIFG。

UCTXADDR 发送地址标记地址,0/1 分别代表下一帧是数据/下一帧是地址。

UCTXBRK 发送暂停(对将要写到发送缓存的数据带暂停),0/1 分别代表发送下一帧不是暂停/是暂停。

UCSWRST 软件复位使能,0/1 分别代表禁止(USCI 复位释放)/使能(复位状态保持)。

(3)UART 模式下 USCI_A 的结构(图 9.1)

①波特率部分:控制串行通信数据接收和发送的速度;

②接收部分:接收串行输入的数据;

③发送部分:发送串行输出的数据。

在 UART 模式下,USCI_A 模块通过两个外部引脚 UCAxRXD、UCAxTXD 与外部系统连接起来。UART 模式的特性包括:

①传输 7 位或 8 位数据,可采用奇校验、偶校验或者无校验;

②具有独立的发送和接收移位寄存器;

③具有独立的发送和接收缓冲寄存器;

④支持最低位优先或最高位优先的数据发送和接收方式;

⑤内置多处理器系统,包括线路空闲和地址位通信协议;

⑥通过有效的起始位检测将 MSP430 单片机从低功耗模式下唤醒;

⑦可编程实现分频因子为整数或小数的波特率;

⑧具有用于检测错误或排除错误的状态标志位;

⑨具有用于地址检测的状态标志位;

⑩具有独立的发送和接收中断能力。

(4)UART 模式的初始化和复位

UART 工作模式的初始化和复位主要由 UCAxCTL0 和 UCAxCTL1 两个控制寄存器控制。其初始化或重新配置 USCI 模块的步骤如下:

①置位 UCSWRST 控制位;

②在 UCSWRST=1 时,初始化所有的 USCI 寄存器(包括 UCTxCTL1);

③将相应的引脚端口配置为 UART 通信功能;

④软件清除 UCSWRST 控制位;

⑤通过设置接收或发送中断使能控制寄存器 UCRXIE 和 UCTXIE 或两者之一,使能中断。

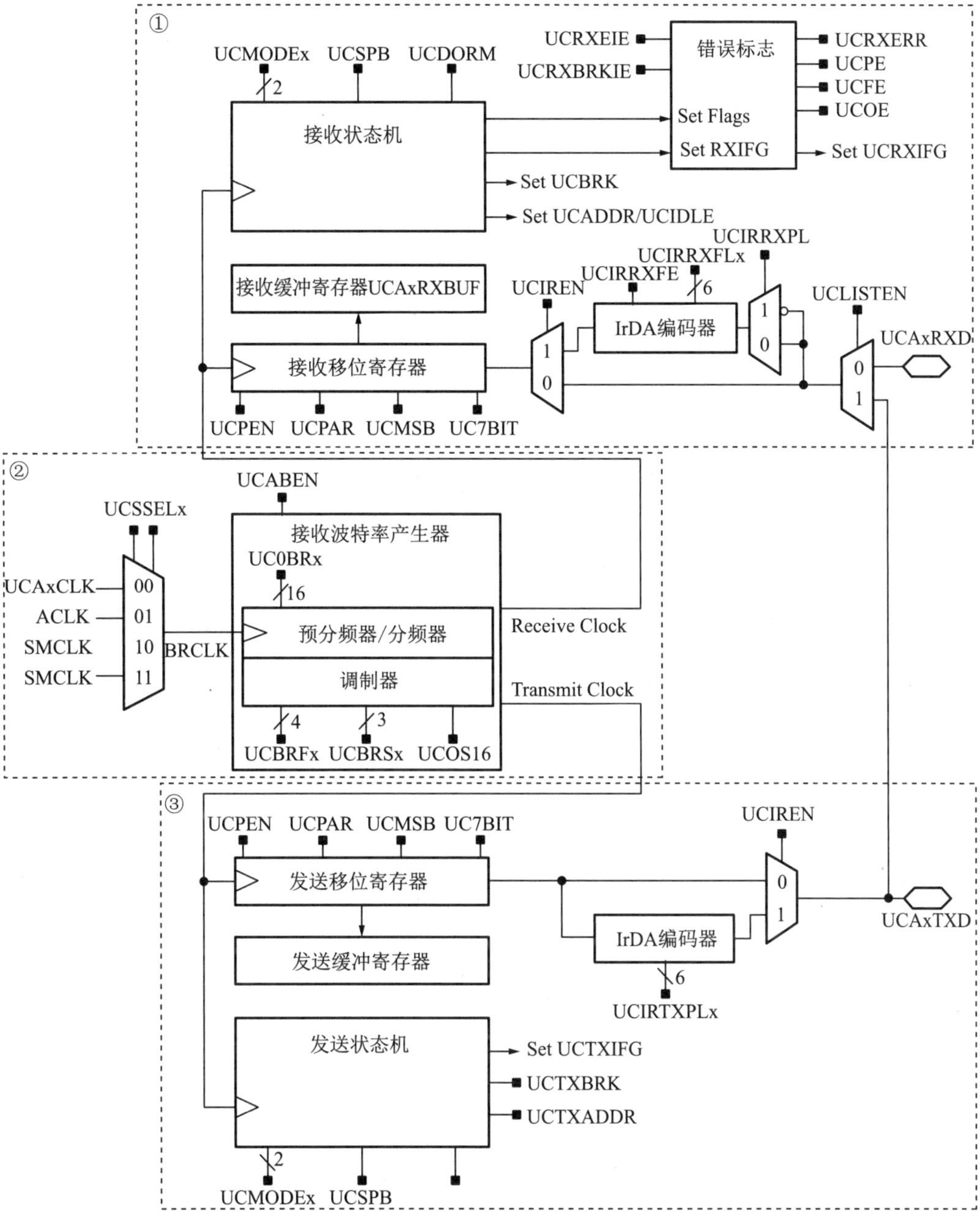

图 9.1　UART 模式下 USCI_A 结构框图(UCSYNC=0)

(5)UART 字符格式

UART 的字符格式包括 1 位起始位、7 或 8 位数据位、1 位奇/偶/无校验位、1 位地址位和 1 或 2 位停止位。UART 的字符格式主要由 USCI_A 控制寄存器 UCAxCTL0 控制,如图 9.2 所示。用户可以通过软件设置数据位、停止位的位数,还可以设置奇偶校验位的有无。通过选择时钟源和波特率寄存器的数据来确定传输速率。传输时先传输数据的最高位还是最低位,由 UCMSB 位控制,UART 通信时默认的是 LSB 作为第一位。USCI_A 控制器 UCAxCTL0 的 UC7BIT 位控制 7 位或 8 位数据位。

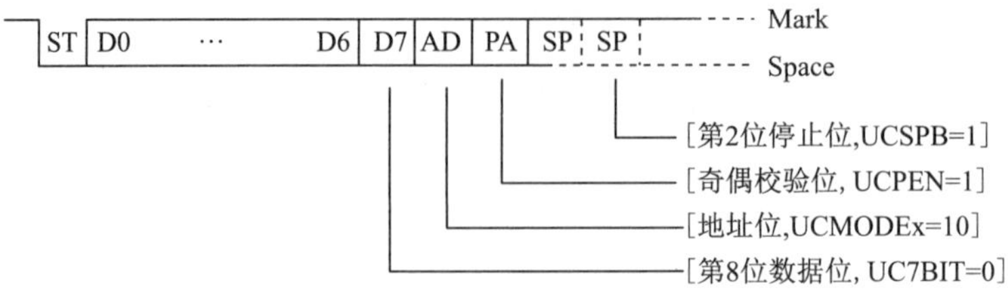

图 9.2 UART 模式的数据格式

(6)UART 波特率的设置

在异步串行通信中,波特率是很重要的指标,其定义为每秒钟传送二进制数码的位数。波特率反映了异步串行通信的速度。波特率部分由时钟输入选择和分频、波特率发生器、调整器和预置/除法器等组成。串行通信时,数据接收和发送的速率就由这些构件控制。MSP430 单片机波特率的设置用 3 个寄存器实现:

xBR0:波特率发生器分频系数低 8 位;

UxBR1:波特率发生器分频系数高 8 位;

UxMCTL:波特率发生器分频系数的小数部分实现。

设置波特率时,首先要选择合适的时钟源。对于较低的波特率(9 600 bit/s 以下),可选 ACLK 作为时钟源,这样在 LPM3(低功耗 3)模式下,串行接口仍能正常发送接收数据;另外,由于串行接口接收过程有一个三取二判决逻辑,这至少需要 3 个时钟周期,因此分频系数必须大于 3。波特率高于 9 600 bit/s 时,将不能使用 ACLK 作为时钟源,要调为频率较高的 SMCLK 作为时钟源;另外在某些特殊应用中还可以使用外部的时钟输入作为波特率发生器的时钟源。对于给定的 UART 工作时钟 BRCLK(通过寄存器 UCAxCTL1 中的 UCSSELx 位选择时钟源),所使用的波特率决定分频因子 N,其计算公式为:

$$N = fBRCLK/Baudrate$$

分频因子 N 通常不是整数值,因此至少需要一个分频器和一个调制器来尽可能接近分频因子。如果 N 小于 16,对应低频模式波特率设置;如果 N 等于或大于 16,则对应过采样模式波特率设置,此时需要将寄存器 UCAxMCTL 中的 UCOS16 置"1"。

① 低频模式波特率设置

低频模式下,分频因子的整数部分通过预分频器实现,即将分频因子的整数部分 INT(N)赋值给 UCAxBRW 寄存器(UCBRx)。小数部分由调制器实现,即将小数部分放大 8 倍赋值给调制器寄存器 UCAxMCTL 中 UCBRSx,计算公式如下:

$$UCBRSx = round((N - INT(N)) \times 8)$$

② 过采样模式波特率设置

在过采样模式下,预分频设值为:UCBRx = INT(N/16)。调制器寄存器的 UCBRFx 的设置公式如下:

$$UCBRFx = round(((N/16) - INT((N/16))) \times 16)$$

至于 MSP430 单片机 USCI 模块的其他功能设置,与 C8051 单片机、Cortex-M3/M4ARM 和 C2000DSP 相比,没有什么需要特别注意的,这里不再赘述。后面我们将给出 4 个 UART 例程,涉及低频模式波特率设置、过采样模式波特率设置等,供用户项目开发时参考。

小数分频是 MSP430 单片机的串行接口特色之一,UxMCTL 寄存器的作用就是控制小数的分频,控制方法如下:对应位是 1,则分频系数加 1,0 则分频系数减 1;小数分频器会自动依次取出每一位来调整分频系数。其计算方法如下:可以先计算小数部分 1 的个数,然后把 1 均匀地放入 UxMCTL 的 8 位中,这样计算比较简单,分频系数的小数部分乘以 8 即得到 1 的位数,查表得到对应的 UxMCTL 值;另外一种通过计算每一位的错误率,交互计算,直到得到最小错误率的 UxMCTL 值,这种方法比较复杂,但得到的小数分频误差更小。

(7) UART 的中断

USCI 只有一个发送和接收共用的中断向量,USCI_A 和 USCI_B 不共用中断向量。

① UART 发送中断操作

USCI 发送装置置位 UCTXIFG 中断标志,这表明 UCAxTXBUF 已经准备好接收另一个字符。如果 UCTXIE 寄存器中 UCRXIE 和 GIE 也置位的话,将产生发送中断请求。如果将字符写入 UCAxTXBUF 中,UCTXIFG 将自动复位。注意:复位 PUC 之后或 UCSWRST=1 时,将置位发送中断标志位 UCTXIFG 并清除中断允许寄存器 UCTXIE。

② UART 接收中断操作

每接收到一个字符并将其载入 UCAxRXBUF 中时,将置位接收中断标志位 UCRXIFG。如果 UCTXIE 寄存器中 UCTXIE 和 GIE 也置位的话,将产生接收中断请求。复位 PUC 之后或 UCSWRST=1 时,将清除接收中断标志位 UCRXIFG 和中断允许寄存器 UCRXIE。当读取 UCAxRXBUF 中的值时,接收中断标志位 UCRXIFG 将自动复位。

其他的中断控制特征包括:

- 当 UCAxRXEIE=0 时,接收到的错误字符将不会置位 UCRXIFG;
- 当 UCDORM=1 时,在多机模式下,非地址字符将不会置位 UCRXIFG;
- 当 UCBRKIE=1 时,若出现打断状态,将置位 UCBRK 和 UCRXIFG 标志位。

2. UART 应用

例程 1 UART_01

■ 实验目的

熟悉并掌握 MSP430 单片机低频模式波特率设置方法,并熟悉 USCI 模块的接收中断程序设计。

UART 简介
与实验 2

■ 实验设备

MSP-EXP430F5529LP 开发板一套。

■ 实验内容

该程序选择 ACLK 为 USCI_A1 模块的工作时钟,ACLK 的系统默认时钟来源为片内 REFOCLK(32 768 Hz),异步串行接口的波特率为 9 600 bit/s,数据为 8-n-1 模式。USCI_A1 模块采用中断方式接收数据,当收到数据后立即发送。

■ 程序讲解

```
#include<msp430. h>

intmain(void)
{
    WDTCTL=WDTPW+WDTHOLD; //关闭看门狗
```

```
    //设置 P4.4,P4.5 为外设功能引脚,即 USCI 模块功能管脚
    //UCA1CTL0 为复位状态值,USYNC=0,即 USCI 为 UART 模式
    P4SEL=BIT4+BIT5; //P4.4,5=USCI_A1TXD/RXD

    UCA1CTL1|=UCSWRST; //USCI 模块处于复位状态
    //ACLK 的默认时钟来源为片内 REFOCLK(32768Hz)
    UCA1CTL1|=UCSSEL_1; //选择 ACLK 作为 UART 的时钟源
    //低频工作时钟下波特率设置,小数部分由调制器实现
    //32768/9600=3.41;0.41*8=3.28
    UCA1BR0=0x03; //32768/9600=3.41(seeUser'sGuide)
    UCA1BR1=0x00; //
    UCA1MCTL=UCBRS_3+UCBRF_0; //ModulationUCBRSx=3,UCBRFx=0
    UCA1CTL1&=~UCSWRST; //重置 USCI 模块寄存器值
    UCA1IE|=UCRXIE; //开启 USCI_A1 接收中断

    __bis_SR_register(LPM3_bits+GIE); //进入低功耗 LPM3 模式,开启全局中断
    __no_operation(); //空操作
}

//USCI_A1 中断服务程序
//将 USCI_A1 接收到的数据直接发送出去,发送之前需要判断发送缓冲区是否为空
#pragmavector=USCI_A1_VECTOR
__interruptvoidUSCI_A1_ISR(void)
{
    switch(__even_in_range(UCA1IV,4))
    {
        case0: break; //Vector0-无中断事件
        case2: //Vector2-RXIFG 接收中断
        while(!(UCA1IFG&UCTXIFG)); //USCI_A1TXbufferready?
        UCA1TXBUF=UCA1RXBUF; //TX->RXedcharacter
        break;
        case4: break; //Vector4-TXIFG 发送中断
        default: break;
    }
}
```

■ 实验步骤

(1)将 MSP-EXP430F5529LP 开发板通过 USB 线缆与电脑相连。

(2)在 IAR 开发环境下,打开 UART_01 工程,并将其下载到 MSP430F5529 芯片上。单击快捷命令菜单中"Download and Debug"命令,即"",程序下载完毕后进入调试窗口,然后再单击快捷菜单中"Go"命令,即""。

(3)打开串行接口调试助手软件,设置串行接口号和数据格式,然后发送数据。测试结果如图 9.3 所示,结果表明 USCI_A1 可正确收发数据。

图 9.3 USCI_A1 测试结果

■ 程序设计说明

在本例中,当配置完 USCI_A1 之后,MSP430F5529 单片机进入 LPM3 模式,CPU 立即停止工作。只有当 USCI_A1 异步串行接口收到数据、触发接收中断之后,CPU 才被唤醒执行 USCI_A1 中断服务程序,进而将收到的数据转发出去,之后再次停止工作。在这种模式下,CPU 只在短暂的 USCI_A1 中断服务程序期间工作,其他时间处于休眠状态,大大降低了系统功耗。

例程 2 UART_02

■ 实验目的

熟悉并掌握 MSP430 单片机低频模式波特率设置方法,并熟悉 USCI 模块的接收中断程序设计。

■ 实验设备

MSP-EXP430F5529LP 开发板一套。

■ 实验内容

该程序选择 ACLK 为 USCI_A1 模块的工作时钟,设置片外 XT1 作为 ACLK 的时钟来源,异步串行接口的波特率为 9 600 bit/s,数据为 8-n-1 模式。当 USCI_A1 模块通过中断方式接收数据时,收到数据后立即发送,其他时间 CPU 停止工作。

■ 程序讲解

```
#include<msp430. h>

intmain(void)
{
```

```
    WDTCTL=WDTPW+WDTHOLD; //关闭看门狗

    //设置 P4.4,P4.5 为外设功能引脚,即 USCI 模块功能管脚
    //UCA1CTL0 为复位状态值,USYNC=0,即 USCI 为 UART 模式
    P4SEL=BIT4+BIT5; //P4.4,5=USCI_A1TXD/RXD

    //设置 P5.4,P5.5 为外设功能脚,即 XT1 晶体的接口管脚
    P5SEL|=BIT4+BIT5; //SelectXT1(32768Hz)
    UCSCTL6&=~(XT1OFF); //启用 XT1 晶体振荡电路
    UCSCTL6|=XCAP_3; //设置 XT1 的片内负载匹配电容
    UCSCTL3=0; //设置 FLL 的参考时钟源为 XT1

    //等待 XT1,XT2&DCO 时钟系统工作稳定,本例中只有 XT1 和 DCO
    do
    {
        UCSCTL7&=~(XT2OFFG+XT1LFOFFG+DCOFFG);
        //ClearXT2,XT1,DCOfaultflags
        SFRIFG1&=~OFIFG; //Clearfaultflags
    }while(SFRIFG1&OFIFG); //Testoscillatorfaultflag

    UCSCTL6&=~(XT1DRIVE_3); //XT1 已稳定,降低其驱动强度

    //设置外置晶体 XT1 产生的 XT1CLK 作为 ACLK 的时钟源
    //设置 DCOCLKDIV 作为 SMCLK,MCLK 的时钟源(上电复位默认值)
    UCSCTL4|=SELA_0+SELS_4+SELM_4; //ACLK=LFTX1
    //SMCLK=defaultDCO
    //MCLK=defaultDCO

    UCA1CTL1|=UCSWRST; //USCI 模块处于复位状态
    UCA1CTL1|=UCSSEL_1; //选择 ACLK 作为 UART 的时钟源
    //低频工作时钟下低频波特率设置,小数部分由调制器实现
    //32768/9600=3.41;0.41*8=3.28
    UCA1BR0=0x03; //32768/9600=3.41(seeUser'sGuide)
    UCA1BR1=0x00; //
    UCA1MCTL=UCBRS_3+UCBRF_0; //ModulationUCBRSx=3,UCBRFx=0
    UCA1CTL1&=~UCSWRST; //重置 USCI 模块寄存器值
    UCA1IE|=UCRXIE; //开启 USCI_A1 接收中断

    __bis_SR_register(LPM3_bits+GIE); //进入低功耗 LPM3 模式,开启全局中断
    __no_operation(); //空操作
}

//USCI_A1 中断服务程序
```

```
//将 USCI_A1 接收到的数据直接发送出去,发送之前需要判断发送缓冲区是否为空
#pragmavector=USCI_A1_VECTOR
__interruptvoidUSCI_A1_ISR(void)
{
    switch(__even_in_range(UCA1IV,4))
    {
        case0: break; //Vector0-无中断事件
        case2: //Vector2-RXIFG 接收中断
        while(!(UCA1IFG&UCTXIFG)); //USCI_A1TXbufferready?
        UCA1TXBUF=UCA1RXBUF; //TX->RXedcharacter
        break;
        case4: break; //Vector4-TXIFG 发送中断
        default: break;
    }
}
```

■ 实验步骤

(1)将 MSP-EXP430F5529LP 开发板通过 USB 线缆与电脑相连。

(2)在 IAR 开发环境下,打开 UART_02 工程,并将其下载到 MSP430F5529 芯片上。单击快捷命令菜单中“Download and Debug”命令,即“”,程序下载完毕后进入调试窗口,然后再单击快捷菜单中“Go”命令,即“”。

(3)打开串行接口调试助手软件,设置串行接口号和数据格式,然后发送数据。测试结果如图 9.4 所示,结果表明 USCI_A1 可正确收发数据。

图 9.4　USCI_A1 测试结果

■ 程序设计说明

在本例中，当配置完 USCI_A1 之后，MSP430F5529 单片机进入 LPM3 模式，CPU 立即停止工作。只有当 USCI_A1 异步串行接口收到数据、触发接收中断之后，CPU 才被唤醒执行 USCI_A1 中断服务程序，进而将收到的数据转发出去，之后再次停止工作。在这种模式下，CPU 只在短暂的 USCI_A1 中断服务程序期间工作，其他时间处于休眠状态，大大降低了系统功耗。

例程 3 UART_03

■ 实验目的

熟悉并掌握 MSP430 单片机低频模式波特率设置方法，并熟悉 USCI 模块的接收中断程序设计。

■ 实验设备

MSP-EXP430F5529LP 开发板一套。

■ 实验内容

该程序设置片内 REFOCLK 作为 FLLREFCLK 的时钟来源，SMCLK 和 MCLK 为默认时钟频率 1 MHz。选择 SMCLK 为 USCI_A1 模块的工作时钟，异步串行接口的波特率为 115 200 bit/s，数据为 8-n-1 模式。当 USCI_A1 模块通过中断方式接收数据时，收到数据后立即发送，其他时间 CPU 停止工作。

■ 程序讲解

```
#include<msp430.h>

intmain(void)
{
    WDTCTL=WDTPW+WDTHOLD; //关闭看门狗

    //设置 P4.4,P4.5 为外设功能引脚,即 USCI 模块功能管脚
    //UCA1CTL0 为复位状态值,USYNC=0,即 USCI 为 UART 模式
    P4SEL|=BIT4+BIT5; //P4.4,5=USCI_A1TXD/RXD
    UCA1CTL1|=UCSWRST; //USCI 模块处于复位状态
    UCA1CTL1|=UCSSEL_2; //选择 SMCLK 作为 UART 的时钟源
    //低频工作时钟下低频波特率设置,小数部分由调制器实现
    //1048576/115200=9.10;0.10*8=0.80
    UCA1BR0=9; //1 MHz115200(seeUser'sGuide)
    UCA1BR1=0; //1 MHz115200
    UCA1MCTL|=UCBRS_1+UCBRF_0; //ModulationUCBRSx=1,UCBRFx=0
    UCA1CTL1&=~UCSWRST; //重置 USCI 模块寄存器值
    UCA1IE|=UCRXIE; //开启 USCI_A1 接收中断

    __bis_SR_register(LPM0_bits+GIE); //进入低功耗 LPM0 模式,开启全局中断
    __no_operation(); //空操作
}
```

```
//USCI_A1 中断服务程序
//将 USCI_A1 接收到的数据直接发送出去,发送之前需要判断发送缓冲区是否为空
#pragmavector=USCI_A1_VECTOR
__interruptvoidUSCI_A1_ISR(void)
{
    switch(__even_in_range(UCA1IV,4))
    {
        case0:break; //Vector0-无中断事件
        case2: //Vector2-RXIFG 接收中断
        while(!(UCA1IFG&UCTXIFG)); //USCI_A1TXbufferready?
        UCA1TXBUF=UCA1RXBUF; //TX->RXedcharacter
        break;
        case4:break; //Vector4-TXIFG 发送中断
        default:break;
    }
}
```

■ 实验步骤

(1)将 MSP-EXP430F5529LP 开发板通过 USB 线缆与电脑相连。

(2)在 IAR 开发环境下,打开 UART_03 工程,并将其下载到 MSP430F5529 芯片上。单击快捷命令菜单中“Download and Debug”命令,即“ ”,程序下载完毕后进入调试窗口,然后再单击快捷菜单中“Go”命令,即“ ”。

(3)打开串行接口调试助手软件,设置串行接口号和数据格式,然后发送数据。测试结果如图 9.5 所示,结果表明 USCI_A1 可正确收发数据。

图 9.5　USCI_A1 测试结果

■ 程序设计说明

在本例中,当配置完 USCI_A1 之后,MSP430F5529 单片机进入 LPM0 模式,CPU 立即停止工作。只有当 USCI_A1 异步串行接口收到数据、触发接收中断之后,CPU 才被唤醒执行 USCI_A1 中断服务程序,进而将收到的数据转发出去,之后再次停止工作。在这种模式下,CPU 只在短暂的 USCI_A1 中断服务程序期间工作,其他时间处于休眠状态,大大降低了系统功耗。

例程 4 UART_04

■ 实验目的

熟悉并掌握 MSP430 单片机过采样模式波特率设置方法,并熟悉 USCI 模块的接收中断程序设计。

■ 实验设备

MSP-EXP430F5529LP 开发板一套。

■ 实验内容

该程序设置片外 XT1 作为 FLLREFCLK 的时钟来源,SMCLK 和 MCLK 的时钟频率设置为 25 MHz。选择 SMCLK 为 USCI_A1 模块的工作时钟,异步串行接口的波特率为 115 200 bit/s,数据为 8-n-1 模式。USCI_A1 模块通过中断方式接收数据,当收到数据后立即发送,其他时间 CPU 停止工作。

■ 程序讲解

```
#include<msp430. h>

voidSetVcoreUp(unsignedintlevel);

intmain(void)
{
    WDTCTL=WDTPW+WDTHOLD; //关闭看门狗

    //提升内核供电电压到 3 级,每次只能升一级,以支持 25 MHz 高主频
    SetVcoreUp(0x01);
    SetVcoreUp(0x02);
    SetVcoreUp(0x03);

    //设置 P4.4,P4.5 为外设功能引脚,即 USCI 模块功能管脚
    //UCA1CTL0 为复位状态值,USYNC=0,即 USCI 为 UART 模式
    P4SEL|=BIT4+BIT5; //P4.4,5=USCI_A1TXD/RXD

    //设置 P5.4,P5.5 为外设功能脚,即 XT1 晶体的接口管脚
    P5SEL|=BIT4+BIT5; //SelectXT1(32768Hz)
    UCSCTL6&=~(XT1OFF); //启用 XT1 晶体振荡电路
    UCSCTL6|=XCAP_3; //设置 XT1 的片内负载匹配电容
    UCSCTL3=SELREF_0; //设置 FLL 的参考时钟源为 XT1
```

```
//设置外置晶体XT1产生的XT1CLK作为ACLK的时钟源
//设置DCOCLKDIV作为SMCLK,MCLK的时钟源(上电复位默认值)
UCSCTL4|=SELA_0+SELS_4+SELM_4; //ACLK=LFTX1
//SMCLK=defaultDCO
//MCLK=defaultDCO
//禁止FLL
__bis_SR_register(SCG0); //DisabletheFLLcontrolloop
UCSCTL0=0x0000; //SetlowestpossibleDCOx,MODx
//设置DCO工作频率范围为19.6~60 MHz,请参考msp430f5529datasheet中DCOFrequency部分
UCSCTL1=DCORSEL_7; //SelectDCOrange50 MHzoperation
//设置DCO的倍频因子D和N(D,N分别与UCSCTL2中FLLD和FLLN对应)
UCSCTL2=FLLD_0+762; //SetDCOMultiplierfor25 MHz
//(N+1) * FLLRef=Fdcodiv
//(762+1) * 32768=25 MHz
//SetFLLDiv=fDCOCLK/1
//启用FLL
__bic_SR_register(SCG0); //EnabletheFLLcontrolloop

//Worst-casesettlingtimefortheDCOwhentheDCOrangebitshavebeen
//changedisnx32x32xf_MCLK/f_FLL_reference. SeeUCSchapterin5xx
//UGforoptimization.
//32x32x25 MHz/32,768Hz~780kMCLKcyclesforDCOtosettle
//DCO调整后稳定工作需要等待时间为(FLLREFDIVx32x32)f_FLLREFCLKcycles
//其中,f_FLLREFCLKcycles为时间单位.而DCO系统时钟为MCLK,所以
//(FLLREFDIVx32x32)xf_MCLK/f_FLLREFCLK=(1x32x32)x763(约782000)
__delay_cycles(782000);

//等待XT1,XT2&DCO时钟系统工作稳定,本例程只需等待XT1,DCO时钟稳定工作
do
{
    UCSCTL7&=~(XT2OFFG+XT1LFOFFG+DCOFFG);
    //ClearXT2,XT1,DCOfaultflags
    SFRIFG1&=~OFIFG; //Clearfaultflags
}while(SFRIFG1&OFIFG); //Testoscillatorfaultflag

UCSCTL6&=~(XT1DRIVE_3); //XT1已稳定,降低其驱动强度

//USCI设置
UCA1CTL1|=UCSWRST; //USCI模块处于复位状态
UCA1CTL1|=UCSSEL_2; //选择SMCLK作为UART的时钟源
//高频工作时钟下波特率设置,采用过采样模式实现
//25001984/115200=217.03;INT((25001984/115200)/16)=13
//round(((25001984/115200)/16-INT((25001984/115200)/16))*16)=9
```

```
    UCA1BR0=13; //25 MHz115200(seeUser′sGuide)
    UCA1BR1=0; //25 MHz115200
    UCA1MCTL|=UCBRS_0+UCBRF_9+UCOS16; //ModulationUCBRSx=0,UCBRFx=9
    UCA1CTL1&=~UCSWRST; //重置 USCI 模块寄存器值
    UCA1IE|=UCRXIE; //开启 USCI_A1 接收中断

    __bis_SR_register(LPM0_bits+GIE); //进入低功耗 LPM0 模式,开启全局中断
    __no_operation(); //空操作
}

//USCI_A1 中断服务程序
//将 USCI_A1 接收到的数据直接发送出去,发送之前需要判断发送缓冲区是否为空
#pragmavector=USCI_A1_VECTOR
__interruptvoidUSCI_A1_ISR(void)
{
    switch(__even_in_range(UCA1IV,4))
    {
        case0: break; //Vector0-无中断事件
        case2: //Vector2-RXIFG 接收中断
        while(!(UCA1IFG&UCTXIFG)); //USCI_A1TXbufferready?
        UCA1TXBUF=UCA1RXBUF; //TX->RXedcharacter
        break;
        case4: break; //Vector4-TXIFG 发送中断
        default: break;
    }
}
//提升内核电压子函数
voidSetVcoreUp(unsignedintlevel)
{
    //OpenPMMregistersforwrite
    PMMCTL0_H=PMMPW_H;
    //SetSVS/SVMhighsidenewlevel
    SVSMHCTL=SVSHE+SVSHRVL0*level+SVMHE+SVSMHRRL0*level;
    //SetSVMlowsidetonewlevel
    SVSMLCTL=SVSLE+SVMLE+SVSMLRRL0*level;
    //WaittillSVMissettled
    while((PMMIFG&SVSMLDLYIFG)==0);
    //Clearalreadysetflags
    PMMIFG&=~(SVMLVLRIFG+SVMLIFG);
    //SetVCoretonewlevel
    PMMCTL0_L=PMMCOREV0*level;
    //Waittillnewlevelreached
    if((PMMIFG&SVMLIFG))
```

```
    while((PMMIFG&SVMLVLRIFG)==0);
    //SetSVS/SVMlowsidetonewlevel
    SVSMLCTL=SVSLE+SVSLRVL0*level+SVMLE+SVSMLRRL0*level;
    //LockPMMregistersforwriteaccess
    PMMCTL0_H=0x00;
}
```

UART 简介与实验 3

■ 实验步骤

(1)将 MSP-EXP430F5529LP 开发板通过 USB 线缆与电脑相连。

(2)在 IAR 开发环境下,打开 UART_04 工程,并将其下载到 MSP430F5529 芯片上。单击快捷命令菜单中“Download and Debug”命令,即“”,程序下载完毕后进入调试窗口,然后再单击快捷菜单中“Go”命令,即“”。

(3)打开串行接口调试助手软件,设置串行接口号和数据格式,然后发送数据。测试结果如图 9.6 所示,结果表明 USCI_A1 可正确收发数据。

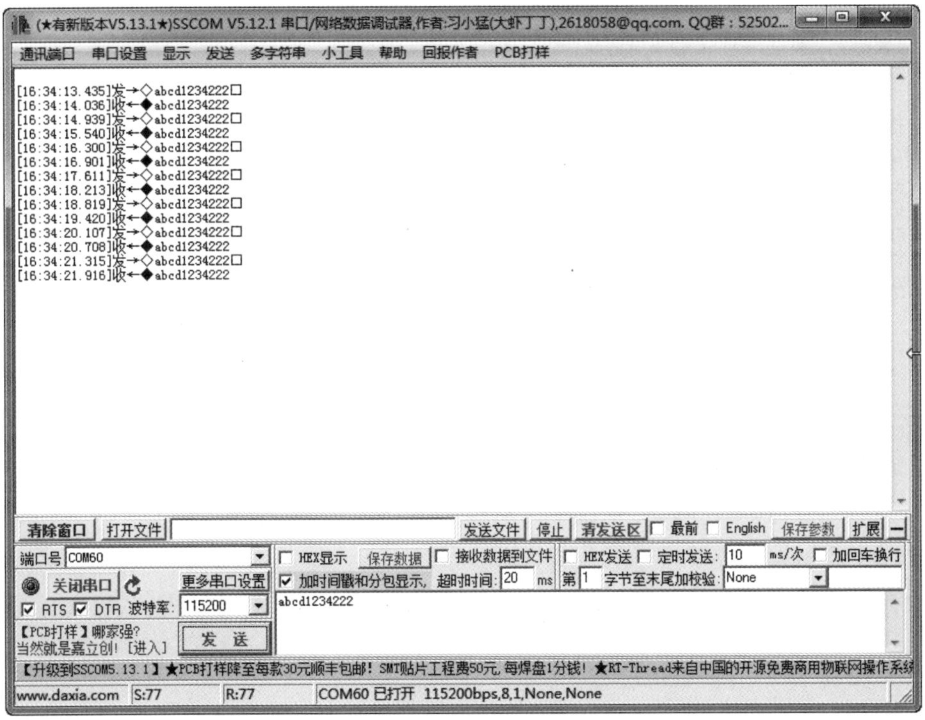

图 9.6　USCI_A1 测试结果

■ 程序设计说明

在本例中,当配置完 USCI_A1 之后,MSP430F5529 单片机进入 LPM0 模式,CPU 立即停止工作。只有当 USCI_A1 异步串行接口收到数据、触发接收中断之后,CPU 才被唤醒执行 USCI_A1 中断服务程序,进而将收到的数据转发出去,之后再次停止工作。在这种模式下,CPU 只在短暂的 USCI_A1 中断服务程序期间工作,其他时间处于休眠状态,大大降低了系统功耗。

至于 USCI_A0 的异步串行接口程序设计方法与 USCI_A1 相仿,这里不再赘述。

9.2.2 USCI 的同步模式

1. SPI 总线简介

SPI(Serial Peripheral Interface)是串行外设接口的简称,它是一种同步全双工通信协议。

MSP430F5xx/6xx 系列单片机的 USCI_A 和 USCI_B 模块都支持 SPI 通信模式。SPI 通信模块通过三线(UCxSOMI、UCxSIMO、UCxCLK)或者四线(UCxSOMI、UCxSIMO、UCxCLK 及 UCxSTE)与外界进行通信。下面对这四个信号进行简要说明。

(1)UCxCLK:是 SPI 通信的时钟线。该时钟线由主机控制,即通信速率由主机编程决定。

(2)UCxSOMI:SOMI 即主机输入从机输出引脚。如果设备工作在主机模式,则该引脚为输入;如果设备工作在从机模式,则该引脚为输出。

(3)UCxSIMO:SIMO 即主机输出从机输入引脚。如果设备工作在主机模式,则该引脚为输出;如果设备工作在从机模式,则该引脚为输入。

(4)UCxSTE:STE 即从机发送/接收控制引脚,用于控制多主或多从系统中的多个从机。在单主机应用场合下,常使用片选(CS)或从机选择信号(SS)。

当 MSP430 单片机 USCI 模块的控制寄存器 UCAxCTL0 或 UCBxCTL0 的控制位 UCSYNC 置位,USCI 模块则工作在同步 SPI 模式下,通过配置该寄存器中的 UCMODEx 控制位,可以使 SPI 模块工作在三线或四线 SPI 通信模式下。

MSP430 单片机的同步通信模式具有如下特点:

① 7 位或 8 位数据长度;

② 能进行最高有效位在前或最低有效在前的数据发送和接收;

③ 支持三线或四线 SPI 操作;

④ 支持主机模式或从机模式;

⑤ 具有独立的发送和接收移位寄存器;

⑥ 具有独立的发送和接收缓冲寄存器;

⑦ 具有连续发送和接收能力;

⑧ 时钟的极性和相位可编程;

⑨ 主模式下,时钟频率可编程;

⑩ 具有独立的接收和发送中断能力;

⑪ 具有 LPM4 下的从机工作模式。

USCI 模块配置为 SPI 模式下的结构框图如图 9.7 所示。可以看出,USCI 模块由三部分组成:SPI 接收逻辑(位于图最上方)、SPI 时钟发生器(位于图中间部分)和 SPI 发送逻辑(位于图最下方)。SPI 接收逻辑主要由三个部分组成:接收缓冲寄存器 UCxRXBUF、接收移位寄存器和接收状态控制器。接收状态控制器可设置 UCOE 和 UCxRXIFG 标志位,该接收逻辑可完成 SPI 通信过程中的数据接收工作。SPI 时钟发生器可以产生 SPI 通信过程中所需的时钟信号,最终与 UCxCLK 引脚相连,其参考时钟可以通过 UCSSELx 控制位选择 ACLK 或者 SMCLK,作为 BRCLK。SPI 发送逻辑主要由三部分组成:发送缓冲寄存器 UCxTXBUF、发送移位寄存器和发送状态控制器。发送状态控制器可设置 UCxTXIFG 标志位,该发送逻辑可完成 SPI 通信过程中的数据发送工作。

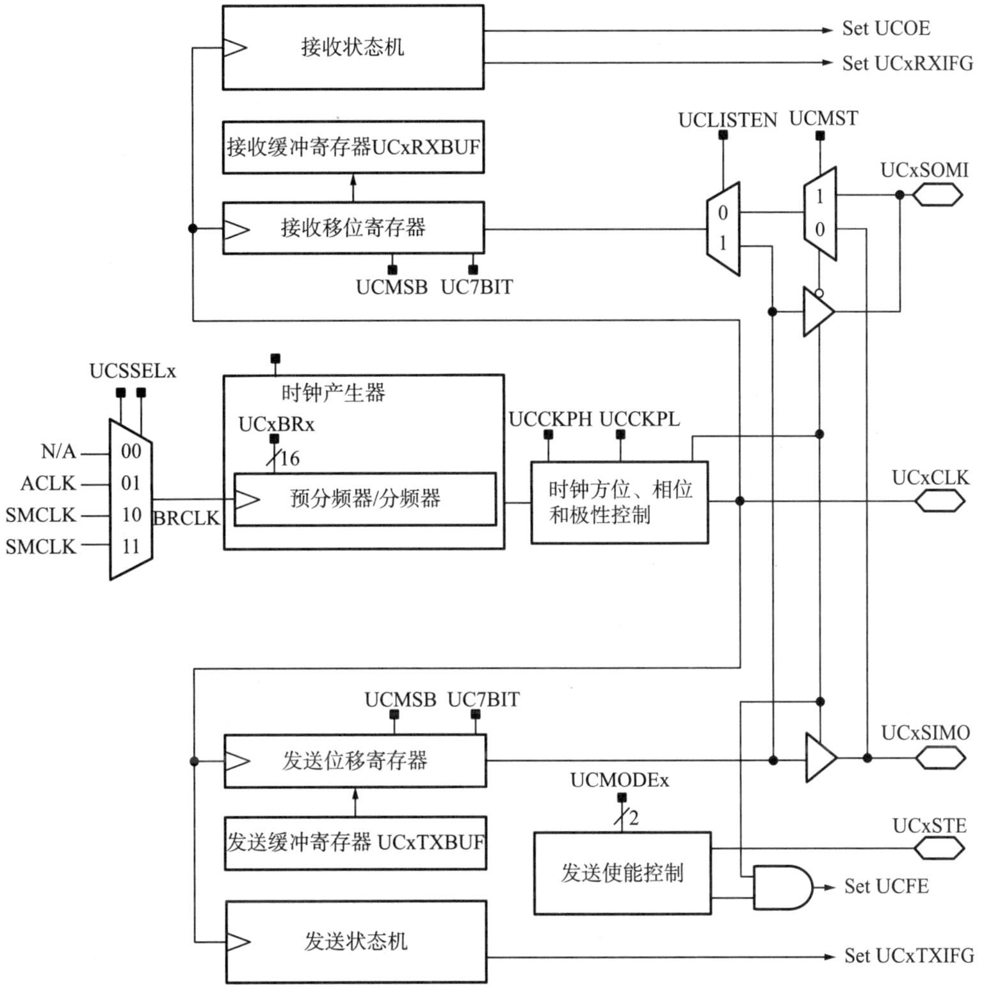

图 9.7 USCI 模块结构框图——SPI 模式

2. SPI 的通信原理与操作

SPI 模式下,多个设备之间使用由主机提供的公共时钟信号进行串行数据的发送和接收,因此传输速率由主机控制。SPI 同步串行通信有两种模式:三线制 SPI 通信(CLK、SIMO、SOMI)和四线制 SPI 通信(CLK、SIMO、SOMI 和 STE)。关于这四个信号线的说明在前面已做简要介绍,此处仅详细介绍 STE 引脚的功能。

如上所述,UCxSTE 为从机模式发送/接收允许控制引脚,控制多主或多从系统中的多个主从机。在四线 SPI 操作主机模式下,当 UCxSTE 引脚电平为低电平时,SIMO 和 CLK 被强制进入输入状态,禁止主机输出,主机通信模块不能正常工作;当 STE 为高电平时,SIMO 和 CLK 正常操作,主机 SPI 通信模块可正常工作。因此,在该模式下,可利用 UCxSTE 引脚控制选择可正常工作的主机,可使多主机共享总线,避免发生冲突。在四线 SPI 操作从机模式下,当 UCxSTE 引脚电平为低电平时,允许从机发送和接收数据,SOMI 正常工作,即从机被选中,可正常输出;当 UCxSTE 引脚电平为高电平时,禁止从机发送和接收数据,SOMI 被强制进入输入状态,即从机未被选中,禁止输出。因此,在该模式下,可利用 UCxSTE 引脚控制选择可正常工作的从机,可使多从机共享总线,避免发生冲突。UCxSTE 引脚的有效电平状态可以配置,具体如表 9.3 示。

表 9.3 UCxSTE 引脚有效工作电平配置

UCMODEx	UCxSTE Active State	UCxSTE	Slave	Master
01	High	0	Inactive	Active
		1	Active	Inactive
10	Low	0	Active	Inactive
		1	Inactive	Active

3. SPI 主机模式

MSP430 单片机 USCI 模块工作在 SPI 模式下时,作为主机与另一个具有 SPI 接口的从机设备连接示意图如图 9.8 所示。

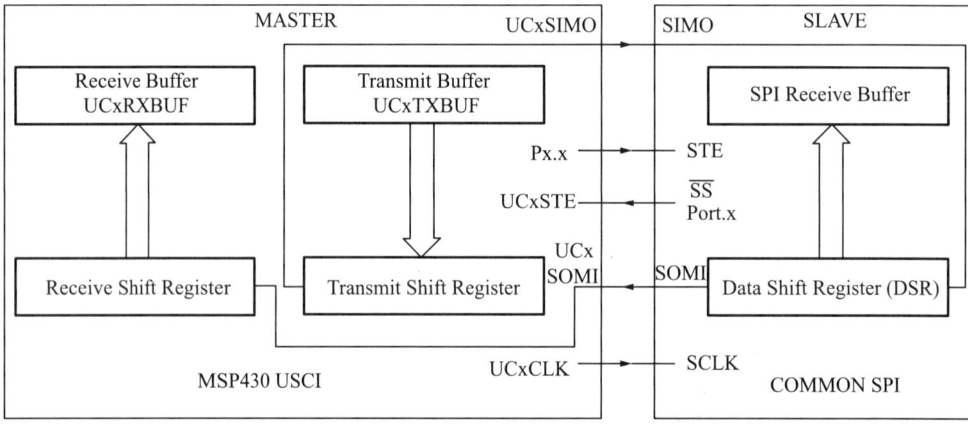

图 9.8 USCI-SPI 主机与外部从机连接示意图

当控制寄存器 UCAxCTL0/UCAxCTL0 中的控制位 UCMST=1 时,MSP430 单片机的 SPI 模块工作在主机模式下。USCI 模块通过在 UCxCLK 引脚上的时钟信号控制串行通信。串行通信发送工作由发送缓冲寄存器 UCxTXBUF、发送移位寄存器和 UCxSIMO 引脚完成。当发送移位寄存器为空时,已写入发送缓冲寄存器的数据将移入发送移位寄存器,并启动在 UCxSIMO 引脚的数据发送,该发送数据是最高位在前还是最低有效位在前,取决于 UCMSB 控制位的设置。串行通信接收工作由 UCxSOMI 引脚、接收移位寄存器和接收缓冲寄存器 UCxRXBUF 完成。UCxSOMI 引脚上的数据在与发送数据时相反的时钟沿处移入接收移位寄存器,当接收完所有选定位数时,接收移位寄存器中的数据移入接收缓冲寄存器 UCxRXBUF 中,并置位中断标志位 UCRXIFG,标志数据的接收/发送已完成。需要注意的是,在主机模式下,为了使 USCI 模块接收数据,UCxTXBUF 必须写入数据,因为接收和发送数据是同时操作的。在四线制主机模式下,由激活的主机 UCxSTE 信号防止与其他主机发生总线冲突。当 UCxSTE 信号为高电平时,主机处于活动状态;当 UCxSTE 为低电平时,主机处于非活动状态。如果当前主机处于非活动状态,则:

(1)UCxSIMO 和 UCxCLK 设置为输入状态,不再驱动总线;

(2)错误位 UCFE 置位,表明存在违反通信完整性的情况,需要用户介入处理;

(3)内部状态机复位,终止移位操作。

如果主机处于非活动状态,则数据被写入发送缓冲寄存器 UCxTXBUF 中,一旦主机切换到活动状态,则数据将被立即发送。如果主机在发送过程中,突然切换到非活动状态,则会导致正在发送的数据丢失,主机切换回活动状态时,须再次将数据写入发送缓冲寄存器 UCxTXBUF 中。在三线制主机模式下,则不需要 STE 输入控制信号。

4. SPI 从机模式

MSP430 单片机 USCI 模块工作在 SPI 模式下时,作为从机与外部另一个具有 SPI 接口的主机设备连接示意图如图 9.9 所示。

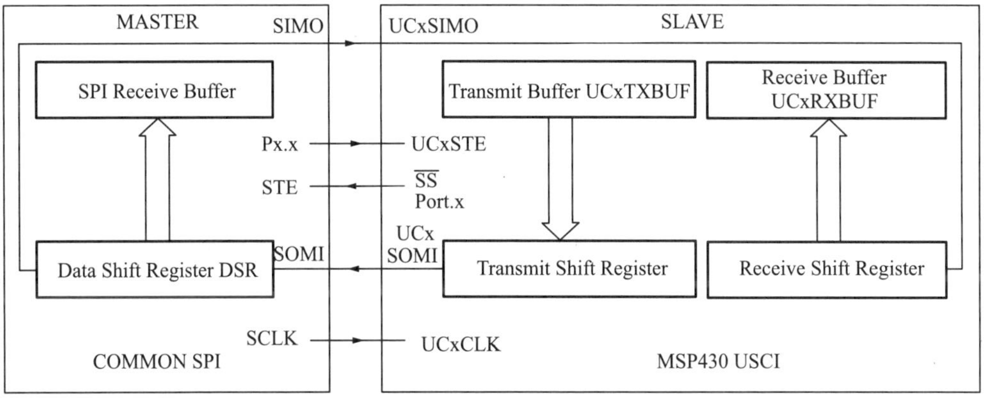

图 9.9 USCI-SPI 从机与外部主机设备连接示意图

当控制寄存器 UCAxCTL0/UCAxCTL0 中的控制位 UCMST=0 时,MSP430 单片机的 SPI 模块工作在从机模式下。在从机模式下,SPI 通信所用的时钟来源于外部主机,从机的 UCxCLK 引脚为输入状态。数据传输速率由主机发出的串行时钟决定,而不是内部的时钟发生器。在 UCxCLK 开始前,由 UCxTXBUF 移入移位寄存器中的数据在主机 UCxCLK 信号的作用下,通过从机的 UCxSOMI 引脚发送给主机。同时,UCxCLK 时钟的反向沿 UCxSIMO 引脚上的串行数据移入接收移位寄存器中。当数据从接收移位寄存器移入接收缓冲寄存器 UCxRXBUF 中时,UCRXIFG 中断标志位置位,表明数据已经接收完成。当新数据被写入接收缓冲寄存器时,前一个数据还没有被取出,则置位溢出标志位 UCOE。在四线制从机模式下,从机使用 UCxSTE 来使能接收或发送操作,该位状态由 SPI 主机提供,用于片选。当 UCxSTE 引脚为低电平时,从机处于活动状态;当 UCxSTE 引脚为高电平时,从机处于非活动状态。若从机处于非活动状态,则:

(1)停止 UCxSIMO 上任何正在进行的接收操作;

(2)UCxSOMI 设置为输入状态,不再驱动总线;

(3)移位操作停止,直到从机进入活动状态。

在三线制从机模式下,则不需要 UCxSTE 输入控制信号。

5. SPI 通信速率

当控制寄存器 UCAxCTL0/UCAxCTL0 中的控制位 UCMST=1 时,MSP430 单片机的 SPI 模块工作在主机模式下。此时,串行通信所需要的时钟线 UCxCLK 由 SPI 总线上的主机提供,即由 USCI 的时钟发生器提供,通过 UCSSELx 控制位选择用于产生串行通信时钟的参考时钟源,最终串行通信的时钟由 UCxCLK 引脚输出。当 UCMST=0 时,MSP430 单片机的 SPI 模块工作在从机模式下。此时,USCI 不使用时钟发生器,不考虑 UCSSELx 控制位,时钟由外部主机提供。SPI 的接收器和发送器并行操作,且数据传输采用同一个时钟源。串行通信时钟速率控制寄存器(UCxxBR1 和 UCxxBR0)组成一个 16 位 UCBRx 的值,用作 USCI 时钟源的 BRCLK 的分频因子。在主机模式下,USCI 模块能够产生的最大串行通信时钟是 BRCLK。USCI 模块工作在 SPI 模式时,不可使用调制器,即 SPI 串行通信时钟发生器不支持小数分频,所以 USCI 模块工作在 SPI 模式的时钟发生器产生频率计算公式为:

$$fBITCLOCK = fBRCLK/UCBRx$$

如果 UCBRx=0,则 fBITCLOCK=fBRCLK

需要注意的是,在使用 USCI_A 模块的 SPI 模式时,UCAxMCTL 寄存器应该清零;在使用 USCI_B 模块时则不需要。

6. SPI 通信时序

MSP430 单片机 USCI 模块工作在 SPI 模式下时,其通信时序如图 9.10 所示。其中 CKPH 和 CKPL 是 UCxCLK 的极性和相位控制位,这两位如何设置对通信协议没有影响,只是用来约定在 UCxCLK 的空闲状态和从什么位置开始采样信号。当 CKPH=0 时,意味着发送在 UCxCLK 第一个边沿开始采样信号;反之则在第二个边沿开始。当 CKPL=0 时,意味着时钟总线低电平是空闲状态;反之则是高电平为空闲状态。当信号线稳定时,进行接收采样;当接收采样时,信号线不允许发生电平跳变,否则采样数据将出错。

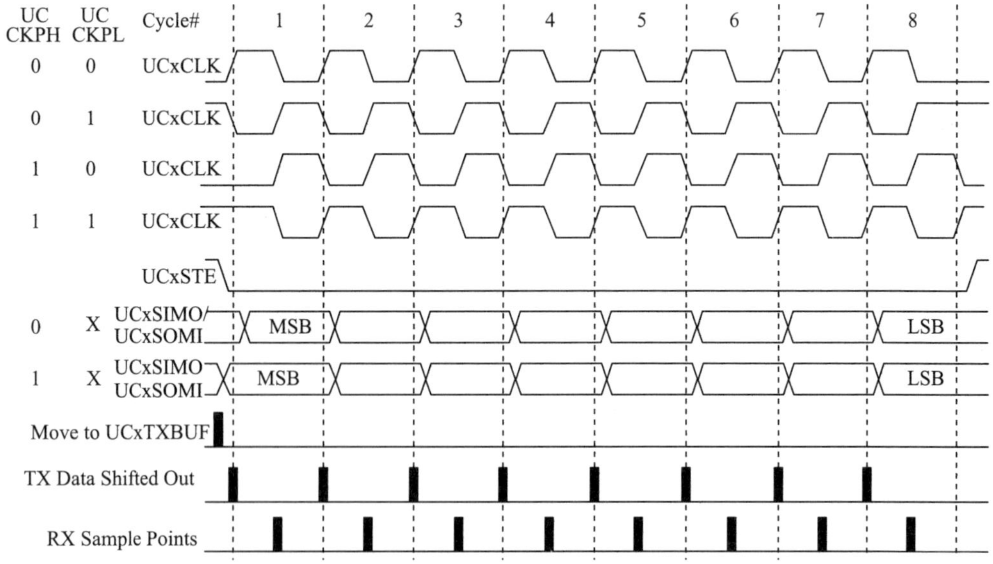

图 9.10 USCI-SPI 主机与外部从机连接示意图

在标准的 SPI 协议中,先发送的是 MSB 位。在四线制模式下,片选信号控制传输的开始;在三线制模式下,则从机始终处于激活状态,依靠时钟来判断数据传输的是否开始。

7. SPI 中断

USCI_Ax 和 USCI_Bx 模块各有一个中断向量,发送和接收共用该向量。

(1)SPI 发送中断操作

若 UCTXIFG 置位,则表明发送缓冲寄存器 UCxTXBUF 为空,可以向其写入新的字符。如果 UCTXIE 和 GIE 均已置位,则将产生发送中断请求。当字符写入 UCxTXBUF 时,UCTXIFG 将自动复位。因此,可利用发送中断服务程序不断地向发送缓冲寄存器 UCxTXBUF 写入新的数据,完成数据的传输。如 UCTXIFG=0 时,将数据写入 UCxTXBUF 缓冲器,将可能会导致错误的数据发送。

(2)SPI 接收中断操作

每当接收到一个字符,并把字符装载到接收缓冲寄存器 UCxRXBUF 时,将置位接收中断标志位 UCRXIFG。如果 UCRXIE 和 GIE 均已置位,则产生一个接收中断请求。当接收缓冲寄存器 UCxRXBUF 被读取时,UCRXIFG 会被自动复位。因此,可利用接收中断服务程序完成数据的接收工作。

(3)USCI 中断向量 UCxIV

USCI 中断标志具有不同的优先级,它们组合成一个公用的中断向量,即 USCI 为多源中断。中断向量寄存器 UCxIV 用来决定哪个中断标志请求产生中断。优先级最高的中断将会在 UCxIV 寄存器内产生一个数字偏移量,这个偏移量累加到程序计数器 PC 上,程序自动调转到相应的软件程序处。禁止中断不会影响 UCxIV 的值。对 UCxIV 寄存器的任何读或写访问,都会复位挂起优先级最高的中断标志。如果另一个中断标志置位,在响应完之前的中断后,将会立即产生另一个中断。

8. USCI 模块 SPI 模式的初始化

USCI 模块 SPI 模式的初始化步骤如下:

(1)置位 UCSWRST=1;

(2)在 UCSWRST=1 的前提下,初始化所有的 USCI 寄存器;

(3)通过软件清除 UCSWRST;

(4)通过置位中断允许控制位 UCRXIE、UCTXIE 使能中断。

在中断服务程序中完成数据的发送或接收。

9. USCI 寄存器——SPI 模式

USCI_A 与 USCI_B 模块工作 SPI 模式下的相关寄存器如表 9.4 和表 9.5 所示。

表 9.4 USCI_Ax 寄存器

偏移地址	缩写	寄存器	读/写类型	访问方式	初始状态
00h	UCAxCTLW0	USCI_Ax Control Word 0	Read/write	Word	0001h
00h	UCAxCTL1	USCI_Ax Control 1	Read/write	Byte	01h
01h	UCAxCTL0	USCI_Ax Control 0	Read/write	Byte	00h
06h	UCAxBRW	USCI_Ax Bit Rate Control Word	Read/write	Word	0000h

表 9.4（续表）

偏移地址	缩写	寄存器	读/写类型	访问方式	初始状态
06h	UCAxBR0	USCI_Ax Bit Rate Control 0	Read/write	Byte	00h
07h	UCAxBR1	USCI_Ax Bit Rate Control 1	Read/write	Byte	00h
08h	UCAxMCTL	USCI_Ax Modulation Control	Read/write	Byte	00h
0Ah	UCAxSTAT	USCI_Ax Status	Read/write	Byte	00h
0Bh		Reserved-reads zero	Read	Byte	00h
0Ch	UCAxRXBUF	USCI_Ax Receive Buffer	Read/write	Byte	00h
0Dh		Reserved-reads zero	Read	Byte	00h
0Eh	UCAxTXBUF	USCI_Ax Transmit Buffer	Read/write	Byte	00h
0Fh		Reserved-reads zero	Read	Byte	00h
1Ch	UCAxICTL	USCI_Ax Interrupt Control	Read/write	Word	0200h
1Ch	UCAxIE	USCI_Ax Interrupt Enable	Read/write	Byte	00h
1Dh	UCAxIFG	USCI_Ax Interrupt Flag	Read/write	Byte	02h
1Eh	UCAxIV	USCI_Ax Interrupt Vector	Read	Word	0000h

表 9.5 USCI_Bx 寄存器

Offset	Acronym	Register Name	Type	Access	Reset
00h	UCBxCTLW0	USCI_Bx Control Word 0	Read/write	Word	0101h
00h	UCBxCTL1	USCI_Bx Control 1	Read/write	Byte	01h
01h	UCBxCTL0	USCI_Bx Control 0	Read/write	Byte	01h
06h	UCBxBRW	USCI_Bx Bit Rate Control Word	Read/write	Word	0000h
06h	UCBxBR0	USCI_Bx Bit Rate Control 0	Read/write	Byte	00h
07h	UCBxBR1	USCI_Bx Bit Rate Control 1	Read/write	Byte	00h
08h	UCBxMCTL	USCI_Bx Modulation Control	Read/write	Byte	00h
0Ah	UCBxSTAT	USCI_Bx Status	Read/write	Byte	00h
0Bh		Reserved-reads zero	Read	Byte	00h
0Ch	UCBxRXBUF	USCI_Bx Receive Buffer	Read/write	Byte	00h
0Dh		Reserved-reads zero	Read	Byte	00h
0Eh	UCBxTXBUF	USCI_Bx Transmit Buffer	Read/write	Byte	00h
0Fh		Reserved-reads zero	Read	Byte	00h
1Ch	UCBxICTL	USCI_Bx Interrupt Control	Read/write	Word	0200h
1Ch	UCBxIE	USCI_Bx Interrupt Enable	Read/write	Byte	00h
1Dh	UCBxIFG	USCI_Bx Interrupt Flag	Read/write	Byte	02h
1Eh	UCBxIV	USCI_Bx Interrupt Vector	Read	Word	0000h

10. SPI 应用

例程 5 主机模式下发送数据中断接收例程(SPI_01_MASTER)

■ 实验目的

了解并熟悉 MSP430F5529 单片机 USCI_B 模块配置在 SPI 主机模式下的工作原理和与从机进行通信的程序设计方法。

■ 实验设备

MSP430F5529-EVM 开发板两套;

MSP-FET430FUIF 仿真器一套。

■ 实验内容

本例程实现通过 SPI 总线进行主机和从机之间的通信功能。本例程须与 SPI_01_SLAVE 工程相配合才能完成相应的功能。在主机端,首先发出 1 B 数据,然后通过中断方式接收来自从机发送的数据并进行检查对比,之后再次发送一个数据,从而实现一个循环发送和接收的通信功能。

■ 程序讲解

```
#include<msp430. h>
unsignedcharMST_Data, SLV_Data;
intmain(void)
{
    volatileunsignedinti;
    WDTCTL=WDTPW+WDTHOLD; //关闭看门狗定时器
    P3DIR|=BIT5; //设置 P3. 5 引脚为输出
    P3OUT&=~BIT5; //关闭指示灯 LED1
    P4SEL|=BIT1+BIT2+BIT3; //设置 P4. 1~P4. 3 为外设功能引脚
    UCB1CTL1|= UCSWRST; //使 UCB1SPI 模式的状态机处于复位状态
    UCB1CTL0|=UCMST+UCSYNC+UCCKPL+UCMSB; //三线制, 8 位数据, 主机模式
    //时钟的不活动状态为高电平, MSB 在前
    UCB1CTL1|=UCSSEL_2; //SPI 模块的时钟源选择 SMCLK
    UCB1BR0 = 0x02; //分频系数为 2
    UCB1BR1=0; //
    UCB1CTL1&=~UCSWRST; //初始化 UCB1SPI 模式的状态机
    UCB1IE|=UCRXIE; //使能 USCI_B1 接收中断
    //……
    for(i=50; i>0; i--); //等待从机初始化完毕
    MST_Data=0x01; //初始化主机发送端数据
    SLV_Data=0x00; //初始化从机接收端数据
    while(!(UCB1IFG&UCTXIFG)); //USCI_B1 发送缓冲寄存器是否为空
    UCB1TXBUF=MST_Data; //发送第一个字符
    __bis_SR_register(LPM0_bits+GIE); //进入低功耗模式 LPM0, 并使能全局中断
}
#pragmavector=USCI_B1_VECTOR
__interruptvoidUSCI_B1_ISR(void)
```

```
{
    volatileunsignedinti;
    switch(__even_in_range(UCB1IV,4))
    {
        case0: break; //Vector0-nointerrupt
        case2: //Vector2-RXIFG
        while(!(UCB1IFG&UCTXIFG)); //等待 USCI_B1 发送缓冲寄存器为空
        if(UCB1RXBUF==SLV_Data) //检测接收到的字符是否正确
        P3OUT|= BIT5; //如正确,则点亮 LED1
        else
        P3OUT&=~BIT5; //如错误,则熄灭 LED1
        MST_Data++; //数据递增
        SLV_Data++;
        UCB1TXBUF=MST_Data; //发送下一个字符
        for(i=20;i>0;i--); //延迟一段时间,确保从机能完成接收和发送工作
        break;
        case4: break; //Vector4-TXIFG
        default: break;
    }
}
```

■ 实验步骤

(1)通过杜邦线将主机 SPI 模块引脚信号(CLK、SIMO、SOMI)与从机的信号一一对应相接。

(2)给开发板上电。

(3)打开 SPI_01_MASTER 工程,将程序下载到开发板上。

(4)在 IAR 开发环境下,在程序主循环中设置断点,然后再单击快捷菜单中"Go"命令,即"☒",在观察窗口即可看到接收的数据。

例程 6 SPI 从机模式下中断接收和发送数据例程(SPI_01_SLAVE)

■ 实验目的

了解并熟悉 MSP430F5529 单片机 USCI_B 模块配置在 SPI 从机模式下的工作原理和与主机进行通信的程序设计方法。

■ 实验设备

MSP430F5529-EVM 开发板两套;

MSP-FET430FUIF 仿真器一套。

■ 实验内容

本例程实现通过 SPI 总线进行主机和从机之间的通信功能。本例程须 SPI_01_MASTER 工程相配合才能完成相应的功能。在从机端,通过中断方式接收来自主机发送的数据并立即发出,从而实现一个循环发送和接收的通信功能。

■ 程序讲解

```
#include<msp430.h>
intmain(void)
```

```
{
    WDTCTL=WDTPW+WDTHOLD; //关闭看门狗定时器
    while(!(P4IN&0x08)); //检测 UCB1CLK 时钟线上是否有输入
    //当前还未进入 SPI 模式
    P4SEL|=BIT1+BIT2+BIT3; //设置 P4.1~P4.3 为外设功能引脚
    UCB1CTL1|=UCSWRST; //使 UCB1SPI 模式的状态机处于复位状态
    UCB1CTL0|=UCSYNC+UCCKPL+UCMSB; //三线制,8 位数据,从机模式
    //时钟的不活动状态为高电平,MSB 在前
    UCB1CTL1&=~UCSWRST; //初始化 UCB1SPI 模式的状态机
    UCB1IE|=UCRXIE; //使能 USCI_B1 接收中断
    __bis_SR_register(LPM4_bits + GIE); //进入低功耗模式 LPM4,并使能全局中断
}
//Echocharacter
#pragmavector=USCI_B1_VECTOR
_interruptvoidUSCI_B1_ISR(void)
{
    switch(__even_in_range(UCB1IV,4))
    {
        case0: break; //Vector0-nointerrupt
        case2: //Vector2-RXIFG
        while(!(UCA0IFG&UCTXIFG)); //等待 USCI_B1 发送缓冲寄存器为空
        UCA0TXBUF=UCA0RXBUF; //将收到的数据发送出去
        break;
        case4: break; //Vector4-TXIFG
        default: break;
    }
}
```

■ 实验步骤

(1)通过杜邦线将从机 SPI 模块引脚信号(CLK、SIMO、SOMI)与主机的信号一一对应相接。

(2)给开发板上电。

(3)打开 SPI_01_SLAVE 工程,将程序下载到开发板上。

(4)在 IAR 开发环境下,在程序主循环中设置断点,然后再单击快捷菜单中“Go”命令,即“”,在观察窗口即可看到接收的数据。

9.2.3 USCI 的 I^2C 模式

1. I^2C 总线概述

I^2C 总线是由 Philips 半导体公司(现为 NXP 半导体公司)于 20 世纪 80 年代初期发明的一种双线双向串行总线,为系统内部的集成电路之间提供通信链接。这种简单的双线总线具有由软件定义的协议,现已发展成为实际上的系统控制标准,进入了从温度传感器和电压电平变换器到 EEPROM、通用 I/O、A/D 和 D/A 转换器、CODEC 以及所有类型微处理

器的各个领域,并在一定条件下可用作 S MBus、P MBus 和 DDC。目前,半导体巨头德州仪器(TI)、恩智浦半导体(NXP)、美国国家半导体(National Semi)、意法半导体(ST)、美信半导体(Maxim-IC)等公司都有大量器件带有 I^2C 总线接口,这为应用工程师设计产品时选择合适的 I^2C 器件提供了广阔的空间。

I^2C 总线自面世以来,紧跟芯片性能发展趋势,持续发展了 20 多年,目前最新的总线规范版本为 V2.1-2000。目前,I^2C 总线支持三种速度等级:标准模式(高达 100 kbit/s)、快速模式(高达 400 kbit/s)和高速模式(高达 3.4 Mbit/s)。I^2C 总线的新产品,如集线器、总线中继器、双向开关和多路复用器,这些芯片增加了总线可支持器件的数目,更好地扩展了通信距离、总线容量,使其超过原来的最大值 400 pF,并使 I^2C 总线支持热插拔功能。I^2C 总线除了性能优异之外,使用也很方便。两条简单的线路连接了系统中的所有 I^2C。任何 I^2C 器件都可连接到公共的 I^2C 总线上,所有主器件都可与从器件交换信息。软件控制寻址的机制不需要地址解码的硬件,也无须设计和调试外部控制逻辑,因为 I^2C 协议已提供了这些东西。设计者能够很快地根据结构图来确定最终硬件,并且简单选取新的器件和功能到现有的总线上。

I^2C 双线结构意味着走线更少,因而 PCB 板的体积变得更小,能够节省空间和降低总成本。同时,由于需要验证的走线和信息源少了,调试和测试也就更加方便。随着 I^2C 总线系统的发展,I^2C 器件已可以被简单地添加或移走,而不影响系统上其他电路结构的工作。目前,I^2C 总线已广泛应用于电表、水表、煤气表、便携式电话、传真、车内收音机、显示器、智能电视等仪器仪表领域。

2. USCI 模块的 I^2C 模式简介

I^2C 总线相关基本概念:

(1)主机(master):产生时钟信号,提供开始发送、停止发送信号的器件;

(2)从机(slave):被主机寻址的器件;

(3)发送器(transmitter):发送数据到总线的器件;

(4)接收器(receiver):从总线接收数据的器件。

I^2C 总线是双向传输的总线,因此主机和从机都可能成为发送器和接收器。如果主机向从机发送数据,则主机是发送器,而从机是接收器;如果主机从从机读取数据,则主机是接收器,而从机是发送器。不论主机是发送器还是接收器,时钟信号 SCL 都由主机产生。

3. USCI 模块的 I^2C 模式特点

MSP430 单片机的 USCI 模块支持多种串行通信协议。其中,USCI_A 支持 UART 模式、脉冲整形的 IrDA 通信模式、自动监测波特率的 LIN 通信模式和 SPI 模式;USCI_B 支持 I^2C 和 SPI 两种串行通信模式。MSP430F5529 单片机具有两个 USCI_B 模块,分别是 USCI_B0 和 USCI_B1,即可支持两路独立的 I^2C、SPI 或 1 路 I^2C 与 1 路 SPI 通信同时工作。

USCI 模块工作在 I^2C 模式下,其内部结构如图 9.11 所示。由图可知,I^2C 模式下的 USCI_B 模块由四个部分组成,分别是 I^2C 时钟发生器、I^2C 发送逻辑、I^2C 接收逻辑和 I^2C 状态机。其中,从 I^2C 时钟发生器可以看出,I^2C 模块有三个时钟源,分别是 UC1CLK、ACLK 和 SMCLK,可由控制寄存器 UCBxCTL1 中的 UCSSELx 控制位进行设置。选择时钟源之后,该信号还要经过预分频器进行分频,这是通过设置寄存器 UCBxBRx 完成的。分频之后的时钟是否向外输出是由控制寄存器 UCBxCTL0 中的 UCMST 位控制的,即当 I^2C

模块工作在主机模式下(UCMST=1b)时,通过MOS管向外提供时钟信号(UCxSCL);当I^2C模块工作在从机模式下(UCMST=0b)时,时钟信号由外部主机提供。I^2C模块的发送逻辑包括发送缓冲寄存器UCBxTXBUF、发送移位寄存器和从机地址寄存器UCBxI²CSA,从机地址的长度由控制寄存器UCBxCTL0中的UCSLA10位进行设置。I^2C模块的接收逻辑包括接收缓冲寄存器UCBxRXBUF、接收移位寄存器和本机地址寄存器UCBxI²COA(仅在从机模式下有效),本机地址的长度由控制寄存器UCBxCTL0中的UCA10位进行设置,且本机地址寄存器UCBxI²COA中UCGCEN位控制本机是否响应广播呼叫。I^2C模块的最后一部分为I^2C状态机,该部分逻辑用于控制I^2C总线在工作时的各种状态切换。关于USCI模块上述四个组成部分的详细工作原理和设置方法,将在后续的I^2C总线操作模式中进一步介绍。

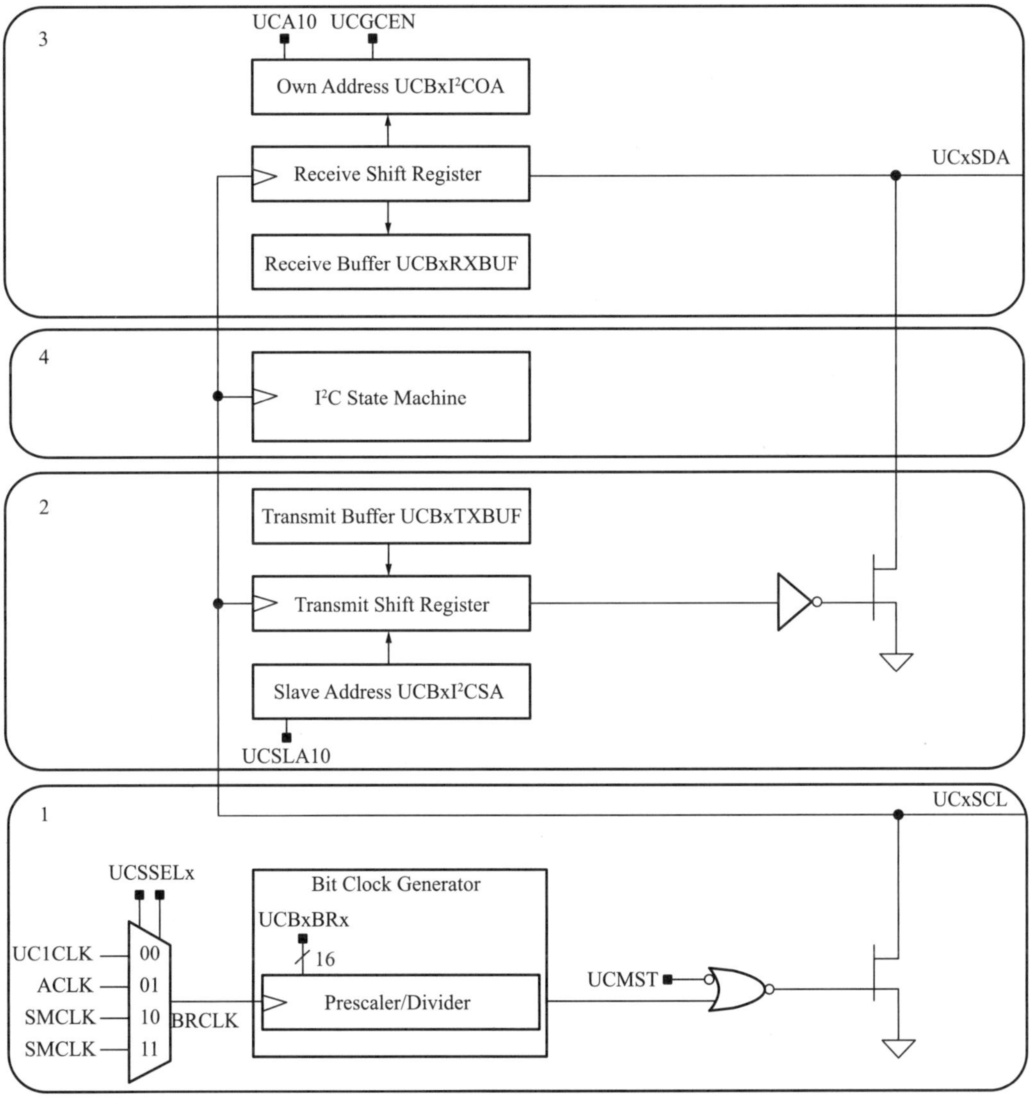

图9.11 I^2C模式下USCI_B的内部组成框图

MSP430 单片机的 I^2C 总线具有如下特点：

(1)兼容 Philips 半导体公司的 I^2C 总线规范 V2.1 版；

(2)支持 7 位、10 位设备寻址模式；

(3)支持广播呼叫功能；

(4)支持“开始/重新开始/停止”模式；

(5)支持多主机发送/接收工作模式；

(6)支持从机发送/接收工作模式；

(7)支持 100 kbit/s 标准模式和 400 kbit/s 快速模式；

(8)主机模式下 I^2C 总线工作时钟可编程；

(9)支持低功耗工作模式；

(10)从机接收模式下具有侦测到“开始条件”自动从 LPMx 模式下唤醒功能(不含 LPMx.5 模式)；

(11) LPM4 状态下支持从机模式正常工作。

4. I^2C 模块的工作原理

I^2C 总线只由两根信号线组成,一根是串行数据线 SDA,另一根是串行时钟线 SCL。在系统中,I^2C 总线的典型接法如图 9.12 所示,注意连接时需要共地。

一般具有 I^2C 总线的器件其 SDA 和 SCL 管脚都是漏极开路(或集电极开路)输出结构。因此实际使用时,SDA 和 SCL 信号线都必须要加上拉电阻。上拉电阻一般取值 3~10 kΩ。开漏结构的好处是：

(1)当总线空闲时,这两条信号线都保持高电平,基本不消耗电流。

(2)电气兼容性好。上拉电阻接 5 V 电源即可与 5 V 逻辑器件相连,接 3 V 电源即能与 3 V 逻辑器件相连(在 MSP430 单片机系统中,上拉电阻的电压不可超过 V_{CC})。

(3)因为是开漏结构,所以不同器件的 SDA 与 SDA 之间、SCL 与 SCL 之间可以直接相连,不需要额外的转换电路。

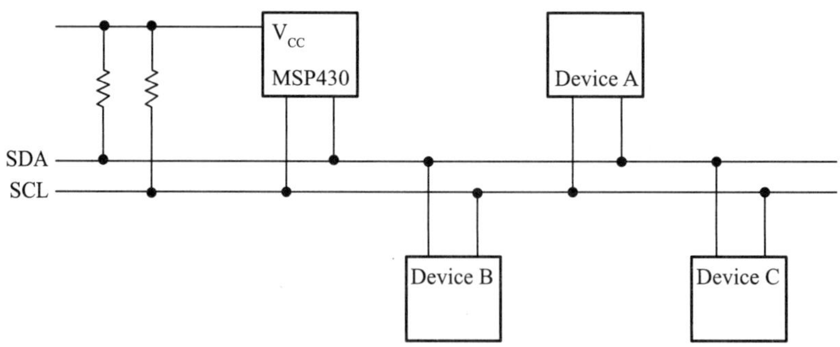

图 9.12 I^2C 设备连接示意图

5. I^2C 总线初始化与复位

PUC 信号或置位 UCBxCTL1 中 UCSWRST 控制位均可使得 USCI 模块处于复位状态。当收到 PUC 信号后,系统自动置位 UCSWRST 控制位,使 USCI 模块处于复位状态。为了避免 USCI 模块产生不可预测的动作,任何配置模块的设置均要在 UCSWRST 处于置位状态下进行,当完成工作模式配置后,清零 UCSWRST 控制位即可使 USCI 模块处于运行状态。

在 I^2C 总线模式下,置位 UCSWRST 控制位还会出现如下结果:

(1)中断 I^2C 总线通信;

(2)SDA、SCL 信号引脚处于高阻态;

(3)复位 UCBxSTAT 寄存器;

(4)复位 UCBxIE、UCBxIFG 寄存器;

(5)其他控制位和寄存器保持不变。

因此,在配置 USCI 模块工作在 I^2C 总线模式时,建议按如下步骤进行:

(1)置位 UCSWRST 控制位;

(2)初始化 USCI 寄存器,完成 I^2C 工作模式设置;

(3)配置相关端口;

(4)通过软件方式清 UCSWRST 控制位;

(5)开启 USCI 模块的中断使能(如需要)。

6. I^2C 总线的串行数据传输格式

I^2C 总线的串行数据传输时序图如图 9.13 所示。在详细介绍传输时序之前,有必要先解释几个术语。

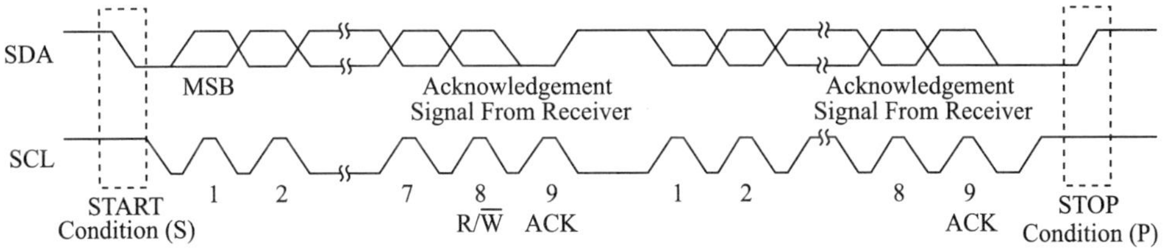

图 9.13 I^2C 总线的串行数据传输时序图

(1)起始条件/起始位(START conditon)

当 SCL 时钟线为高电平期间时,SDA 数据线上的电平产生由高到低的跳变,总线在起始条件之后便处于忙的状态,因此也称起始位,简记为“S”。

(2)停止条件/停止位(STOP condition)

当 SCL 时钟线为高电平期间时,SDA 数据线上的电平产生由低到高的跳变,总线在停止条件之后便处于空闲的状态,因此也称停止位,简记为“P”。

(3)应答信号/应答位(ACK)

在 I^2C 总线传输数据过程中,每传输一个字节,都要跟一个应答状态位。应答位的时钟脉冲由主机产生,而应答位的数据状态则遵循“谁接收谁产生”的原则,即总是由接收器产生应答位告知发送器接收数据的情况。I^2C 总线标准规定,应答位为低电平,表示接收器应答,常简记为“A”。

(4)非应答信号/非应答位(NACK)

I^2C 总线标准规定,非应答位为高电平,记为 NACK,常简记为“N”。如果主机在接收完最后一个字节的数据,或者不能再接收更多的数据时,应当产生非应答来通知发送器。如果发送器发现接收器产生了非应答状态,则应当终止发送。

(5)读/写控制位(R/W)

高电平“1”表示从总线读取数据,低电平“0”表示向总线写数据。

(6)总线数据(data)

I^2C 总线传输数据都是 8 位,即是按字节进行传输的。

(7)从机地址(SLA)

I^2C 总线在起始位之后传输数据的第一个字节高 7 位是从机地址,数据格式为高位在前,低位在后,最低位是读/写控制位($R/\overline{W}$)。I^2C 总线总是以字节(Byte,B)为单位收发数据的。每次传输的字节数量没有严格限制。首先传输的是数据的最高位(MSB,第 7 位),最后传输的是最低位(LSB,第 0 位)。当 I^2C 总线出现起始条件后,总线处于忙的状态,即有数据在传输,传输的第一个字节由 7 位从机地址和一个读写控制位组成($R/\overline{W}$)。当 $R/\overline{W}$ 为低电平“0”时,主机向从机发送数据;当 $R/\overline{W}$ 为高电平“1”时,主机接收来自从机的数据。在每个字节之后的第 9 个 SCL 时钟上,接收器发送应答信号(A)或非应答信号(N)。主机发送停止条件后,总线处于空闲状态,SDA、SCL 均处于高电平状态。

由 I^2C 总线的起始条件、停止条件的电气特性可知,在 SCL 时钟信号的高电平期间,SDA 数据必须保持稳定,否则,SDA 上的数据变化将被识别为起始条件或停止条件,从而导致总线传输数据发生错误。所以,只有当 SCL 时钟信号处于低电平期间,才允许 SDA 上的数据发生改变。这就是 SDA 数据的有效性,如图 9.14 所示。当利用 I/O 端口模拟 I^2C 总线进行数据传输时,尤其要注意 SDA 上的数据变化时机。

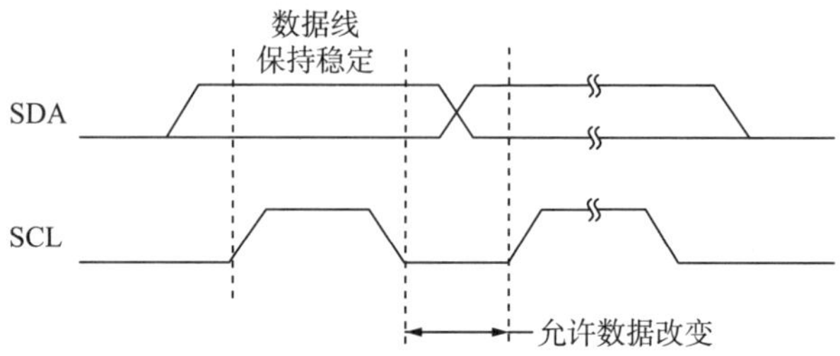

图 9.14　I^2C 总线数据有效性示意图

7. I^2C 总线的寻址模式

MSP430 单片机 USCI 模块的 I^2C 总线模式支持 7 位和 10 位两种寻址模式,7 位寻址模式最多可寻址 128 个器件,10 位寻址模式最多可寻址 1 024 个器件。I^2C 总线规范规定总线上连接器件的最大数量是以所有器件的电容总和不超过 400 pF(包括器件引脚等效电容和连线本身的电容)为限的。另外,总线上所有器件依靠 SDA 发送的地址信号寻址,不需要片选信号。

(1)7 位寻址模式

7 位寻址模式的数据传输格式如图 9.15 所示。第一个字节由 7 位 SLA 和 $R/\overline{W}$ 组成。不论总线上传输的是地址还是数据信息,每个字节传输完毕,在第 9 个 SCL 时钟处,接收器会发送 ACK。传输时,先发送地址,后发送/接收数据。

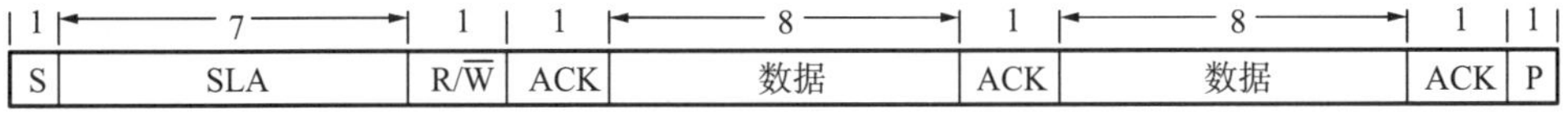

图 9.15 7 位寻址模式下数据传输格式

(2)10 位寻址模式

10 位寻址模式的数据传输格式如图 9.16 所示。第一个字节由固定的 5 位二进制数"11110"、从机 10 位地址的高两位和 R/$\overline{W}$ 组成,然后是从机发送的 ACK;第二个字节是从机 10 位地址的 8 位(当成数据传输),接着是 ACK;后面的数据传输与 7 位寻址模式下完全相同。不论总线上传输的是地址还是数据信息,每个字节传输完毕,在第 9 个 SCL 时钟处,接收器会发送 ACK。

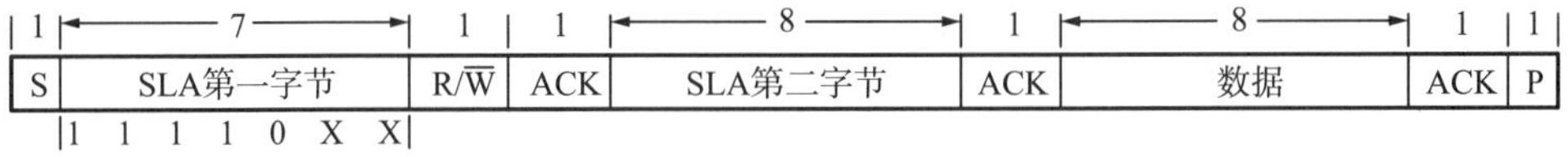

图 9.16 10 位寻址模式下数据传输格式

(3)子地址

带有 I^2C 总线的器件除了有 SLA 外,还可能有子地址。SLA 是指该器件在 I^2C 总线上被主机寻址的地址,而子地址是指该器件内部不同部件或存储单元的编址。例如,带 I^2C 总线接口的 EEPROM 就是拥有子地址器件的典型代表。某些器件(只占少数)内部结构比较简单,可能没有子地址,只有必需的 SLA。与 SLA 一样,子地址实际上也是像普通数据那样进行传输的,传输格式仍然是与数据相统一的,区分传输的到底是地址还是数据要靠收发双方具体的逻辑约定。子地址的长度必须由整数个字节组成,可能是单字节(8 位子地址),也可能是双字节(16 位子地址),还可能是三字节以上,这要看具体器件的规定。

(4)重复起始条件(RESTART)

主机与从机进行通信时,有时需要切换数据的收发方向。例如,访问某一具有 I^2C 总线接口的 EEPROM 存储器时,主机先向存储器输入存储单元的地址信息(发送数据),然后再读 取其中的存储内容(接收数据)。

在切换数据的传输方向时,可以不必先产生停止条件再开始下次传输,而是直接再一次产生开始条件。I^2C 总线在已经处于忙的状态下,再一次直接产生起始条件的情况被称为重复起始条件。

正常的起始条件和重复起始条件在物理波形上并没有什么不同,区别仅仅是在逻辑方面。在进行多字节数据传输过程中,只要数据的收发方向发生了切换,就要用到重复起始条件。重复起始条件下数据传输格式如图 9.17 所示。

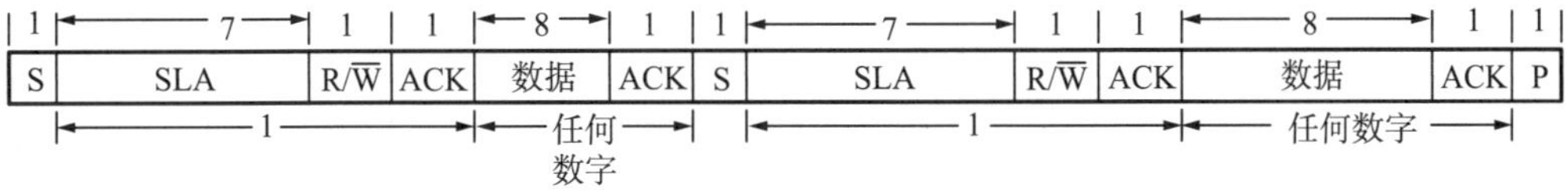

图 9.17 重复起始条件下数据传输格式

8. I^2C 模块的工作模式

USCI 模块配置为 I^2C 总线时,有四种工作模式:从发送模式、从接收模式、主发送模式和主接收模式。下面详细介绍这几种工作模式。

在介绍 I^2C 总线各种模式的工作原理时,需要用时序图来描述,这就需要做些约定,如图 9.18 所示。图中灰色矩形框表示由主机发送的数据,白色矩形框表示由从机发送的数据,如果由 USCI 模块(MSP430 单片机)发送数据,那么用更高的矩形框来表示。带有向上箭头的矩形框表示 I^2C 总线传输数据过程中需要执行的动作(清零或置位相关寄存器,或者相关控制位),如果是灰色的,则表示该动作有 USCI 模块硬件实现;如果是白色的,则表示需要通过软件实现。

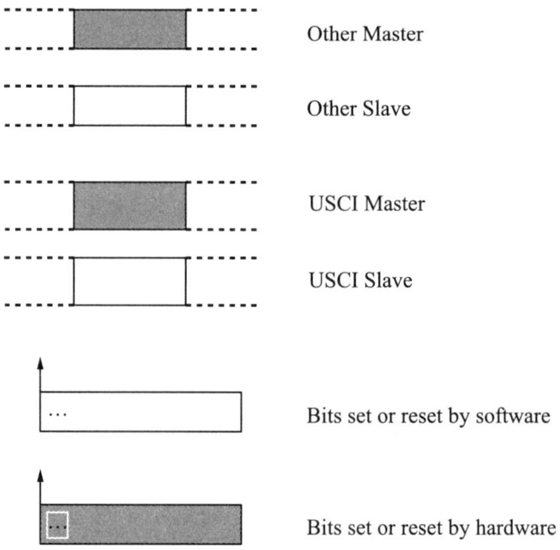

图 9.18 I^2C 总线工作时序图中的约定

(1)从机模式

通过设置 UCBxCTL0 寄存器中的控制位 UCMODEx = 11b、UCSYNC = 1b 和 UCMST = 0b,可将 USCI_B 模块设置成 I^2C 从机模式。首先,为了接收主机发来的 SLA,必须清零 UCBxCTL1 寄存器中的 UCTR 控制位,将 I^2C 模块配置成接收状态。然后,根据主机发来的读/R/W 自动控制接收和发送操作。

USCI 模块的 SLA 可通过软件编程存放在 UCBxI^2COA 寄存器中,当 UCBxCTL0 寄存器中的控制位 UCA10 = 0b 时,设置 I^2C 模块为 7 位地址模式;当 UCA10 = 1b 时,为 10 位地址模式。另外,该寄存器中的 UCGCEN 控制位可设置从机是否响应广播呼叫寻址。

当从机检测到总线上的起始条件信号后,USCI 模块将接收到的 SLA 与存放在 UCBxI^2COA 中的地址相比较,如相同则置位中断标志位 UCSTTIFG;如不同,则不响应。下面对从机发送模式和从机接收模式做详细介绍。

① 从机发送模式

从机发送模式下的通信示意图如图 9.19 所示。为了更好地理解该模式下的具体操作,将该图分成三种情况进行详细描述。

当主机发送的 SLA 和从机本身地址相同,且 R/W 为高电平时(R/W = 1b),从机进入发送模式。从机随着主机产生的 SCL 时钟信号将移位寄存器中的数据在 SDA 上移动发送出去。从机不产生时钟信号,但当发送完 1 B 后,需要 CPU 干预时,从机可以使 SCL 时钟保持低电平,即使 I^2C 总线处于忙的状态。

如图 9.19 中标“1”的部分所示,当主机向从机请求数据时,USCI 模块会自动地配置为发送模式,即设置 UCTR = 1b、UCSTTIFG = 1b、UCTXIFG = 1b 和 UCSTPIFG = 0b,并丢弃 UCBxTXBUF 寄存器中的数据。在向 UCBxTXBUF 寄存器写入数据之前,从机使 SCL 时钟一直保持低电平,接着向主机发送 ACK,通过软件方式清零起始条件中断标志(UCSTTIFG = 0b)和向 UCBxTXBUF 寄存器中写入待发送的数据。一旦数据写入移位寄存器,该数据即通过 SDA 数据线由 SCL 时钟一位一位串行输出,并再次置位中断标志 UCTXIFG,表明发送缓冲区为空,可再次写入下次发送的数据。在主机发出应答信号后,则开始传输写入发送缓冲区的下一个数据,如果此时发送缓冲区为空,则 SCL 时钟将保持低电平。如果收到主机发送的非应答信号和停止条件信号时(主机发送 NACK 之后,接着发停止位 P),则清零中断标志 UCTXIFG、UCSTTIFG,并置位中断标志 UCSTPIFG。

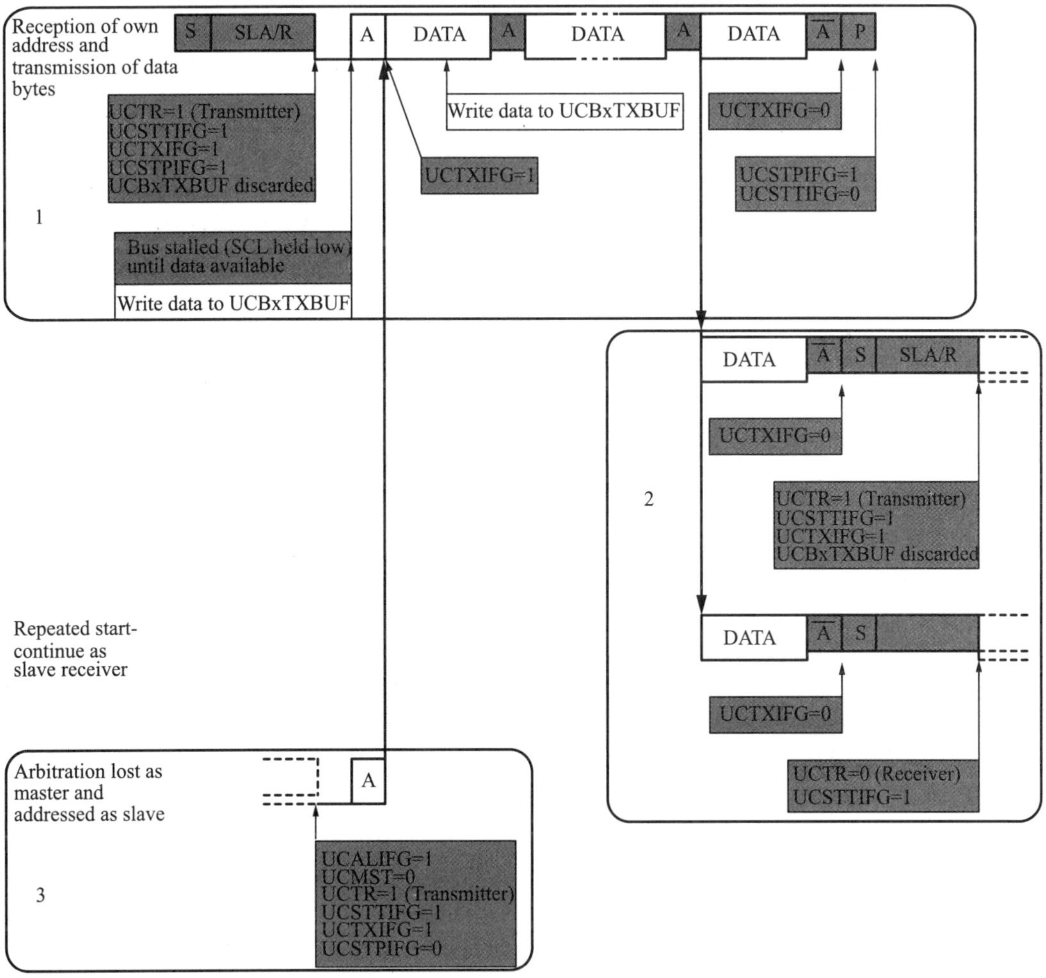

图 9.19 从机发送模式下的通信示意图

在 I^2C 总线数据传输中，如果想在不停止总线数据流的情况下改变数据传输方向，或寻址其他从器件，主机只需在发送非应答信号 NACK 之后接着发送起始信号、SLA 和 R/W 即可。重复发送起始条件的情况如图中标“2”的部分所示，这种情况在实际应用中经常会遇到。

图中标“3”的部分则是 USCI 模块初始处于主机状态下，因丢失仲裁自动被设置为从机的情况，从机的数据传输方向则由赢得仲裁的主机决定。

② 从机接收模式

从机接发模式下的通信示意图如图 9.20 所示。在图中标“1”的部分中，当从机本身地址与主机发送来的 SLA 相同，且 R/W 为低电平时（R/W = 0b），USCI 模块会自动地配置为从机接收模式，即设置 UCTR = 0b、UCSTTIFG = 1b 和 UCSTPIFG = 0b，然后向主机发送 ACK。当从机接收完 1 B 数据之后，USCI 模块会自动置位中断标志位 UCRXIFG = 1b，此时可通过软件方式读取接收缓冲区的数据，并自动发送 ACK 和清零中断标志位 UCRXIFG。如果从机收到 1 B 数据后，没有及时读取接收缓冲区 UCBxRXBUF 的数据，则从机将拉低时钟信号 SCL，暂停主机发送；一旦 UCBxRXBUF 中的数据被读取，从机将自动发送 ACK，主机开始发送下一个字节数据。如果从机接收到主机发来总线停止条件信号，那么将自动置位中断标志 UCSTPIFG = 1b，并停止接收数据；如果再次接收到起始条件信号，则将根据收到的从机地址和读/写控制位（R/W）重新配置总线的数据流向。

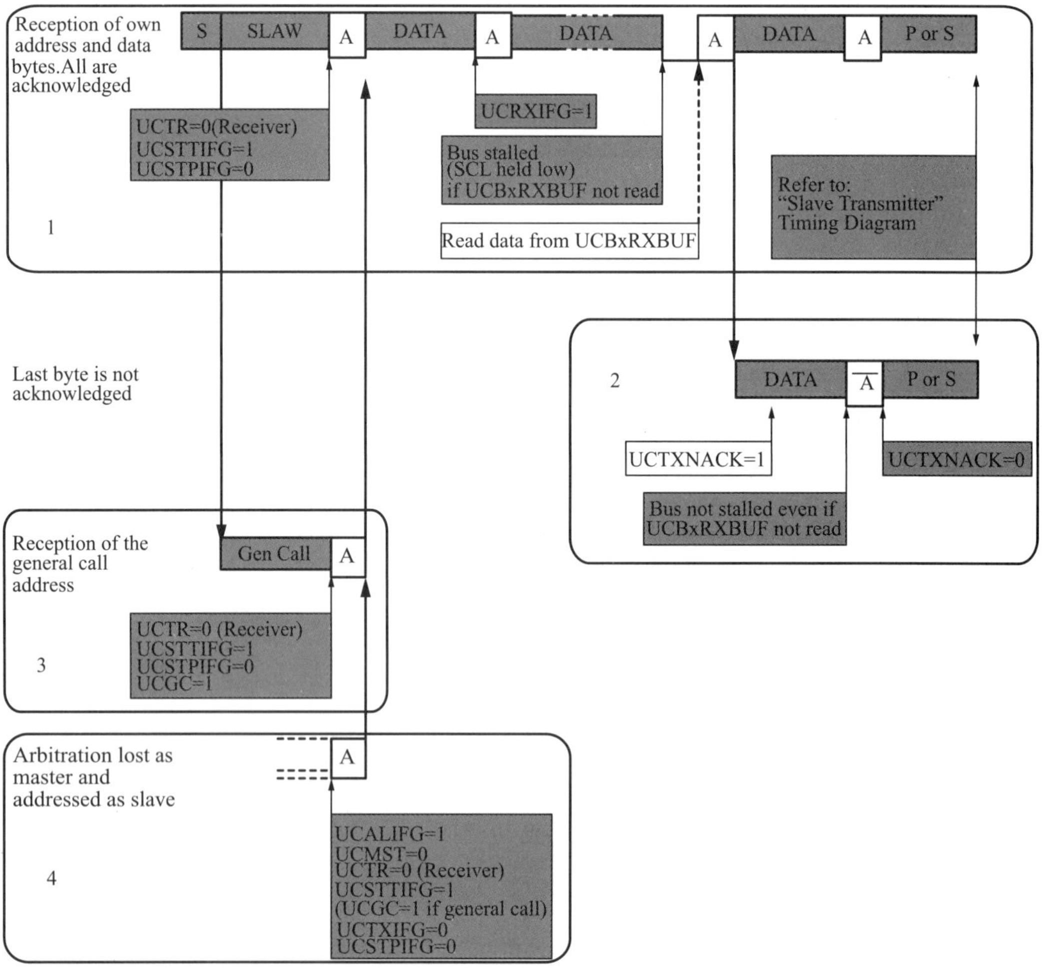

图 9.20 从机接收模式下的通信示意图

如果从机接收端想停止接收数据，那么可在收到 1 B 数据，并读取接收缓冲区 UCBxRXBUF 中数据之后立即置位控制位 UCTXNACK = 1b，则从机将在下一个应答周期内发送 NACK 信号，并自动清零 UCTXNACK 控制位。主机收到 NACK 信号后，根据需要发送停止条件信号或起始条件信号。如果在 SCL 被拉低期间置位 UCTXNACK，将会立即释放总线，发送 NACK 信号给主机，UCBxRXBUF 将装载最后一次接收的数据。由于从机没有及时读取之前的数据，这将导致数据丢失。为了避免这种情况发生，应在控制位 UCTXNACK 置位之前读取 UCBxRXBUF 中的数据。上述情况如图 9.20 中标“2”处所示。

图 9.20 中标“3”处则表示，当从机本身地址寄存器设置响应广播呼叫时(UCGCEN = 1b)，收到的从机地址为广播呼叫地址，从机将根据后续的广播呼叫控制字节做出相应的响应。图中标“4”的部分则是 USCI 模块初始处于主机状态下，因丢失仲裁自动被设置为从机的情况，从机的数据传输方向则由赢得仲裁的主机决定。

③ 10 位寻址的从机模式

当模块控制寄存器 UCBxCTL0 中控制位 UCA10 = 1b 时，I^2C 模块处于 10 位地址模式，如图 9.21 中上半部分所示。当从机接收到 2 B 的 SLA 并与本身地址比较，两者相同后，USCI 模块自动设置控制位 UCTR = 0b、UCSTTIFG = 1b 和 UCSTPIFG = 0b，接下来的接收数据操作与 7 位寻址模式下完全相同，这里不再赘述。

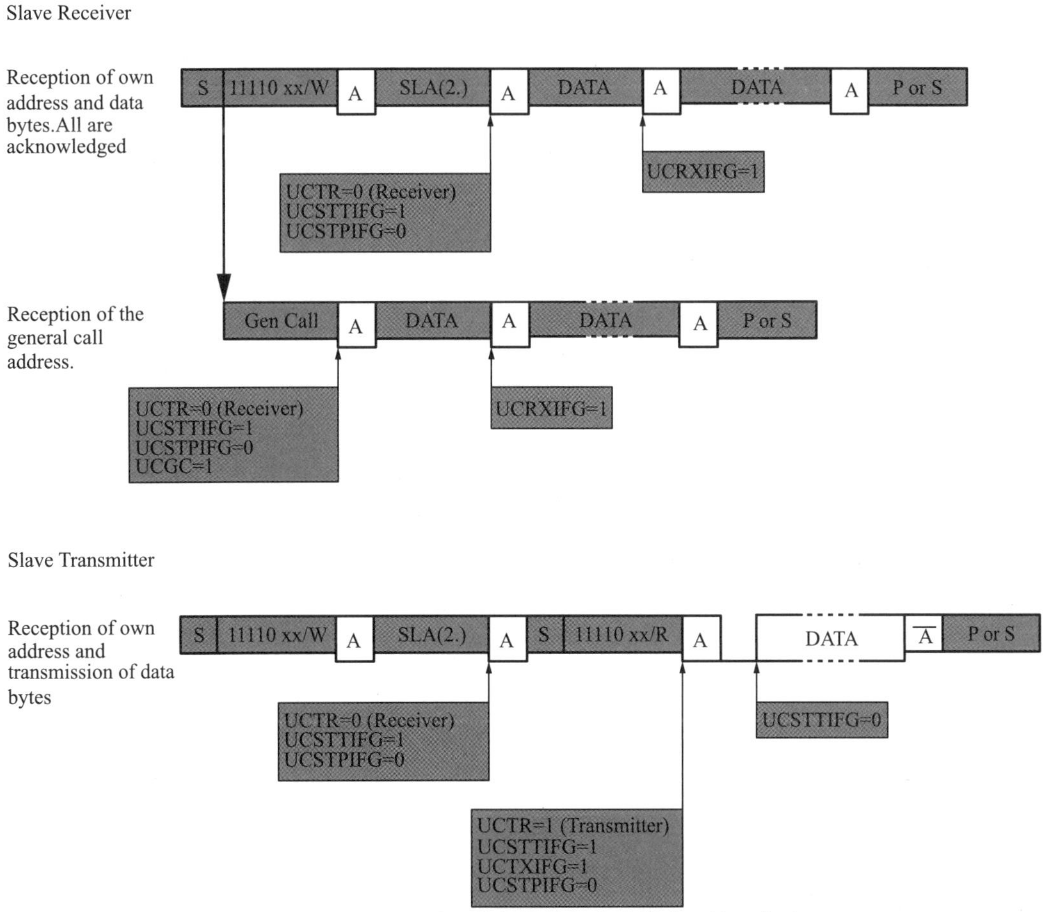

图 9.21 10 位寻址下从机接收与发送模式通信示意图

在从机10位地址接收模式下，为了将从机切换到发送模式，在从机接收到正确的10位地址之后，主机需要再次发送一个重复起始条件信号，并发送一个由二进制数11110b、从地址高两位和R/W=1b组成的字节。此时，USCI模块自动设置控制位UCTR=0b、UCSTTIFG=1b和UCSTPIFG=0b，接下来的发送数据操作与7位寻址模式下完全相同。该模式的通信示意图如图9.21中下半部分所示。

(2)主机模式

通过设置UCBxCTL0寄存器中的控制位UCMODEx=11b、UCSYNC=1b和UCMST=1b，可将USCI_B模块设置成I^2C主机模式。如果当前主机是多主机系统的一部分时，必须置位控制寄存器UCBxCTL0中的UCMM控制位，并将其自身的地址写入UCBxI^2COA寄存器中。当UCA10=0b时，选择7位地址模式；当UCA10=1b时，选择10位地址模式。当设置控制位UCGCEN=1b时，则响应广播呼叫，否则不响应。

① 主机发送模式

主机发送模式的通信示意图如图9.22所示。为了详细、清晰地描述该模式的工作情况，我们将其分成四种情况加以阐述。

图9.22中标"1"的部分表示主机发送、从机正确接收的情况。当USCI_B模块被初始化为I^2C主机模式之后，将目标SLA写入UCBxI^2CSA寄存器，通过设置UCSLA10控制位来选择SLA的长度，并置位控制位UCTXSTT来产生起始条件信号，置位控制位UCTR来设置USCI_B模块为发送模式。如果USCI_B模块检测到I^2C总线处于空闲状态，则在总线上产生一个起始条件信号，并发送SLA；同时，USCI_B模块硬件上会置位中断标志位UCTXIFG，并丢弃发送缓冲区UCBxTXBUF中的数据。在发送地址的过程中，若总线仲裁没有丢失，那么在向发送缓冲区UCBxTXBUF写入数据之前，总线一直拉低为低电平。一旦主机向UCBxTXBUF装载了数据，且总线上有从机对所发送的地址做出应答，则自动清零控制位UCTXSTT，此时UCBxTXBUF中数据已存入发送移位寄存器，数据开始在SDA上移位输出，自动再次置位中断标志位UCTXIFG，表明发送缓冲器为空，可写入下次传输的新字节。如果在从机发送ACK之前，没有新的数据存入发送缓冲区，那么SCL时钟将拉成低电平，总线处于忙的状态。只要主机没有置位控制位UCTXSTT或UCTXSTP，总线将一直处于数据传输状态或处于等待状态(SCL被拉成低电平，等待发送缓冲区装载数据)。如主机要结束数据发送，则应在最后一个字节装载到发送缓冲区UCBxTXBUF之前，或最后一个字节正在传输过程中，置位停止信号控制位UCTXSTP，这样主机在接收到下一个应答信号后会产生一个停止条件。若主机在发送从机地址的过程中，或者当USCI模块在等待UCBxTXBUF装载数据时，置位UCTXSTP控制位，那么将只会发送地址到从机，而没有发送数据就产生了一个停止条件。如果主机发送的是单字节数据，那么在字节数据发送过程中，或数据发送刚开始后且没有装载新的字节到发送缓冲区UCBxTXBUF时，必须置位UCTXSTP控制位，否则将只发送地址，不发送数据。另外，当数据由发送缓冲区移到移位寄存器中后，USCI模块将自动置位中断标志位UCTXIFG，表明数据传输已开始，可对UCTXSTP控制进行置位操作。

图9.22中标"2"的部分表示主机发送重复起始条件的情况。主机在发送数据的过程中，若需要在不停止总线数据流的情况下改变数据流向，这时主机在收到从机应答位之前可再次置位控制位UCTXSTT来产生起始条件信号、设置UCTR控制位来控制流向。

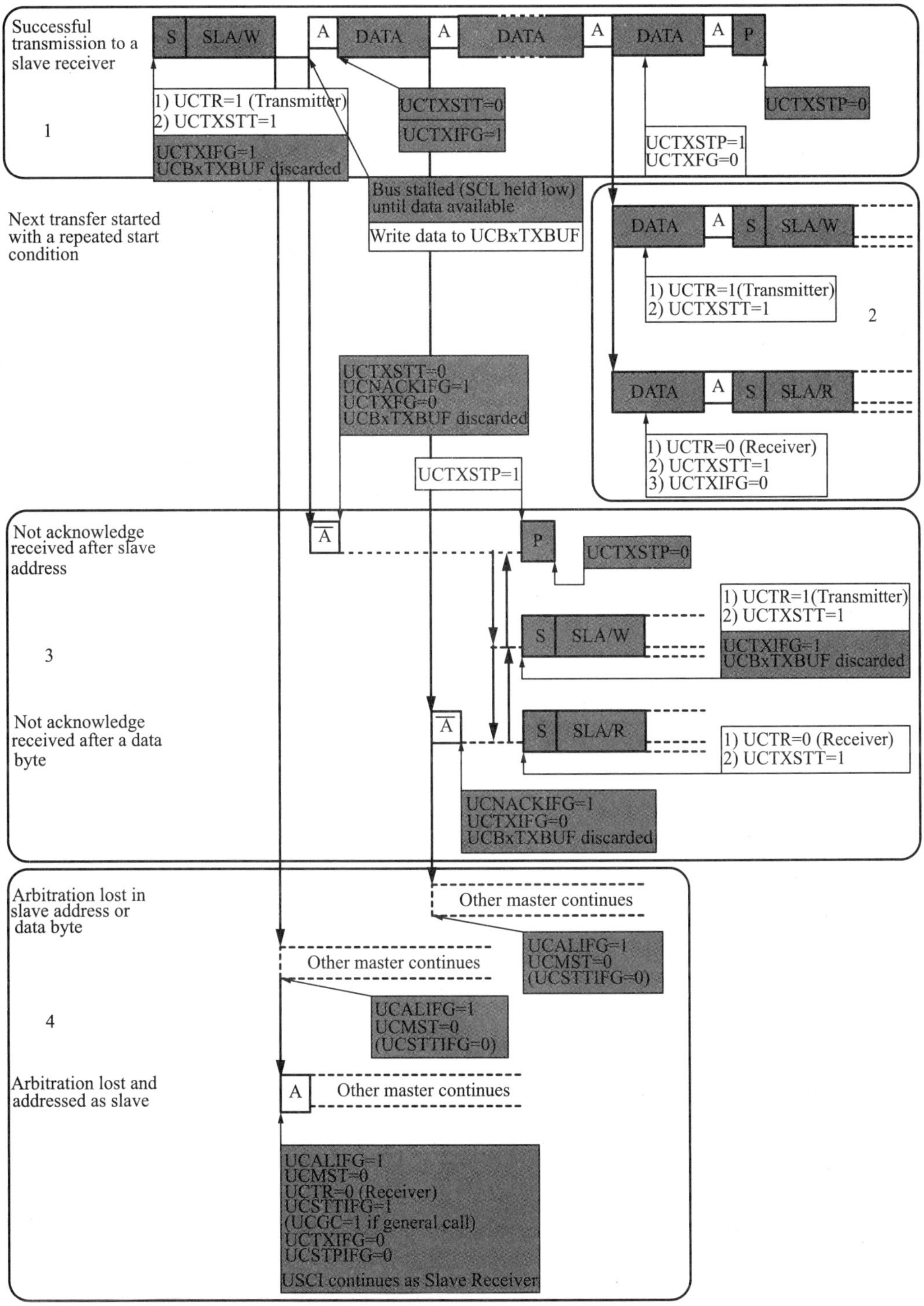

图 9.22 主机发送模式下通信示意图

如果置位 UCTR 控制位，则主机仍为发送器，可寻址其他从器件；如果清零 UCTR 控制位，则主机变为接收器，此时还需软件清零中断标志位 UCTXIFG。这种情况经常会遇到，如要读取 EEPROM 中某个地址的数据，则须先向 EEPROM 写入该地址信息，然后主机发送重复起始条件并设置为接收器,开始读取 EEPROM 内该地址存放的数据。如果主机发送 SLA 后没有收到应答信号(即 NACK),那么 USCI_B 模块将自动置位中断标志位 UCNACKIFG、清零中断标志位 UCTXIFG 和清零控制位 UCTXSTT,并丢弃写入发送缓冲区中的数据。此时,主机可置位 UCTXSTP 产生停止条件信号,或者发送重复起始条件信号,并重新设置控制位来确定主机的工作模式。如果主机在发送数据后没有收到应答信号,那么 USCI_B 模块将自动置位中断标志位 UCNACKIFG、清零中断标志位 UCTXIFG,并丢弃写入发送缓冲区中的数据。这时,主机可置 UCTXSTP 产生停止条件信号,或者发送重复起始条件信号,并重新设置控制位 UCTR 来确定主机的工作模式。如果主机想再次发送因 NACK 丢弃的数据,则需再次向发送缓冲区装载该数据。未收到从机应答信号的情况如图 9.22 中标“3”的部分所示。

图 9.22 中标“4”的部分则描述了主机丢失仲裁的情况。当主机在发送 SLA 过程中丢失仲裁,此时主机失去总线操作权,由其他主机占据总线控制权时,USCI_B 模块将自动置位中断标志位 UCALIFG、清零控制位 UCMST;如果此时主机恰好是其他主机的寻址器件,那么 UCSI_B 模块将自动置位中断标志位 UCALIFG、清零控制位 UCMST、清零控制位 UCTR(使该模块工作在接收器模式)、清零中断标志位 UCTXIFG 和 UCSTPIFG(如果响应广播呼叫,则置位 UCGC 控制位)。

② 主机接收模式

主机发送模式的通信示意图如图 9.23 所示。为了详细、清晰地描述该模式的工作情况,同样将其分成四种情况加以阐述,如图所示。

图中标“1”的部分表示从机发送、主机正确接收的情况。当 USCI_B 模块被初始化为 I^2C 主机模式之后,将目标从机地址写入 $UCBxI^2CSA$ 寄存器,通过设置 UCSLA10 控制位来选择从机地址的长度,并置位控制位 UCTXSTT 来产生起始条件信号,清零控制位 UCTR 来设置 USCI_B 模块为接收模式。如果 USCI_B 模块检测到 I^2C 总线处于空闲状态,则在总线上产生一个起始条件信号,并发送 SLA。在发送地址的过程中,若总线仲裁没有丢失,那么在发送完 SLA 和 R/W 信号之后,一旦从机对该地址做出应答,USCI 模块自动清零控制位 UCTXSTT。当主机收到从机的 ACK 后,主机将接收从机发来的第一个字节,并自动发送 ACK,同时置位中断标志位 UCRXIFG。如果接收缓冲区 UCBxRXBUF 中的数据没有及时被读取,那么主机将在接收下一个数据的过程中挂起总线(拉低 SCL 时钟线,使其处于忙的状态),直到完成对接收缓冲区中数据的读取。如果主机想结束接收,则应在接收最后一个字节的过程中置位控制位 UCTXSTP,这样主机将在读取接收缓冲区中数据之后,自动产生 NACK 和停止条件信号。如果在未读取接收缓冲区之前置位 UCTXSTP,那主机将立即产生 NACK 和停止条件信号,放弃接收最后一个字节数据。

图 9.23 中标“2”的部分则描述了主机在接收数据的过程中不停止总线而改变数据流向的情况。这时则需要在接收最后一个字节数据的过程中,置位 UCTXSTT 控制位,并设置 UCTR 配置其为发送器或接收器,发送重复起始条件信号,接着是寻址新的从机器件。

如果主机发送 SLA 后没有收到应答信号(即 NACK),那么 USCI_B 模块将自动置位中断标志位 UCNACKIFG 和清零控制位 UCTXSTT。此时,主机可置位 UCTXSTP 产生停止条件信号,或者发送重复起始条件信号,并重新设置控制位 UCTR 来配置主机为发送器或接收器。未收到从机 ACK 的情况如图 9.23 中标“3”的部分所示。

图 9.23 中标“4”的部分则描述了主机丢失仲裁的情况。当主机在发送 SLA 过程中丢失

仲裁，此时主机失去总线操作权，由其他主机占据总线控制权，USCI_B 模块将自动置位中断标志位 UCALIFG、清零控制位 UCMST；如果此时主机恰好是其他主机的寻址器件，那么 UCSI_B 模块将自动置位中断标志位 UCALIFG、清零控制位 UCMST、置位控制位 UCTR（使该模块工作在发送器模式）、置位中断标志位 UCTXIFG 和清零中断标志位 UCSTPIFG。如果主机在接收数据过程中丢失仲裁，此时主机失去总线操作权，由其他主机占据总线控制权，USCI_B 模块将自动置位中断标志位 UCALIFG、清零控制位 UCMST 和中断标志位 UCSTTIFG。

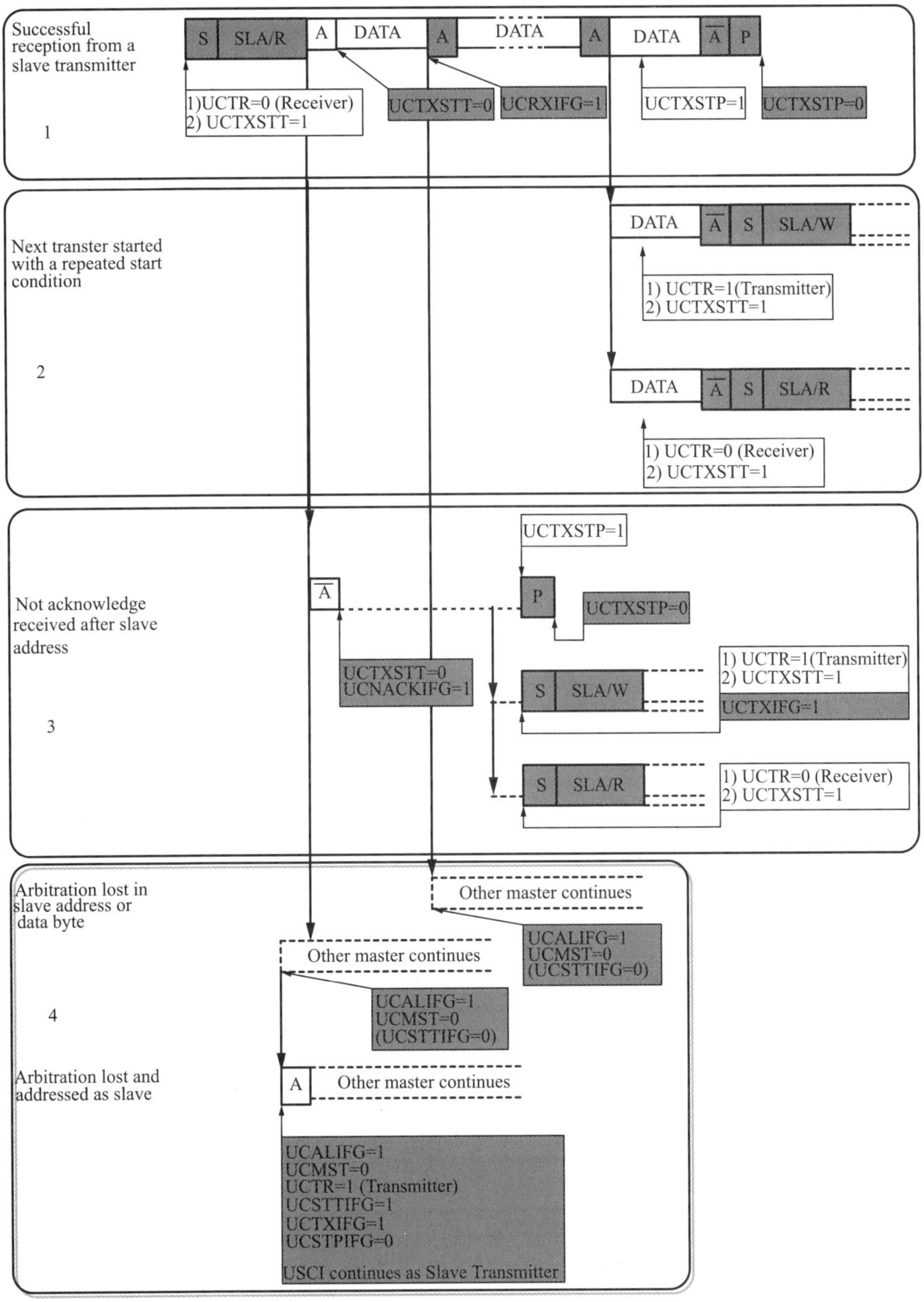

图 9.23　主机接收模式下的通信示意图

③ 10 位寻址的主机模式

当模块控制寄存器 UCBxCTL0 中控制位 UCSLA10 = 1b 时，I^2C 模块选择了 10 位寻址模式，主机工作发送器和接收器模式下的通信示意图如图 9.24 所示。读者可参考从机模式下 10 位寻址模式和上文的主机工作模式进行理解，这里不再赘述。

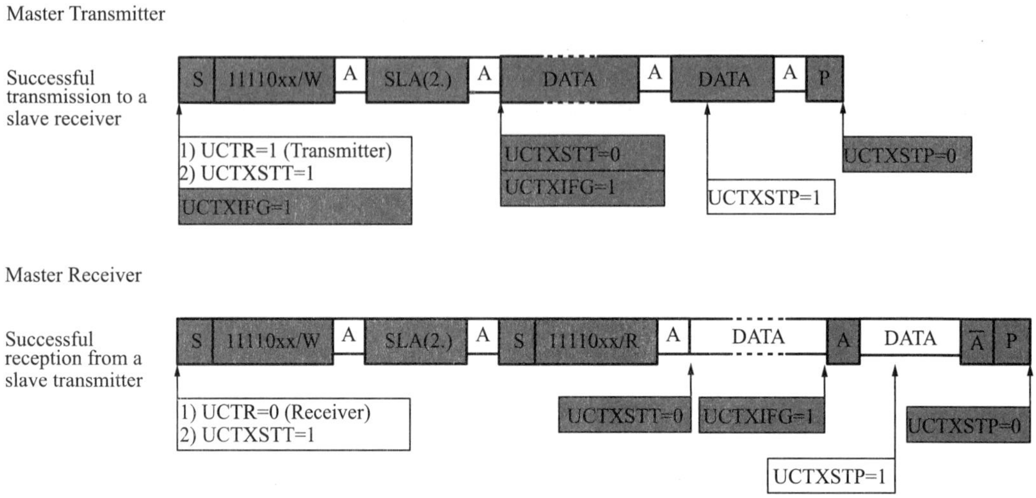

图 9.24　10 位寻址下主机发送与接收模式通信示意图

(3) 仲裁

主机只能在总线空闲的时候启动传输，两个或多个主机可能在起始条件的最小持续时间内产生一个起始条件，结果在总线上产生一个规定的起始条件。

当 SCL 线是高电平时，仲裁在 SDA 线发生。当其他主机发送低电平时，发送高电平的主机将断开它的数据输出级，因为总线上的电平与它自己的电平不相同。丢失仲裁的主机将自动置位中断标志位 UCALIFG。

仲裁可以持续多位，它的第一个阶段是比较地址位有关的寻址信息，如果每个主机都尝试寻址相同的器件，仲裁会继续比较数据位，因为 I^2C 总线的地址和数据信息由赢得仲裁的主机决定，所以在仲裁过程中不会丢失信息。

如果主机也结合了从机功能，而且是在寻址阶段丢失仲裁，它很可能就是赢得仲裁的主机在寻址的器件，因此丢失仲裁的主机必须立即切换到从机模式。

图 9.25 显示了两个主机发送器之间的总线仲裁过程。

需要特别注意的是当重复起始条件或停止条件发送到 I^2C 总线的时候仲裁过程仍在进行，产生这种情况的有关主机必须在帧格式相同位置发送这个重复起始条件或停止条件。另外，仲裁不能在下面情况之间进行：

① 重复起始条件和数据位；

② 停止条件和数据位；

③ 重复起始条件和停止条件。

从机是不会被卷入仲裁过程的。

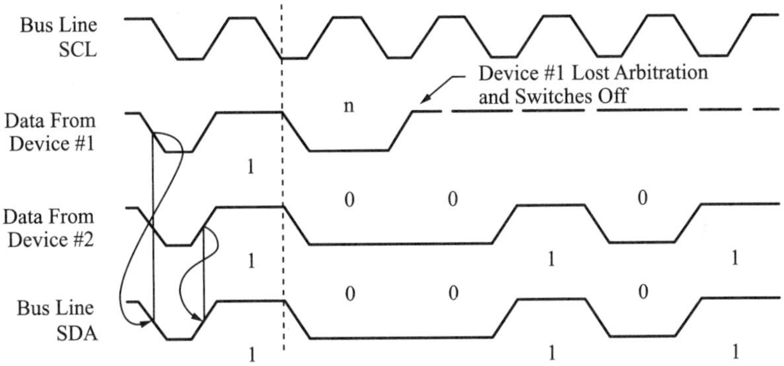

图 9.25　两个主机发送器之间的总线仲裁过程

9. I²C 模式的时钟同步与中断

(1)时钟同步

所有主机均会在 SCL 线上产生自己的时钟,且数据只在时钟的高电平周期有效。因此,需要通过仲裁来确定哪个时钟有效。

时钟同步通过线与连接的 SCL 线来执行,也就是说 SCL 线的高到低切换会使器件开始数它们的低电平周期,而且一旦器件的时钟变低电平,它会使 SCL 线保持这种状态直到到达时钟的高电平,如图 9.26 所示。但是如果另一个时钟仍处于低电平周期,这个时钟的低到高切换不会改变 SCL 线的状态。因此,SCL 线被具有最长低电平周期的器件保持低电平,低电平周期短的器件将进入等待状态。

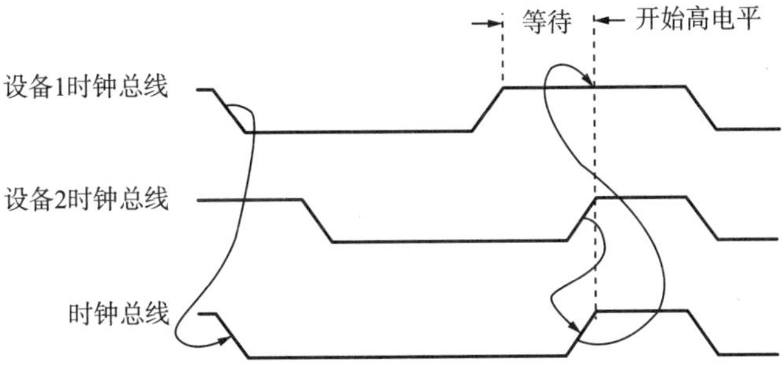

图 9.26　I²C 模式时钟同步

当所有有关的器件数完它们的低电平周期后,时钟线被释放并变成高电平。然后,当器件时钟和 SCL 线的状态没有差别时,所有器件会开始数它们的高电平周期,首先完成高电平周期的器件将会再次拉低 SCL 线。这样,产生的同步 SCL 时钟的低电平周期由低电平时钟周期最长的器件决定,而高电平周期由高电平时钟周期最短的器件决定。

(2)时钟中断

USCI_Bx 只有一个中断向量,即该中断向量由发送、接收及状态改变中断复用。每个中断标志均有自己的中断允许位,当全局中断允许位 GIE 置位时,如果使能某个中断,且产生了该中断标志位,将会产生中断请求。在集成 DMA 控制器的芯片上,UCTXIFG 和

UCRXIFG 标志将控制 DMA 传输。

① I²C 发送中断

为了表明发送缓冲寄存器 UCBxTXBUF 为空,即可以接收新的字符,发送器将置位 UCTXIFG 中断标志位。如果此时 UCTXIE 和 GIE 也已经置位,则会产生一个中断请求。当有字符装载到 UCBxTXBUF 时,或者接收到 NACK 时,UCTXIFG 自动清零。配置 USCI 模块为 I²C 模式且置位 UCSWRT 时,将会置位 UCTXIFG 中断标志位,PUC 复位后或者置位 UCSWRT 时,将自动清零 UCTXIE 控制位。

② I²C 接收中断

当接收到 1 B 数据并将其装载到 UCBxRXBUF 中时,将置位 UCRXIFG 中断标志位。如果此时 UCRXIE 和 GIE 也已经置位,则会产生一个中断请求。PUC 复位后或者置位 UCSWRT 时,将自动清零 UCRXIFG 和 UCRXIE。对 UCBxRXBUF 进行读操作后,UCRXIFG 标志位自动清零。

(3) I²C 状态改变中断

改变 I²C 总线状态同样会触发中断,I²C 总线状态改变中断标志位及其产生的条件如表 9.6 所示。

表 9.6 I²C 状态改变中断标志位

中断标志	中断名称	产生条件
UCALIFG	丢失仲裁中断标志	在 I²C 总线上,当有两个或两个以上的主机发起数据传输时,将只有一个主机会赢得仲裁。丢失仲裁的主机将置位该中断标志,并清零控制位 UCMST,I²C 控制器将由主机模式变成从机模式
UCNACKIFG	无应答中断标志	当没有收到期望的 ACK 时,将置位该标志位;当接收到起始条件信号时,自动清除该中断标志
UCSTTIFG	起始信号中断标志	在从机模式下,当收到起始条件信号和本身的地址信息时,自动置位该中断标志;当收到停止条件信号时,将自动清零该中断标志
UCSTPIFG	停止信号中断标志	在从机模式下,当收到停止条件信号时,置位该中断标志;当收到起始条件信号时,将自动清零该中断标志

10. I²C 模块应用

例程 7 主机接收和从机发送单字节例程(IIC_01)

■ 实验目的

了解并熟悉 MSP430F5529 单片机片内 USCI_B 模块配置在 I²C 总线模式下的工作原理和主机接收、从机发送单字节通信的程序设计方法。

■ 实验设备

MSP430F5529-EVM 开发板两套。

MSP-FET430FUIF 仿真器一套。

示波器一台。

■ 实验内容

本例程实现从机发送 1 B、主机接收 1 B 的功能。由于是双机通信，所以需要两套 MSP430F5529-EVM 开发板，将它们的 SCL、SDA 和 GND 信号一一对应连接起来。在一套开发板上下载从机发送程序，在另一套开发板上下载主机接收程序，然后先运行从机发送程序，再运行主机接收程序，并在接收端通过设置断点察看所收到的数据是否正确。

■ 程序讲解

(1) 主机接收单字节程序(master_rx_single_byte)

```
unsignedcharg_ucRxData; //用于存储接收数据的全局变量
unsignedcharg_ucRxCompare; //用于同接收数据相比较的全局变量
intmain(void)
{
    WDTCTL=WDTPW+WDTHOLD; //关闭看门狗
    P3DIR|=BIT5; //设置 P3.5 为输出管脚
    P3OUT&=~BIT5; //设置 P3.5 输出低电平(P3.5=0)
    P3SEL|=0x03; //设置 P3.0,P3.1 为 I2C 外设功能引脚
    UCB0CTL1|=UCSWRST; //设置 UCB0 模块处于软件复位状态
    UCB0CTL0=UCMST+UCMODE_3+UCSYNC; //设置 UCB0 模块为 I2C 主机,同步模式
    UCB0CTL1=UCSSEL_2+UCSWRST; //设置 UCB0 的参考时钟为 SMCLK(1048576Hz)
    UCB0BR0=12; //设置 I2C 工作时钟的分频系数
    UCB0BR1=0; //fSCL=SMCLK/(0*256+12)=~100kHz
    UCB0I2CSA=0x48; //设置将要寻址的从机地址为 048h
    UCB0CTL1&=~UCSWRST; //清除软件复位,恢复到工作状态
    UCB0IE|=UCRXIE; //使能接收中断
    g_ucRxCompare=0x0; //初始化与接收数据相比较的变量
    while(1)
    {
        while(UCB0CTL1&UCTXSTP); //等待停止条件发送完毕
        UCB0CTL1|=UCTXSTT; //设置 I2C 工作在接收模式,并发送 I2C 总线起始条件
        while(UCB0CTL1&UCTXSTT); //等待起始条件发送完毕
        UCB0CTL1|=UCTXSTP; //置位停止条件控制位
        __bis_SR_register(LPM0_bits+GIE); //进入低功耗模式 LPM0,并使能全局中断
        __no_operation(); //空操作,用于调试
        if(g_ucRxData!=g_ucRxCompare) //检测接收到的数据是否正确
        {
            P3OUT|=BIT5; //如有错误,拉高 P3.5 引脚,点亮指示灯
            while(1);
        }
        g_ucRxCompare++; //递增用于比较的变量值
    }
    //USCI_B0 中断服务程序
    #pragmavector=USCI_B0_VECTOR
    __interruptvoidUSCI_B0_ISR(void)
```

```
    {
        switch(__even_in_range(UCB0IV, 12))
    {
    case0: break; //Vector0: Nointerrupts
    case2: break; //Vector2: ALIFG
    case4: break; //Vector4: NACKIFG
    case6: break; //Vector6: STTIFG
    case8: break; //Vector8: STPIFG
    case10: //Vector10: RXIFG
    g_ucRxData=UCB0RXBUF; //读取接收到的数据,发送停止条件,设置断点
    __bic_SR_register_on_exit(LPM0_bits); //退出 LPM0 模式
    break;
    case 12: break; //Vector12: TXIFG
    default: break;
    }
}
```

该程序完成主机接收 1 B 的功能,在中断服务程序中完成读取收到的数据。在接收完该字节之后,主机会自动发送 NACK,并发送停止条件信号来结束从机发送功能。请仔细查看程序,体会置位 UCTXSTP 的时机。

(2)从机发送单字节程序(slave_tx_single_byte)

```
#include<msp430.h>
unsignedcharg_ucTxData; //发送数据全局变量
intmain(void)
{
    WDTCTL=WDTPW+WDTHOLD; //关闭看门狗
    P3SEL|=0x03; //设置 P3.0, P3.1 为 I2C 外设功能引脚
    UCB0CTL1|=UCSWRST; //设置 UCB0 模块处于软件复位状态
    UCB0CTL0=UCMODE_3+UCSYNC; //设置 UCB0 模块为 I2C 从机, 同步模式
    UCB0I2COA=0x48; //设置 I2C 模块的自己地址为 048h
    UCB0CTL1&=~UCSWRST; //清除软件复位, 恢复到工作状态
    UCB0IE|=UCTXIE+UCSTTIE+UCSTPIE; //使能发送, 起始条件, 停止条件中断
    g_ucTxData=0; //初始化待发送的数据
    __bis_SR_register(LPM0_bits+GIE); //进入低功耗模式 LPM0, 并使能全局中断
    __no_operation(); //空操作, 用于调试
}
//USCI_B0 中断服务程序
#pragmavector=USCI_B0_VECTOR
__interruptvoidUSCI_B0_ISR(void)
{
    switch(__even_in_range(UCB0IV, 12))
    {
        case0: break; //Vector0: Nointerrupts
```

```
        case 2: break; //Vector2: ALIFG
        case 4: break; //Vector 4: NACKIFG
        case 6: //Vector6: STTIFG
        UCB0IFG&= ~UCSTTIFG; //清除起始条件中断标志位
        break;
        case 8: //Vector 8:  STPIFG
        g_ucTxData++; //递增待发送数据变量
        UCB0IFG&= ~UCSTPIFG; //清除停止条件中断标志位
        break;
        case10: break; //Vector10: RXIFG
        case12: //Vector12: TXIFG
        UCB0TXBUF=g_ucTxData; //将待发送的数据存入发送缓冲寄存器
        break;
        default: break;
    }
}
```

该程序完成从机发送 1 B 的功能。由于从机发送数据是由主机发来的信号控制的，所以程序中需要对接收到的起始条件信号、停止条件信号做出相应的响应。本程序利用中断方式完成数据发送，因此在数据发送之前应开启相关中断使能位 UCTXIE、UCSTTIE、UCSTPIE 和 GIE。

■ 实验步骤

(1)将两套开发板用导线将 I^2C 总线正确连接。

(2)打开 IIC_01 工作空间，将主机接收、从机发送程序分别下载两套开发板上。

(3)先给从机发送端上电，然后再给主机接收端上电，并进入主机接收程序断点调试状态。

(4)在主机接收端的 IAR 开发环境下，在中断接收处设置断点，然后再单击快捷菜单中“Go”命令，即“ ”，在观察窗口即可看到接收的数据，如图 9.27 所示。

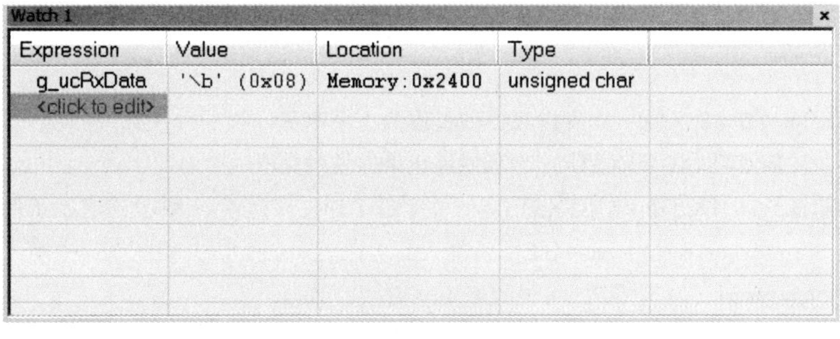

图 9.27　主机接收到的单字节数据

例程 8　主机发送和从机接收单字节例程(IIC_02)

■ 实验目的

了解并熟悉 MSP430F5529 单片机片内 USCI_B 模块配置在 I^2C 总线模式下的工作原理

和主机发送、从机接收单字节通信的程序设计方法。

■ 实验设备

MSP430F5529-EVM 开发板两套。

MSP-FET430FUIF 仿真器一套。

示波器一台。

■ 实验内容

本例程实现主机发送 1 B、从机接收 1 B 的功能。由于是双机通信,所以需要两套 MSP430F5529-EVM 开发板,将它们的 SCL、SDA 和 GND 信号一一对应连接起来。在一套开发板上下载主机发送程序,在另一套开发板上下载从机接收程序,然后先运行从机接收程序,再运行主机发送程序,并可在接收端通过设置断点察看所收到的数据是否正确。

■ 程序讲解

(1)主机发送单字节程序(master_tx_single_byte)

```
#include<msp430.h>
unsignedcharg_ucTxByteCtr; //发送数据长度控制全局变量
unsignedcharg_ucTxData; //发送数据全局变量
intmain(void)
{
    WDTCTL=WDTPW+WDTHOLD; //关闭看门狗
    P3SEL|=0x03; //设置 P3.0,P3.1 为 I²C 外设功能引脚
    UCB0CTL1|=UCSWRST; //设置 UCB0 模块处于软件复位状态
    UCB0CTL0=UCMST + UCMODE_3+UCSYNC; //设置 UCB0 模块为 I²C 主机,同步模式
    UCB0CTL1=UCSSEL_2+UCSWRST; //设置 UCB0 的参考时钟为 SMCLK(1048576Hz)
    UCB0BR0=12; //设置 I²C 工作时钟的分频系数
    UCB0BR1=0; //fSCL = SMCLK/(0*256+12) = ~100kHz
    UCB0I²CSA=0x48 //设置将要寻址的从机地址为 048h
    UCB0CTL1&=~UCSWRST; //清除软件复位,恢复到工作状态
    UCB0IE|=UCTXIE; //使能发送中断
    g_ucTxData=0x01; //初始化待发送的数据
    while(1)
    {
        g_ucTxByteCtr=1; //置一次发送数据的长度为 1 个字节
        while (UCB0CTL1&UCTXSTP); //等待停止条件发送完毕
        UCB0CTL1 |= UCTR + UCTXSTT//设置 I²C 工作在发送模式,并发送起始条件
        __bis_SR_register(LPM0_bits+GIE); //进入低功耗模式 LPM0,并使能全局中断
        __no_operation(); //空操作,可设置断点察看接收数据
        g_ucTxData++; //递增待发送数据变量,设置断点
    }
}
//USCI_B0 中断服务程序
#pragmavector=USCI_B0_VECTOR
__interruptvoidUSCI_B0_ISR(void)
```

```
{
    switch(__even_in_range(UCB0IV, 12))
    {
        case 0: reak; //Vector 0: No interrupts
        case 2: break; //Vector2: ALIFG
        case 4: break; //Vector4: NACKIFG
        case 6: break; //Vector6: STTIFG
        case 8: break; //Vector 8: STPIFG
        case 10: break; //Vector10: RXIFG
        case 12: //Vector12: TXIFG
        if(g_ucTxByteCtr) //Check TX byte counter
        {
            UCB0TXBUF=g_ucTxData; //将待发送的数据存入发送缓冲寄存器
            g_ucTxByteCtr--; //递减发送数据长度控制变量
        }
        else
        {
            UCB0CTL1|=UCTXSTP; //发送停止条件
            UCB0IFG&=~UCTXIFG; //清发送中断标志位
            __bic_SR_register_on_exit(LPM0_bits); //退出LPM0模式
        }
        break;
        default: break;
    }
}
```

该程序实现主机发送1 B的功能,在中断服务程序中完成数据发送。由于每次只发送1 B,所以在发送该字节数据的过程中应及时置位UCTXSTP,当主机收到从机的ACK后,即会发送停止条件信号来结束本次发送。如需再次发送数据,则需重新发送起始条件信号和从机地址等。请仔细查看程序,体会置位UCTXSTP的时机。

需要注意的是,程序中用全局变量g_ucTxByteCtr来控制主机每次发送数据的长度,修改该变量的值即可实现一次发送不同长度的数据。

(2)从机接收单字节程序(slave_rx_single_byte)

```
#include<msp430.h>
volatileunsignedcha g_ucRxData; /用于存储接收数据的全局变量
intmain(void)
{
    WDTCTL=WDTPW+WDTHOLD; //关闭看门狗
    P3SEL|=0x03; //设置P3.0,3.1为2C外设功能引脚
    UCB0CTL1|=UCSWRST; //设置UCB0模块处于软件复位状态
    UCB0CTL0=UCMODE_3+UCSYNC; //设置UCB0模块为I²C从机,同步模式
    UCB0I²COA = 0x48; //设置I²C模块的自己地址为048h
```

```
    UCB0CTL1&= ~UCSWRST; //清除软件复位,恢复到工作状态
    UCB0IE| =UCRXIE; //使能接收中断
    while(1)
    {
        __bis_SR_register(LPM0_bits + GIE); //进入低功耗模式 LPM0,并使能全局中断
        __no_operation(); //空操作,可设置断点察看接收数据
    }
}
//USCI_B0 中断服务程序
#pragmavector=USCI_B0_VECTOR
__interruptvoidUSCI_B0_ISR(void)
{
    switch(__even_in_range(UCB0IV, 12))
    {
        case 0:  break; //Vector0: No interrupts
        case 2:  break; //Vector2: ALIFG
        case 4:  break; //Vector4: NACKIFG
        case 6: break; //Vector6: STTIFG
        case 8: break; /Vector8: STPIFG
        case 10: //Vector10: RXIFG
        g_ucRxData=UCB0RXBUF; //读取接收到的数据,发送 ACK
        __bic_SR_register_on_exit(LPM0_bits); //退出 LPM0 模式
        break;
        case12: break; //Vector12: TXIFG
        default: break;
    }
}
```

该程序完成从机接收 1 B 的功能。由于从机只接收数据,所以在接收数据之前开启中断使能位 UCRXIE、GIE 即可。

■ 实验步骤

(1)将两套开发板用导线将 I^2C 总线正确连接。

(2)打开 IIC_02 工作空间,将主机发送、从机接收程序分别下载到两套开发板上。

(3)先给从机接收端上电,然后再给主机发送端上电,并进入主机接收程序断点调试状态。

(4)在主机接收端的 IAR 开发环境下,在程序主循环末尾发送数据累加处设置断点,然后再单击快捷菜单中"Go"命令,即"⚏",在日志窗口可看到发送数据的情况,如图 9.28 所示。

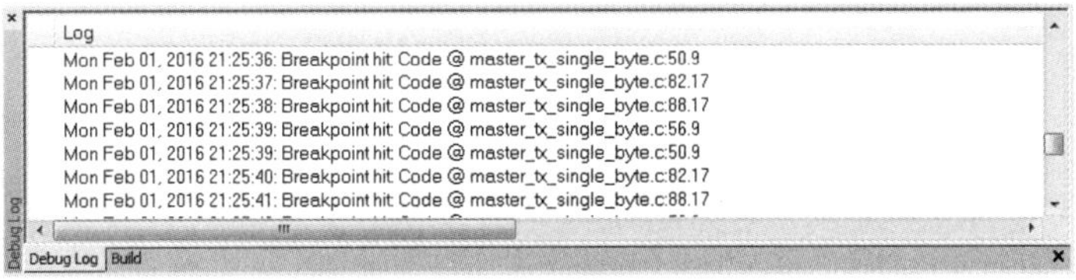

图9.28 主机发送单字节数据日志信息

例程9 主机接收和从机发送多字节例程(IIC_03)

■ 实验目的

了解并熟悉MSP430F5529单片机片内USCI_B模块配置在I^2C总线模式下的工作原理和主机接收、从机发送多字节通信的程序设计方法。

■ 实验设备

MSP430F5529-EVM开发板两套。

MSP-FET430FUIF仿真器一套。

示波器一台。

■ 实验内容

本例程实现从机发送多个字节、主机接收多个字节的功能。由于是双机通信,所以需要两套MSP430F5529-EVM开发板,将它们的SCL、SDA和GND信号一一对应连接起来。在一套开发板上下载从机发送程序,在另一套开发板上下载主机接收程序,然后先运行从机发送程序,再运行主机接收程序,并在接收端通过设置断点察看所收到的数据是否正确。

■ 程序讲解

(1)主机接收多字节程序(master_rx_multiple_byte)

```
#include<msp430. h>
unsignedcharg_ucRxByteCnt; //接收数据长度计数全局变量
unsignedcharg_ucRxByteCtr; //接收数据长度控制全局变量
volatileunsigned charg_ucRxBuffer[128]; //开辟128个字节空间存放接收数据
int main(void)
{
    WDTCTL = WDTPW + WDTHOLD; //关闭看门狗
    P3SEL|=0x03; //设置P3.0,P3.1为I²C外设功能引脚
    UCB0CTL1|=UCSWRST; //设置UCB0模块处于软件复位状态
    UCB0CTL0=UCMST+UCMODE_3+UCSYNC; //设置UCB0模块为I²C主机,同步模式
    UCB0CTL1=UCSSEL_2+UCSWRST; //设置UCB0的参考时钟为SMCLK(1048576Hz)
    UCB0BR0=12; //设置I²C工作时钟的分频系数
    UCB0BR1=0; //fSCL=SMCLK/(0*256+12)=~100kHz
    UCB0I²CSA = 0x48; //设置将要寻址的从机地址为048h
    UCB0CTL1&=~UCSWRST; //清除软件复位,恢复到工作状态
    UCB0IE|=UCRXIE; //使能接收中断
    g_ucRxByteCnt=0; //初始化接收数据长度计数变量
    while (1)
    {
```

```
        //设置一次接收数据的长度为 8 个字节,该值控制从机发送数据的长度
        g_ucRxByteCtr = 8;
        while(UCB0CTL1&UCTXSTP); //等待停止条件发送完毕
        UCB0CTL1 | = UCTXSTT; //设置 I2C 工作在接收模式,并发送起始条件
        __bis_SR_register(LPM0_bits+GIE); //进入低功耗模式 LPM0,并使能全局中断
        //接收到一包数据(8 个字节)后退出 LPM0
        __no_operation(); //空操作,可设置断点,调试观察
    }
}
//USCI_B0 中断服务程序
#pragmavector = USCI_B0_VECTOR
__interruptvoidUSCI_B0_ISR(void)
{
    switch(__even_in_range(UCB0IV, 12))
    {
        case 0: break; //Vector0: Nointerrupts
        case 2: break; //Vector2: ALIFG
        case 4: break; //Vector4: NACKIFG
        case 6: break; //Vector6: STTIFG
        case8: break; //Vector8: STPIFG
        case 10: //Vector 10: RXIFG
        g_ucRxByteCtr--; //递减接收数据长度的控制变量
        g_ucRxByteCnt = g_ucRxByteCnt%128; //防止接收数据溢出开辟的数据空间
        if(g_ucRxByteCtr)
        {
            if(g_ucRxByteCtr = = 1) //判断是否只剩下一个字节
            {
                UCB0CTL1 | = UCTXSTP; //置位停止条件控制位
            }
            //将接收到的数据存入数组中
            g_ucRxBuffer[g_ucRxByteCnt++] = UCB0RXBUF;
        }
        else
        {
            //读取最后一个数据,并存入数组中
            g_ucRxBuffer[g_ucRxByteCnt++] = UCB0RXBUF;
            __bic_SR_register_on_exit(LPM0_bits); //退出 LPM0 模式
        }
        break;
        case 12: break; //Vector 12: TXIFG
        default: break;
    }
}
```

该程序完成主机接收多个字节的功能,在中断服务程序中完成读取收到的数据。主机应在传输最后一个字节的过程中置位 UCTXSTP 控制位,当最后一个字节传输完毕并被读取后,主机会自动发送 NACK,并发送停止条件信号来结束从机发送功能。请仔细查看程序,体会置位 UCTXSTP 的时机。

需要注意的是,程序中用全局变量 g_ucRxByteCtr 来控制主机每次接收数据的长度,修改该变量的值即可实现一次发送不同长度的数据(该长度必须与从机发送字节长度相对应)。

(2)从机发送多字节程序(slave_tx_multiple_byte)

```
#include<msp430. h>
unsignedchar * g_ucPTxData; //发送数据的指针变量
//待发送的一包 8 个字节数据
constunsignedcharg_ucTxData[ ] = {0x11, 0x22, 0x33, 0x44, 0x55, 0x66, 0x77, 0x31};
intmain(void)
{
    WDTCTL=WDTPW+WDTHOLD; //关闭看门狗
    P3SEL|=0x03; //设置 P3. 0, P3. 1 为 2C 外设功能引脚
    UCB0CTL1|=UCSWRST; //设置 UCB0 模块处于软件复位状态
    UCB0CTL0=UCMODE_3+UCSYNC; //设置 UCB0 模块为 I²C 从机, 同步模式
    UCB0I²COA=0x48; //设置 I²C 模块的自己地址为 048h
    UCB0CTL1&=~UCSWRST; //清除软件复位, 恢复到工作状态
    UCB0IE|=UCTXIE+UCSTPIE+UCSTTIE; //使能发送, 起始条件, 停止条件中断
    while(1)
    {
        g_ucPTxData=(unsigned char *)g_ucTxData; //设置发送数据的首地址
        __bis_SR_register(LPM0_bits + GIE); //进入低功耗模式 LPM0, 并使能全局中断
        //当主机接收完一包数据后退出 LPM0
        __no_operation(); //空操作, 可设置断点察看接收数据
    }
}
//USCI_B0 中断服务程序
#pragma vector=USCI_B0_VECTOR
__interruptvoidUSCI_B0_ISR(void)
{
    switch(__even_in_range(UCB0IV, 12))
    {
        case 0: break; //Vector0: Nointerrupts
        case 2: break; //Vector2: ALIFG
        case4: break; //Vector4: NACKIFG
        case 6: //Vector6: STTIFG
        UCB0IFG&=~UCSTTIFG; //清除起始条件中断标志位
        break;
        case8: //Vector8: STPIFG
```

```
            UCB0IFG&= ~UCSTPIFG; //清除停止条件中断标志位
            __bic_SR_register_on_exit(LPM0_bits); //退出 LPM0
            break;
            case10: break; //Vector10: RXIFG
            case 12: //Vector 12: TXIFG
            //将待发送的数据存入发送缓冲寄存器,并递增发送数据指针
            UCB0TXBUF= * g_ucPTxData++;
            break;
            default: break;
        }
}
```

该程序完成从机发送多个字节的功能。由于从机发送数据是由主机发来的信号控制的,所以程序中需要对接收到的起始条件信号、停止条件信号做出相应的响应。本程序利用中断方式完成数据发送,因此在发送数据之前应开启相关中断使能位 UCTXIE、UCSTTIE、UCSTPIE 和 GIE。

■ 实验步骤

(1)将两套开发板用导线将 I^2C 总线正确连接。

(2)打开 IIC_03 工作空间,将主机接收、从机发送程序分别下载两套开发板上。

(3)先给从机发送端上电,然后再给主机接收端上电,并进入主机接收程序断点调试状态。

(4)在主机接收端的 IAR 开发环境下,在程序主循环末尾处设置断点,然后再单击快捷菜单中“Go”命令,即“[Go]”,在观察窗口即可看到接收的数据,如图 9.29 所示。

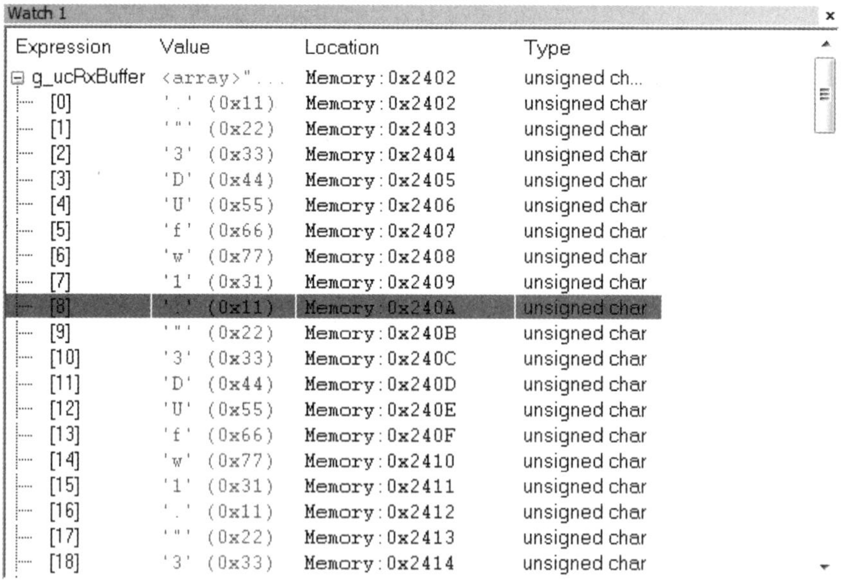
Watch 1

Expression	Value	Location	Type
g_ucRxBuffer	<array>"...	Memory:0x2402	unsigned ch...
[0]	'.' (0x11)	Memory:0x2402	unsigned char
[1]	'"' (0x22)	Memory:0x2403	unsigned char
[2]	'3' (0x33)	Memory:0x2404	unsigned char
[3]	'D' (0x44)	Memory:0x2405	unsigned char
[4]	'U' (0x55)	Memory:0x2406	unsigned char
[5]	'f' (0x66)	Memory:0x2407	unsigned char
[6]	'w' (0x77)	Memory:0x2408	unsigned char
[7]	'1' (0x31)	Memory:0x2409	unsigned char
[8]	'.' (0x11)	Memory:0x240A	unsigned char
[9]	'"' (0x22)	Memory:0x240B	unsigned char
[10]	'3' (0x33)	Memory:0x240C	unsigned char
[11]	'D' (0x44)	Memory:0x240D	unsigned char
[12]	'U' (0x55)	Memory:0x240E	unsigned char
[13]	'f' (0x66)	Memory:0x240F	unsigned char
[14]	'w' (0x77)	Memory:0x2410	unsigned char
[15]	'1' (0x31)	Memory:0x2411	unsigned char
[16]	'.' (0x11)	Memory:0x2412	unsigned char
[17]	'"' (0x22)	Memory:0x2413	unsigned char
[18]	'3' (0x33)	Memory:0x2414	unsigned char

图 9.29 主机接收到的多字节数据

任务9.3 USB通信模块

USB最初是由Intel与Microsoft公司倡导发起的,其最大的特点是支持热插拔和即插即用。当设备插入时,主机侦测此设备并加载所需的驱动模式。因此,它远比PCI和ISA总线使用方便。目前有三种USB协议:USB1.1、USB2.0和USB3.0,向下兼容。USB1.1支持的传输速率为12 Mbit/s和1.5 Mbit/s(用于慢速设备),USB2.0支持的传输速率为12 Mbit/s(全速USB)和480 Mbit/s(高速USB),USB3.0支持的传输速率高达5 Gbit/s。MSP430F5xx系列单片机内部集成了全速USB2.0模块,传输速率可高达12 Mbit/s,

完全满足一般单片机系统对数据传输的要求。

9.3.1 MSP430单片机USB总线简介

MSP430F5xx/6xx系列单片机的USB模块具有以下特性。

1. 完全符合USB2.0规范

(1)集成2 Mbit/s全速USB收发器;

(2)多达8个输入和8个输出端点;

(3)支持控制、中断和批量传输模式;

(4)支持USB挂起、恢复和远程唤醒。

2. 拥有独立于PMM模块的电源管理系统

(1)集成了3.3输出的低功耗线性稳压器,该稳压器从5 V的VBUS取电,输出足以驱动整个MSP430工作;

(2)集成1.8 V低功耗线性稳压器为PHY和PLL模块供电;

(3)可工作于总线供电或自供电模式;

(4)3.3 V输出线性稳压器电流限制功能;

(5)USB上电时自唤醒(低电源/无电源情况)。

3. 内部48 MHz的USB时钟

(1)集成可编程锁相环;

(2)高度自由化的输入时钟频率,可使用低成本晶振。

4. 1 904 B端点专用USB缓冲区间,可以每8 B进行配置

5. 内置62.5 ns精度的时间标识发生器

6. 当禁用USB通信模块时

(1)缓冲区间被映射到通用RAM空间,为系统提供额外的2 KB的RAM;

(2)USB功能引脚变为具有强电流驱动能力的通用I/O端口。

USB通信模块的机构框图如图9.30所示。可以看出,USB通信模块由USB电源模块、USB收发器、USB锁相环时钟发生器(PLL)、USB引擎、USB时间标识发生器和USB缓器组成。

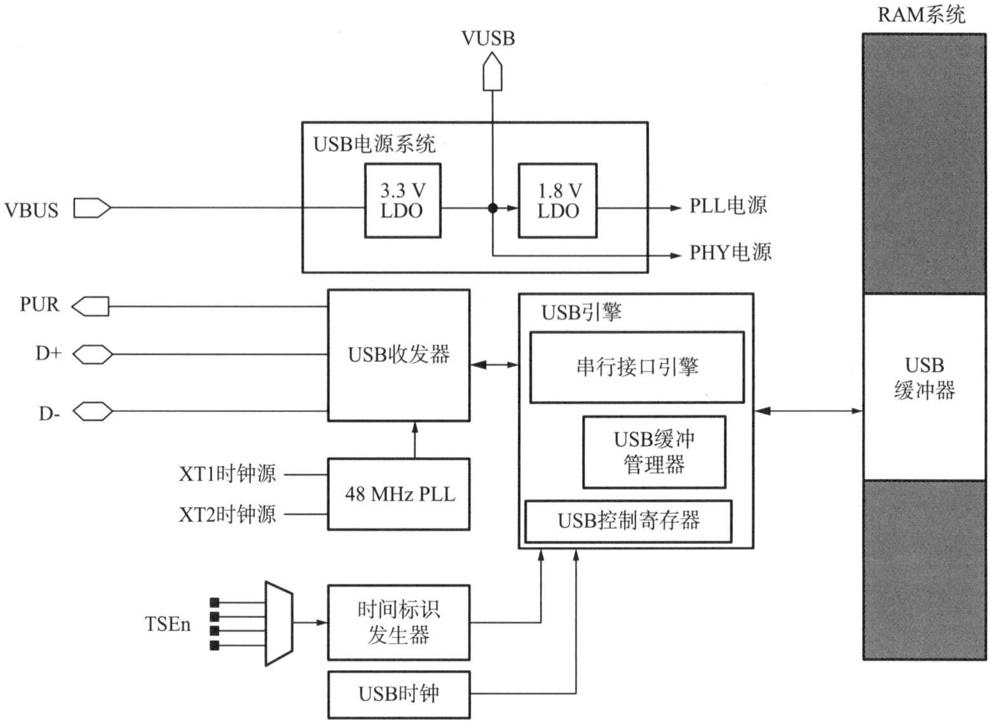

图 9.30 USB 通信模块内部结构框图

9.3.2 MSP430 单片机 USB 模块工作机制

1. USB 模块的电源系统

USB 模块的电源系统内含双稳压器(3.3 V 和 1.8 V),当 5 V 的 VBUS 可用时,允许整个 MSP430 从 VBUS 供电。作为可选,USB 模块电源系统可以只为 USB 模块供电,可以为整个系统供电,也可以在一个自供电设备中完全不被使用。

USB 模块的电源系统的结构框图如图 9.31 所示,其中内部 3.3 V 低压差线性稳压器(LDO)从 5 V 的外部引脚 VBUS 取电,产生 3.3 V 稳压电源,然后经过过载保护模块供给 USB 收发器和外部引脚 VUSB。USB 电源系统内部还包含 1.8 V LDO,取电于 VUSB 引脚(VUSB 引脚取电于内部 3.3 V LDO 或者外部 3.3 V 电源),产生 1.8 V 稳压电源供给锁相环和收发器,其中 V18 引脚需挂接一个外部负载电容进行滤波,但该引脚不具备对外部其他模块供电的能力。

利用该电源模块能够避免直接采用外部供电产生的过载对 USB 收发器和锁相环的冲击,因此在电池供电系统中有着广泛的应用。

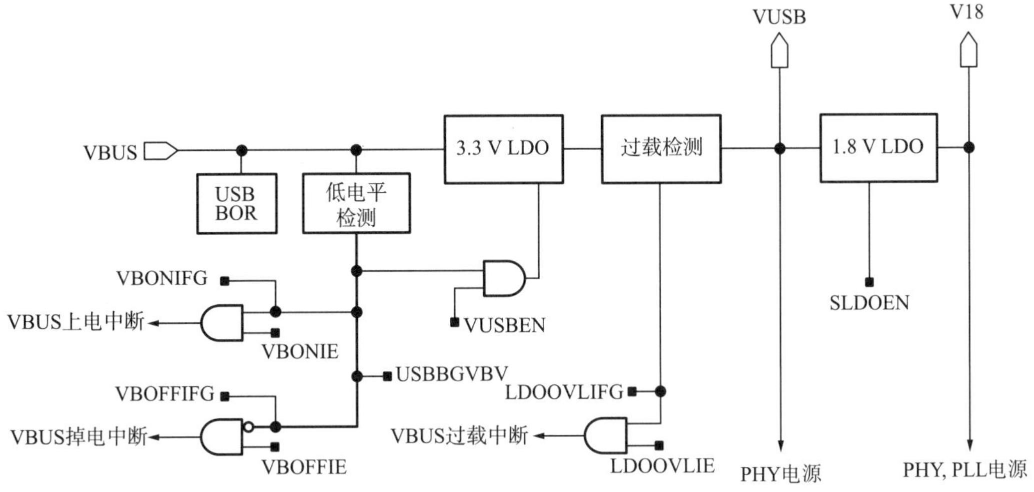

图9.31 USB电源模块结构框图

2. USB收发器

USB物理层的收发接口是一对直接从3.3 V电源VBUS取电的差分线,数据线连接到外部的D+和D-引脚,从而构成USB信号传输机制的接口。当PU端口功能选择寄存器PUSEL控制位置1时,D+和D-引脚被配置成USB信号传输线;当PUSEL控制位被清零时,这两个引脚就变成具有强电流驱动能力的端口U,驱动电流最高可达90 mA。端口U从VUSB获取电源,独立于MSP430单片机的电源管理模块。D+和D-引脚无论用于USB通信功能还是用作通用I/O口,都要使用内部低压差线性稳压器或外部电源给VBUS提供合适的电压。

(1)利用PUR引脚上拉D+端口

当一个全速的USB设备连接到主机时,为了能被主机识别,它必须将主机的D+信号上拉。MSP430单片机的USB通信模块有一个可通过软件控制的上拉引脚PUR,通过置PUR_EN控制位即可实现该功能。如果该功能不需要软件控制,可以将D+引脚接至VBUS完成上拉。

(2)电流过载保护

在USB通信的过程中,可能会产生电流过载的情况,因此需要在GND和VBUS上采取保护措施。MSP430单片机的USB供电系统提供了一套电流限制机制来保证此类电流过载事件发生时,通过收发器的电流不会过大。有了这套机制,接口本身就不需要具备电流限制的功能。需要注意的是,如果VUSB是使用外部供电电源而非内部低压差线性稳压器输出,那么该外部电源就需要有电流限制功能,为USB接口提供同样的电流保护能力。

(3)U端口的控制

当PUSEL被清零时,端口U(D+和D-)用作具有高电流驱动能力的通用I/O端口。该端口既可以作为输出,也可用于输入。当PUOPE置位时,端口U被配置为输出,输出状态反映在PUOUT0/1寄存器中。当PUIPE置位时,端口U被配置为输入,可通过读取PUIN0/1寄存器得到当前输入状态。在默认状态下,控制位PUOPE和PUIPE都被清除,即PU.0/.1引脚呈高阻态。

3. USB 锁相环时钟发生器

PLL 可为 USB 操作提供高精度低抖动的 48 MHz 的时钟,其结构框图如图 9.32 所示。

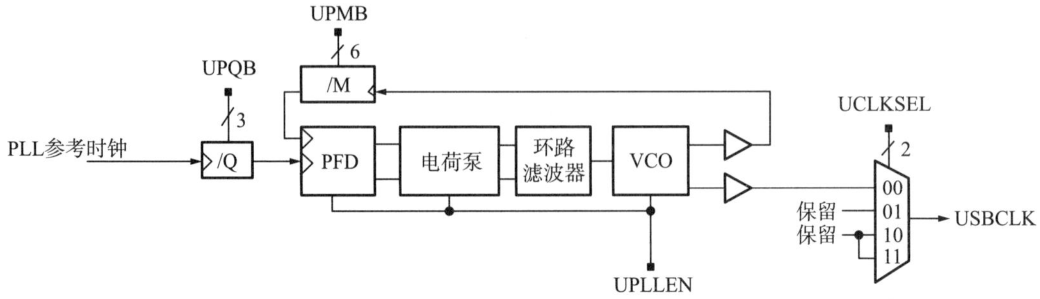

图 9.32　PLL 结构框图

PLL 为一个时钟反馈控制回路,其参考时钟取决于 MSP430 单片机系统的晶振配置。如果系统上存在高频晶振 XT2,那么 PLL 的参考时钟频率就是 XT2CLK,无论低频晶振是否可用;如果不存在 XT2,那么 PLL 的参考时钟频率为 XT1CLK。3 位总线控制信号 UPQB 实现对 PLL 参考时钟的分频,产生 DIVQ 分频因子。UP MB 6 位总线控制信号实现反馈回路时钟的分频,产生 DIVM 倍频因子。若 UCLKSEL 控制位选择 00,则 PLL 产生的时钟信号即可作为 USB 的参考时钟 USBCLK。PLL 产生时钟频率的计算公式如下所示。PLL 参考时钟经分频后的时钟 CLKsel/DIVQ 需大于等于 1.25 MHz。

$$fOUT = CLKsel * (DIVM/DIVQ)$$

式中,CLKsel 是 PLL 的参考时钟频率;DIVQ 取决于 UPQB 的设置,具体设置如表 9.7 和表 9.8 所示;DIVM 取决于 UP MB 的设置,需要与 CLKsel 和 DIVQ 配合,使 PLL 输出频率 fOUT 为 48 MHz。

在典型情况下,MSP430 单片机外部高频晶振频率采用 4 MHz。将 UPQB 配置为 001(DIVQ=2),将 UP MB 配置为 010111(DIVM=24),即可通过 PLL 为 USB 通信模块产生精准的 48 MHz 参考时钟。

通过 UPLLEN 控制位可以选择使能或禁止 PLL。若 UPLLEN 置位,则使能 PLL;若 UPLLEN 复位,则禁止 PLL。如果 USB 设备操作在总线供电模式下,为了使 USB 的电流消耗小于 500 μA,则有必要禁止 PLL 工作。

表 9.7　PLL 预分频因子

UPQB	DIVQ
000	1
001	2
010	3
011	4
100	6
101	8

表9.7(续)

UPQB	DIVQ
110	13
111	16

表9.8　输出48 MHz时钟时常用的输入时钟频率和相关参数设置

CLKSEL /MHz	UPQB	UP MB	DIVQ	DIVM	CLKLOOP /MHz	UPLLCLK /MHz	ACCURACY /ppm
1.5	000	011111	1	32	1.5	48	0
1.6	000	011101	1	30	1.6	48	0
1.777 8	000	011010	1	27	1.777 8	48	0
1.843 2	000	011001	1	26	1.843 2	47.92	−1 570
1.846 1	000	011001	1	26	1.846 1	48	0
1.92	000	011000	1	25	1.92	48	0
2	000	010111	1	24	2	48	0
2.4	000	010011	1	20	2.4	48	0
2.666 7	000	010001	1	18	2.666 7	48	0
3	000	001111	1	16	3	48	0
3.2	001	011110	2	30	1.6	48	0
3.555 6	001	011010	2	27	1.777 8	48	0
3.84	001	011001	2	25	1.92	48	0
4[(1)]	001	010111	2	24	2	48	0
4.173 9	001	010110	2	23	2.086	48	0
4.363 6	001	010101	2	22	2.181 8	48	0
4.5	010	011111	3	32	1.5	48	0
4.8	001	010011	2	20	2.4	48	0
5.33 * (16/3)	001	010001	2	18	2.666 7	48	0
5.76	010	011000	3	25	1.92	48	0
6	010	010111	3	24	2	48	0
6.4	011	011101	4	30	1.6	48	0
7.2	010	010011	3	20	2.4	48	0
7.68	011	011000	4	25	1.92	48	0
8[(1)]	010	010001	3	18	2.666 7	48	0
9	010	001111	3	16	3	48	0
9.6	011	010011	4	20	2.4	48	0

表 9.8(续)

CLKSEL /MHz	UPQB	UP MB	DIVQ	DIVM	CLKLOOP /MHz	UPLLCLK /MHz	ACCURACY /ppm
10.66 * (323)	011	010001	4	18	2.666 7	48	0
12(1)	011	001111	4	16	0	48	0
12.8	101	011101	8	30	1.6	48	0
14.4	100	010011	6	20	2.4	48	0
16	100	010001	6	18	2.666 7	48	0
16.934 4	100	010000	6	17	2.822 4	47.98	-400
16.941 18	100	010000	6	17	2.823 5	48	0
18	100	001111	6	16	3	48	0
19.2	101	010011	8	20	2.4	48	0
24(1)	101	001111	8	16	3	48	0
25.6	111	011101	16	30	1.6	48	0
26.0	110	010111	13	24	2	48	0
32	111	010111	16	24	2.666 7	48	0

(1)PLL 故障检测

PLL 能够自动检测三种故障:

①当频率在 4 个连续周期内在同一个方向上进行修正时,将检测到失锁故障(OOL);

②当频率在 16 个连续周期内在同一个方向上进行修正时,将检测到信号失效故(LOS);

③当 PLL 在 32 个连续周期内没有被锁住时,将检测到出界故障(OOR)。

这三种故障将触发置位相应的中断标志位(USBOOLIFG、USBLOSIFG、USBOORIFG),如果对应的中断使能位(USBOOLIE、USBLOSIE、USBOORIE)置位,将触发相应的中断。

(2)PLL 启动序列

推荐使用下面的操作顺序以获得最快的 PLL 启动效果:

①使能 VUSB 和 V18;

②等待外部电容充电 2 ms,以使 VUSB 电源稳定(在此期间,可以初始化 USB 寄存器和缓存);

③使用所需的分频值,激活 PLL;

④等待 2 ms,并检查 PLL,如果 PLL 保持锁定,则可以使用其产生的 USB 时钟 USBCLK。

4. USB 控制器引擎

USB 控制引擎在 USB 通信过程中主要完成两个功能:①将从 USB 主机发送给 USB 设备的数据包转移到 USB 的缓冲空间;②将有效数据从缓冲空间发送给 USB 主机。端口 0 表较特殊,仅支持控制传输,USB 控制引擎为端点 0 配置了专用固定的缓冲区。其余 14 个端点都可以从 USB 缓冲区中获得一个或多个缓冲空间,所有的缓冲空间都位于 USB 的缓冲存储器中,USB 缓冲存储器可供多接口访问,既可以被 USB 缓冲区管理器访问,也可以被 CPU 和 DMA 访问。

每个端点均有一组专用的描述符寄存器,用于详细设置端点用途,如图 9.33 所示。位于 USB 缓冲区的数据结构包含了指向下一个将要接收或发送数据的地址指针。

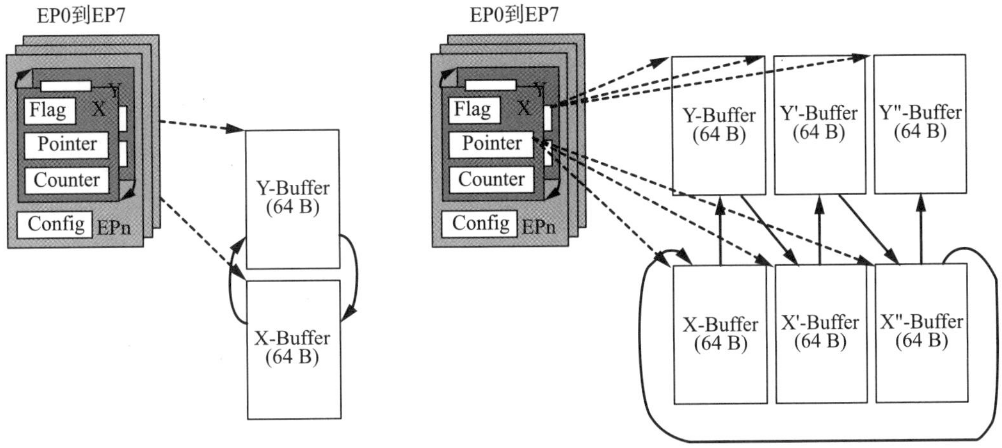

图 9.33 端点的数据缓冲区及其描述符寄存器

USB 控制引擎主要由 USB 串行接口引擎(SIE)、USB 缓冲区管理器(UBM)和 USB 缓冲器和 USB 时间标识发生器构成。

(1)SIE

SIE 主要用于实现 USB 总线上数据收发的协议。对于接收到的数据包,SIE 首先将包标识域(PID)进行解码,以确定接收到包的类型及判断 PID 是否有效。若接收到的包是令牌包或数据包,SIE 计算其 CRC 校验值并与包中的 CRC 的校验值进行比较,以此来判断包在传输过程中是否出错。

若 MSP430 的 USB 通信模块将要向主机发送令牌包或数据包,SIE 在包的起始段附上 8 bit 的同步域(SYNC),并计算其 CRC 校验值填充在包的结尾。另外,SIE 还会给所有将要发出的包产生对应的 PID。最终,产生完整的令牌包或数据包发送给主机。

SIE 另一个重要功能是实现将接收/发送的数据包进行串并转换。

(2)UBM

UBM 主要用来实现 SIE 到 USB 端点缓冲区的控制。UBM 的一个主要功能是将 USB 设备地址进行译码,并以此来取定 USB 主机是否在访问特定的设备。另外,UBM 也可对端点地址和信号方向进行译码,以确定正在被访问的特定端点。基于 USB 传输的方向和端点编号,UBM 可在对应的 USB 端点数据缓冲区上写入或读取数据包。

(3)USB 缓冲存储器

USB 缓冲寄存器的地址映射如表 9.9 所示。

表 9.9　USB 缓冲区的地址映射

内存分配名称	缩写	访问类型	偏移地址
开始缓冲区	STABUFF	读/写	0000h
1904 字节可配置缓冲区	...	读/写	...
结束缓冲区	TOPBUFF	读/写	076Fh
端点 0 输出缓冲区	USBOEP0BUF	读/写	0770h
		读/写	...
		读/写	0777h
端点 0 输入缓冲区	USBIEP0BUF	读/写	0778h
		读/写	...
		读/写	077Fh
SETUP 包缓冲区	USBSUBLK	读/写	0780h
		读/写	...
		读/写	0787h

(4)USB 时间标识发生器

USB 通信模块可以通过 USB 时间标识发生器保持特定 USB 事件的时间标识。USB 时间标识发生器的结构如图 9.34 所示,该 USB 时间标识发生器的时间基准来源于由 USBCLK 驱动的 16 位 USB 定时器。通过 TSESEL 控制位可选择产生时间标识的事件类型,当事件发生时,USB 定时器的值会传送给时间标识寄存器 USBTSREG,因此事件发生的确切时刻即被记录下来。USB 时间标识发生器可标记以下事件发生的时刻:3 个 DMA 通道和一个软件触发事件。

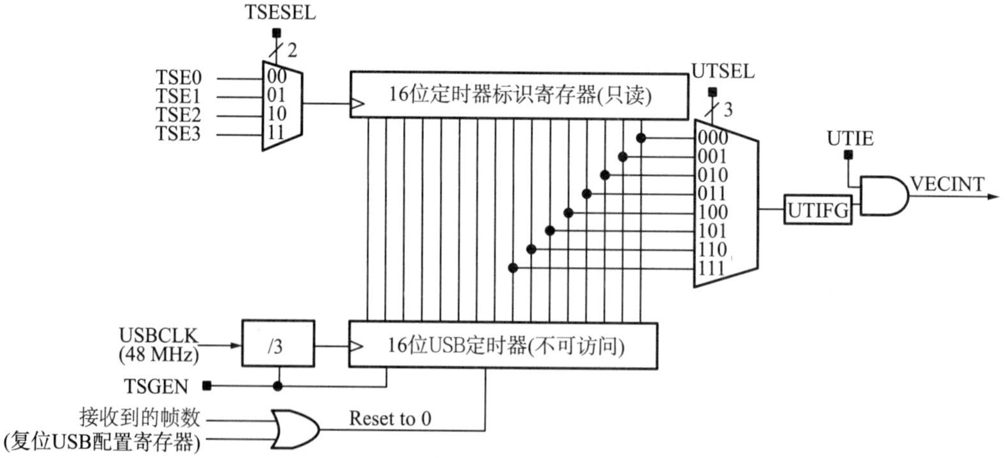

图 9.34　USB 时间标识发生器结构框图

USB 定时器可以产生周期性的中断,USBCLK 拥有和其他系统时钟不同的频率,这就为产生周期性系统中断多提供了一种选择。需要注意的是,用户无法直接读取 USB 定时器。通过 UTSEL 控制位可设置 USB 定时器的频率。UTIE 为 USB 时间标志发生器中断使能允许位,为使中断标志位能够触发中断,UTIE 需要置位。通过 TSGEN 控制位可使能或禁止时间标识发生器。

5. USB 向量中断

USB 模块使用单一的中断向量发生寄存器(USBIV)来处理多种 USB 中断,所有与 USB 相关的中断源均可触发产生中断,然后在 USBIV 中保存一个 6 位的中断标识符。每个中断源均对应一个中断标识。进入 USB 中断后,通过判断 USBIV 中的值与哪个中断源标识相同,即可判断触发当前中断产生的中断源。USB 中断向量如表 9.10 所示,为了响应一个中断标志位,对应的中断使能位必须被置位。

表 9.10 USB 中断向量表

中断源标识值	中断源	中断标志位	中断使能控制位	中断使能标志位有效条件
0000h	无中断	—	—	—
0002h	USB 过载中断源	USBPWRCTL. VUOVLIFG	USBPWRCTL. VUOVLIE	—
0004h	PLL 失锁故障中断源	USBPLLIR. USBPLLOOLIFG	USBPLLIR. USBPLLOOLIE	—
0006h	PLL 信号失效故障中断源	USBPLLIR. USBPLLOSIFG	USBPLLIR. USBPLLLOSIE	—
0008h	PLL 出界故障中断源	USBPLLIR. USBPLLOORIFG	USBPLLIR. USBPLLOORIE	—
000Ah	VBUS 上电中断源	USBPWRCTL. VBONIFG	USBPWRCTL. VBONIE	—
000Ch	VBUS 掉电中断源	USBPWRCTL. VBONIFG	USBPWRCTL. VBOFFIE	—
000Eh	保留	—	—	—
0010h	USB 时间标识事件中断源	USBMAINTL. UTIFG	USBMAINTL. UTIE	—
0012h	端点 0 输入中断源	USBIEPIFG. EPO	USBIEPIE. EPO	USBIEPCNFGO. USBIIE
0014h	端点 0 输出中断源	USBOEPIFG. EPO	USBOEPIE. EPO	USBOEPCNFGO. USBIIE
0016h	USB 复位中断源	USBIFG. RSTRIFG	USBIE. RSTRIE	—
0018h	USB 挂起中断源	USBIFG. SUSRIFG	USBIE. SUSRIE	—

表 9.10（续）

中断源标识值	中断源	中断标志位	中断使能控制位	中断使能标志位有效条件
001Ah	USB 恢复中断源	USBIFG. RESRIFG	USBIE. RESRIE	—
001Ch	保留	—	—	—
001Eh	保留	—	—	—
0020h	SETUP 包接收中断源	USBIFG. SETUPIFG	USBIE. SETUPIE	—
0022h	SETUP 包覆盖中断源	USBIFG. STPOWIFG	USBIE. STPOWIE	—
0024h	端点 1 输入中断源	USBIEPIFG. EP1	USBIEPIE. EP1	USBIEPCNF1. USBIIE
0026h	端点 2 输入中断源	USBIEPIFG. EP2	USBIEPIE. EP2	USBIEPCNF2. USBIIE
0028h	端点 3 输入中断源	USBIEPIFG. EP3	USBIEPIE. EP3	USBIEPCNF3. USBIIE
002Ah	端点 4 输入中断源	USBIEPIFG. E4	USBIEPIE. EP4	USBIEPCNFF4. USBIIE
002Ch	端点 5 输入中断源	USBIEPIFG. EP5	USBIEPIE. EP5	USBIEPCNF5. USBIIE
002Eh	端点 6 输入中断源	USBIEPIFG. EP6	USBIEPIE. EP6	USBIEPCNF6. USBIIE
0030h	端点 7 输入中断源	USBIEPIFG. EP7	USBIEPIE. EP7	USBIEPCNF7. USBIIE
0032h	端点 1 输出中断源	USBOEPIFG. EP1	UaVUSBOEPIE. EP1	USBOEPCNF1. USBIIE
0034h	端点 2 输出中断源	USBOEPIFG. EP2	USBOEPIE. EP2	USBOEPCNF2. USBIIE
0036h	端点 3 输出中断源	USBOEPIFG. EP3	USBOEPIE. EP3	USBOEPCNF3. USBIIE
0038h	端点 4 输出中断源	USBOEPIFG. EP4	USBOEPIE. EP4	USBOEPCNF_4. USBIIE
003Ah	端点 5 输出中断源	USBOEPIFG. EP5	USBOEPIE. EP5	USBOEPCNF_5. USBIIE
003Ch	端点 6 输出中断源	USBOEPIFG. EP6	USBOEPIE. EP6	USBOEPCNF_6. USBIIE
003Eh	端点 7 输出中断源	USBOEPIFG. EP7	USBOEPIE. EP7	USBOEPCNF_77. USBIIE

6. USB功耗

USB通信功能所消耗的电量往往比一个MSP430单片机系统的功耗还大,这是由于MSP430单片机应用场合大多数是功耗要求比较严格的,因此MSP430单片机的USB模块被设计成从USB接口的VBUS取电,并且只有连接到USB总线时才会出现高功耗的负载,这样可有效地保护MSP430单片机系统的电源,例如在电池供电系统中的电池。

USB通信模块的两个最耗电的组件是USB收发器和PLL模块。USB收发器在数据传输时会消耗大量的电能。但是,在处于不活动状态时,若不进行数据的收发,消耗电流极小,以至于在总线供电应用中,收发器可以在挂起模式下仍保持活动状态。PLL模块在活动状态时会消耗很大一部分电能,不过它只需要在连接到主机时被激活,并且由主机的USB总线供电,当PLL禁止时,USBCLK自动选择VLO作为时钟源。

7. USB挂起与恢复

所有的USB设备必须具有挂起和恢复的能力。当USB总线空闲时间超过3 ms时,USB主机将挂起USB设备。若一个USB设备被挂起,根据USB协议规定,该USB设备从USB总线捕获的电流应小于500 μA。一个被挂起的USB设备需要循环检测USB总线上是否产生恢复事件,若产生恢复事件,USB设备恢复通信功能。

(1)进入挂起模式

当主机将USB设备挂起时,将产生挂起中断标志位(SUSRIFG)。从此刻开始,软件有10 ms的时间来保证USB设备从VBUS获得的电流小于500 μA。大多数应用实例都使用内部3.3 V低压差线性稳压器。在这种情况下,可采取以下步骤:①通过清除UPLLEN来禁止PLL模块;②限制所有从VBUS取电的设备电流消耗总和500 μA减去ISUSPEND(ISUSPEND为PLL禁止下只有内部LDO工作时的挂起电流消耗,由MSP430F5529的数据手册可知该电流最大值为250 μA)的值;③置位RESRIE中断允许控制位,当主机恢复USB设备时,可触发恢复中断。

(2)进入恢复模式

当一个USB设备在挂起状态,若主机端检测到恢复信号,USB设备将进入恢复状态,并置位RESRIFG中断标志位,产生一个USB中断,这样就可以利用中断服务程序来恢复USB通信操作。

9.3.3 MSP430单片机USB模块传输方式

USB通信模块支持控制、中断和批量传输方式。根据USB通信协议,端点0为双向传输,包括输入端点0和输出端点0,该端点仅可作为控制传输端点。除了控制传输端点外,MSP430单片机的USB通信模块还可支持7个输出和7个输入端点。这些端点支持中断或批量传输方式。通过软件可以控制处理所有的控制、批量和中断端点的数据传输。

1. 控制传输

控制传输是USB传输中最重要的传输方式,主要用来传输介于主机和设备之间的配置、命令或状态信息,控制传输方式使用输入端点0和输出端点0。控制传输分3种类型:控制读取、控制写入与无数据控制写入。这三种类型又可分为2~3个阶段:设置阶段、数据阶段(无数据控制写入没有此阶段)和状态阶段。

(1)设置阶段

①输入端点 0 和输出端点 0 首先要通过 USB 控制寄存器进行初始化,置位 BUME 启用端点,置位 USBIE 使能端点中断,之后必须消除输入端点 0 和输出端点 0 的 NAK 忙标志位。

②主机首先向输出端点 0 发送一个 SETUP 令牌包,随后发送 SETUP 数据包。如果数据能够无差错地被接收,之后 UBM(USB 缓冲区管理器)将接收到的数据写入 SETUP 数据包缓冲区中,并置位位于 USB 中断标志寄存器中的 SETUP 包事务中断标志位 SETUPIFG,之后返回一个 ACK 的握手封包,并触发 SETUP 设置事务中断。

③在中断服务程序中,可通过软件从缓冲区中读取设置数据包,之后对命令进行解码,如果命令不支持或者无效,需利用软件将输出端点 0 的配置寄存器(USBOEPENFG_0)和输入端点的配置寄存器(USBIEPCNFG_0)内的 STALL 位置位,这将导致 USB 设备向 USB 主机发送一个 STALL 握手封包。在读取数据包并解码后,需利用软件清除相应的中断标志位。

(2)数据阶段

数据阶段用来传输主机与设备之间的数据,无数据控制写入传输方式无此阶段,控制写入与控制读取传输方式的数据阶段事务处理原理不尽相同,下面分别进行介绍。

①控制写入传输方式的数据阶段事务处理

• 主机首先向输出端点 0 发送一个 OUT 令牌封包,随后发送一个数据包。如果数据能够无差错地被接收,则 USB 将接收到的数据写入输出端点缓冲区(USBOEPOBUF)中,更新数据计数值,并反转 TOGGLE 标志位,置位 NAK 忙标志位,之后向主机返回一个 ACK 握手封包,并触发输出端点 0 中断(OEPIFG0)。

• 在中断服务程序中可通过软件从输出端点缓冲区中读取该数据包。为读取该数据包,软件首先应从 USBOEPCNT_0 寄存器中获取数据计数值,然后读取数据包,最后需用软件清除 NAK 忙标志位,以允许下次主机接收数据包。

• 如果在 USB 设备接收到数据包时,NAK 标志位保持置位,表示设备忙,UBM 将向主机返回一个 NAK 握手封包。如果 USB 设备接收到数据时,STALL 标志位保持置位,表示设备出错,UBM 将向主机返回一个 STALL 握手封包。如果在 USB 设备接收到数据时,CRC 校验或位填充出错,UBM 将不会向 USB 主机发送握手封包。

②控制读取传输方式的数据阶段事务处理

• 首先通过软件将要发送给 USB 主机的数据写入输入端点 0 缓冲区,同时也要用软件更新数据计数值,之后清除输入端点 0 的 NAK 标志位,以允许将数据包发送给 USB 主机。

• 主机发送一个 IN 令牌封包给输入端点 0,在 USB 设备接收到 IN 令牌后,UBM 将输入端点 0 缓冲区的数据包发送给 USB 主机。如果主机无差错地接收了数据包,主机将向 USB 设备返回一个 ACK 握手封包,然后 UBM 置位 NAK 标志位,并触发端点中断。

• 在中断服务程序中,可利用软件将下次需要发送的数据写入端点 0 缓冲区,为下次发送做准备。

• 如果在 USB 设备接收到 IN 令牌包时,NAK 标志位保持置位,表示设备忙,UBM 将向主机返回一个 NAK 握手封包。如果在 USB 设备接收到 IN 令牌包,STALL 标志位保持置位,表示设备出错,UBM 将向主机返回一个 STALL 握手封包。如果 USB 设备没有从主机接收到握手包,UBM 模块将再次向 USB 主机发送与上次发送时同样的数据。

• 软件将一直保持发送数据包,直到所有的数据都已发送给主机,才停止发送。

(3)状态阶段

①对于输入端点 0,软件清除数据计数值,置位 TOGGLE 标志位,之后清除 NAK 标志位,以允许从 USB 设备发送数据包到主机。

②主机向输入端点 0 发送 IN 令牌包。在 UBM 接收到该 IN 令牌包后,UBM 将向主机发送一个 0 数据长度的 DATA1 数据包。如果主机无差错地接收到了该数据包,主机就向 USB 设备返回一个 ACK 握手包。然后 UBM 反转 TOGGLE 标志位,并设置 NAK 标志位。

③如果在 USB 设备接收到 IN 令牌包时,NAK 保持置位,UBM 将向 USB 发送一个 NAK 握手封包。如果在 USB 设备接收到 IN 令牌包时,STALL 保持置位,UBM 将向 USB 主机发送一个 STALL 握手封包。如果 USB 设备没有接收到 USB 主机发送的握手封包,UBM 将再次向 USB 主机发送数据包。

2. 中断传输

USB 通信模块支持以中断传输数据的方式将少量数据在 USB 主机和 USB 设备之间相互传送。特别是设备需要在指定的时间内发送或接收数据,则需要采用中断传输方式。MSP430 单片机 USB 通信模块的端点 1~7(包括输入端点和输出端点共 14 个)均可配置为中断传输端点。中断传输方式又可分为两种:中断输出传输方式、中断输入传输方式。

(1)中断输出传输方式

中断输出传输方式的步骤如下:

①通过软件初始化其中一个输出端点作为输出中断端点,这包括编程开辟缓冲区大小、得到缓冲区基址、选择缓冲区类型、使能端点中断、初始化 TOGGLE 标志位、使能端点和清除 NAK 标志位。

②主机首先向输出端点发送一个 OUT 令牌包,随后发送一个数据包。如果数据包能够被设备无差错地接收,UBM 模块将依次完成以下工作:将接收到的数据写入端点缓冲区;更新数据计数值;反转 TOGGLE 标志位;设置 NAK 标志位;向主机返回一个 ACK 握手封包和触发端点中断。

③在中断服务程序中,可通过软件从端点缓冲区中读取数据包。为了读取数据包,软件需要首先获取当前的数据计数值。在读取数据包后,软件需要清除中断标志位和清除 NAK 标志位,以允许接收下次从主机发送的数据。

④如果在 USB 设备接收到数据包时,NAK 保持置位,UBM 将向 USB 发送一个 NAK 握手封包。如果在 USB 设备接收到数据包时,STALL 保持置位,USB 设备将向 USB 主机发送一个 STALL 握手封包。如果 USB 设备接收到数据包时,产生了 CRC 校验或位填充错误,UBM 将不再向主机发送握手封包。

在双缓冲区模式下,UBM 模块给予 TOGGLE 标志位的值,在 X 和 Y 缓冲区中进行选择数据存储缓冲区。如果 TOGGLE 标志位的值为 0,UBM 将数据写入 X 缓冲区;如果 TOGGLE 标志位为 1,UBM 将数据写入 Y 缓冲区。当 UBM 模块接收到一个数据包时,软件可以通过读取 TOGGLE 标志位的值,确定接收到的数据所存储的位置。然而,在使用双缓冲区模式时,存在端点中断响应之前,X 和 Y 缓冲区都被写入数据的可能性。在这种情况下,软件需要读取 X 缓冲区的 NAK 标志位、Y 缓冲区的标志位和 TOGGLE 标志位来确定缓冲区的状态。

(2)中断输入传输方式

中断输入传输方式的步骤如下：

①通过软件初始化,其中一个输入端点作为输入中断/批量端点,这包括编程开辟缓冲区大小、得到缓冲区基址、选择缓冲区类型、使能端点中断、初始化 TOGGLE 标志位、使能端点和清除 NAK 标志位。

②通过软件将要发送给主机的数据包写入缓冲区中,再通过软件更新数据计数值和清除 NAK 标志位,以使能将数据包发送给主机。

③USB 主机向输入端点发送 IN 令牌包,在 UBM 接收到 IN 令牌包后,UBM 将数据包发送给主机。如果主机无差错接收到了数据包,主机将向 USB 设备返回一个 ACK 握手封包。然后,UBM 反转 TOGGLE 标志位、置位 NAK 标志位并触发端点中断。

④在中断服务程序中,将下次要发送给主机的数据写入发送缓冲区中,以待下次发送。

⑤如果 USB 设备接收到 IN 令牌包时,NAK 保持置位,UBM 将向 USB 发送一个 NAK 握手封包。如果在 USB 设备接收到 IN 令牌包时,STALL 保持置位,USB 设备将向 USB 主机发送一个 STALL 握手封包。如果 USB 设备没有接收到从 USB 主机发送的握手封包,UBM 模块将向 USB 主机再次发送与上次相同的数据包。

在双缓冲模式下,UBM 模块基 TOGGLE 标志位的值,在 X 和 Y 缓冲区中进行选择数据存储缓冲区。如果 TOGGLE 标志位为 0,UBM 模块从 X 缓冲区中读取数据包;如果 OGGLE 标志位为 1,UBM 从缓冲区读取数据包。

3. 批量传输

USB 通信模块支持以批量传输数据的方式将大量数据在 USB 主机和 USB 设备之间相互传送。在批量传输中,可以没有固定的通信带宽。MSP430 单片机 USB 通信模块的端点 1~7(包括输入端点和输出端点共 14 个)均可配置为批量传输端点。批量传输方式又可分为两种:批量输出传输方式、批量输入传输方式。

(1)批量输出传输方式

批量输出传输方式的步骤如下：

① 通过软件初始化其中一个输出端点作为批量输出端点,这包括编程开辟缓冲区大小、得到缓冲区基址、选择缓冲区类型、使能端点中断、初始化 TOGGLE 标志位、使能端点和清除 NAK 标志位。

② 主机首先向输出端点发送一个 OUT 令牌包,随后发送一个数据包。如果数据包能够被设备无差错地接收,UBM 模块将依次完成以下工作:将接收到的数据写入端点缓冲区;更新数据计数值;反转 TOGGLE 标志位;设置 NAK 标志位;向主机返回一个 ACK 握手封包和触发端点中断。

③ 在中断服务程序中,可通过软件从端点缓冲区中读取数据包。为了读取数据包,软件需要首先获取当前的数据计数值。在读取数据包后,软件需要清除中断标志位和清除 NAK 标志位,以允许接收下次从主机发送的数据。

④ 如果在 USB 设备接收到数据包时,NAK 保持置位,UBM 将向 USB 发送一个 NAK 握手封包。如果在 USB 设备接收到数据包时,STALL 保持置位,USB 设备将向 USB 主机发送一个 STALL 握手封包。如果 USB 设备接收到数据包时,产生了 CRC 校验或位填充错误,软件初始化其中的一个输入端点作为输入中断端点,这包括编程开辟缓冲区大 UBM 将不再

向主机发送握手封包。

在双缓冲区模式下，UBM模块给予TOGGLE标志位的值，在X和Y缓冲区中进行选择数据存储缓冲区。如果TOGGLE标志位的值为0，UBM将数据写入X缓冲区；如果TOGGLE标志位为1，UBM将数据写入Y缓冲区。当UBM模块接收到一个数据包时，软件可以通过读取TOGGLE标志位的值，确定接收到的数据所存储的位置。然而，在使用双缓冲区模式时，存在端点中断响应之前，X和Y缓冲区都被写入数据的可能性。在这种情况下，软件需要读取X缓冲区的NAK标志位、Y缓冲区的标志位和TOGGLE标志位来确定缓冲区的状态。

(2)批量输入传输方式

批量输入传输方式的步骤如下：

① 通过软件初始化其中的一个输入端点作为批量输入端点，这包括编程开辟缓冲区大小、得到缓冲区基址、选择缓冲区类型、使能端点中断、初始化TOGGLE标志位、使能端点和清除NAK标志位。

② 通过软件将要发送给主机的数据包写入缓冲区中，再通过软件更新数据计数值和清除NAK标志位，以使能将数据包发送给主机。

③ USB主机向输入端点发送IN令牌包，在UBM接收到IN令牌包后，UBM将数据包发送给主机。如果主机无差错接收到了数据包，主机将向USB设备返回一个ACK握手封包。然后，UBM反转TOGGLE标志位、置位NAK标志位并触发端点中断。

④ 在中断服务程序中，将下次要发送给主机的数据写入发送缓冲区中，以待下次发送。

⑤ 如果USB设备接收到IN令牌包时，NAK保持置位，UBM将向USB发送一个NAK握手封包。如果在USB设备接收到IN令牌包时，STALL保持置位，USB设备将向USB主机发送一个STALL握手封包。如果USB设备没有接收到从USB主机发送的握手封包，UBM模块将向USB主机再次发送与上次相同的数据包。

在双缓冲模式下，UBM模块基于TOGGLE标志位的值，在X和Y缓冲区中进行选择数据存储缓冲区。如果TOGGLE标志位为0，UBM模块从X缓冲区中读取数据包；如果TOGGLE标志位为1，UBM从Y缓冲区读取数据包。

9.3.4 MSP430单片机USB模块寄存器

USB通信模块寄存器空间可分为配置寄存器、控制寄存器和USB缓冲区存储器。配置寄存器和控制寄存器是物理寄存器，存储在Flash中。USB控制寄存器只有在USB模块启用状态下才能够进行写操作。USB缓冲区存储器位于RAM中，当USB通信模块禁止时，MSP430单片机系统能够获得额外的2KB的RAM空间，且CPU或DMA能够自由使用该空间。

配置寄存器主要用来控制实现USB硬件连接的功能，包括配置PHY、PLL和LDO等。如果对配置寄存器进行写操作，应首先将USBKEYPID寄存器的值设置为9628h，再更改配置寄存器的值。若USBKEYPID寄存器的值不是9628h，配置寄存器将被锁定。此时，只能对其进行读取，而不能写入。因此通常在USB配置寄存器设置完毕后，更改USBKEYPID寄存器的值来锁定配置寄存器。USB配置寄存器列表如表9.11所示。

表 9.11　USB 配置寄存器列表(基址为 0900h)

寄存器	缩写	寄存器读/写类型	偏移地址	初始状态
USB 配置寄存器开关寄存器	USBKEYPID	读/写	00h	0000h
USB 控制器配置寄存器	USBCNF	读/写	02h	0000h
USB-PHY 控制寄存器	USBPHYCTL	读/写	04h	0000h
USB-PWR 控制寄存器	USBPWRCTL	读/写	08h	1850h
USB-PLL 控制寄存器	USBPLLCTL	读/写	10h	0000h
USB-PLL 分频器寄存器	USBPLLDIVB	读/写	12h	0000h
USB-PLL 中断寄存器	USBPLLIR	读/写	11h	0000h

USB 控制寄存器是所有 USB 通信的基础,主要包括端点 0 配置寄存器、中断寄存器、时间标识发生器寄存器和基本 USB 控制寄存器等四个部分,USB 控制寄存器如表 9.12 所示。

表 9.12　USB 控制寄存器列表(基址为 0920h)

寄存器		缩写	读/写类型	偏移地址	初始状态
端点0配置寄存器	输入端点 0 配置寄存器	USBIEPCNF_0	读/写	00h	00h
	输入端点 0 字节计数寄存器	USBIEPCNT_0	读/写	01h	80h
	输出端点 0 配置寄存器	USBOEPCNF_0	读/写	02h	00h
	输出端点 0 字节计数寄存器	USBOEPCNT_0	读/写	03h	00h
中断寄存器	输入端点中断使能寄存器	USBIEPIE	读/写	0Eh	00h
	输出端点中断使能寄存器	USBOEPIE	读/写	0Fh	00h
	输入端点中断标志寄存器	USBIEPIFG	读/写	10h	00h
	输出端点中断标志寄存器	USBOEPIFG	读/写	11h	00h
	中断向量寄存器	USBIV	读/写	12h	0000h
时间标识生器寄存器	时间标识保持寄存器	USBIV	读/写	16h	0000h
	时间标识寄存器	USBTSREG	读/写	18h	0000h
基本USB控制寄存器	USB 帧计数寄存器	USBFN	读/写	1Ah	0000h
	USB 控制寄存器	USBCTL	读/写	1Ch	00h
	USB 中断使能寄存器	USBIE	读/写	1Dh	00h
	USB 中断标志寄存器	USBIFG	读/写	1Eh	00h
	设备地址寄存器	USBFUNADR	读/写	1Fh	00h

所有端点的数据缓冲区和端点1~7的寄存器都存储在USB的RAM缓冲区存储器中，这样可以实现对内存单元的高效灵活的使用。数据缓冲区被称为USB缓冲区存储器,寄存器被用来作为缓冲区描述符寄存器。USB缓冲区存储器列表如表9.13所示,USB缓冲区描述符寄存器列表如表9.14所示。

表9.13 USB缓冲存储器列表

存储区	缩写	读/写类型	偏移地址
可配置缓冲区空间开始	USBSTABUFF	读/写	0000h
1904字节可配置缓冲区空间	...	读/写	...
可配置缓冲区空间结束	USBTOPBUFF	读/写	076Fh
输出端点0缓冲区	USBOEP0BUF	读/写	0770h
		读/写	...
		读/写	0777h
输入端点0缓冲区	USBIEP0BUF	读/写	0778h
		读/写	...
		读/写	077Fh
设置包缓冲区	USBSUBLK	读/写	0780h
		读/写	...
		读/写	0787h

表9.14 USB缓冲区描述符寄存器列表

寄存器		缩写	读/写类型	偏移地址
输出端点n	配置寄存器	USBOEPCNF_n	读/写	0788h+(n-1)*8
	X缓冲区基址寄存器	USBOEPBBAX_n	读/写	0789h+(n-1)*8
	X缓冲区字节计数寄存器	USBOEPBCTX_n	读/写	078Ah+(n-1)*8
	Y缓冲区基址寄存器	USBOEPBBAY_n	读/写	078Dh+(n-1)*8
	Y缓冲区字节计数寄存器	USBOEPBBTY_n	读/写	078Eh+(n-1)*8
	X/Y缓冲区空间大小寄存器	USBOEPSIZXY_n	读/写	078Fh+(n-1)*8
输入端点n	配置寄存器	USBIEPCNF_n	读/写	07C8h+(n-1)*8
	X缓冲区基址寄存器	USBIEPBBAX_n	读/写	07C9h+(n-1)*8
	X缓冲区字节计数寄存器	USBIEPBCTX_n	读/写	07CAh+(n-1)*8
	Y缓冲区基址寄存器	USBIEPBBAY_n	读/写	07CDh+(n-1)*8
	Y缓冲区字节计数寄存器	USBIEPBBTY_n	读/写	07CEh+(n-1)*8
	X/Y缓冲区空间大小寄存器	USBIEPSIZXY_n	读/写	07CFh+(n-1)*8

项 目 小 结

本项目详细讲述了 USCI 通信模块和 USB 通信模块的结构、原理及功能。MSP430 单片机的 USCI 通信模块支持多种串行通信模式，主要包括 UART 异步通信模式、SPI 同步通信模式和 I^2C 通信模式。通过这些串行通信模式，可实现 MSP430 单片机与外部设备之间的信息交换。例如，利用 UART 异步通信模式实现与 PC 的串行接口通信；利用 SPI 同步通信模式实现 SD 卡内存的读写；利用 I^2C 通信模式调节 ADS1100 增益等。MSP430F5xx/6xx 系列单片机内部集成全速 USB2.0 模块，传输速率可高达 12 Mbit/s，支持控制、中断和批量传输模式，可用于数据记录、高速数据传输或其他需要连接各种 USB 设备的应用。

思考与习题

1. USCI_Ax 和 USCI_Bx 分别支持哪些通信模式？

2. 简述 USCI 模块工作在 UART 模块下的初始化步骤。

3. 编程实现：编写串行接口发送程序，向上位机(PC)发送 8 B 的数据帧。要求数据帧第一字节前保留 10 bit 以上的线路空闲时间，以便上位机识别数据帧的起始。

4. 编程实现：编写串行接口发送程序，如果出现奇偶校验错误，点亮 P1.3 端口 LED，如果出现接受溢出错误，点亮 P1.4 端口的 LED。

5. 简述 SPI 通信中各线的含义，并说明 SPI 通信的原理。

6. 简述 SPI 的主机模式和从机模式的工作原理。

7. 简述 I^2C 数据通信协议。

8. MSP430 单片机的 I^2C 具有哪些寻址方式？对其格式进行简要说明。

9. MSP430 单片机的 I^2C 如何进行多机仲裁？

10. MSP430 单片机的 I^2C 具有哪些工作模式？

11. MSP430 单片机的 I^2C 具有哪些状态中断标志？并简述各状态中断标志产生的条件。

12. 什么是 USB 主机和 USB 设备？MSP430 单机片能否作为 USB 主机使用？

13. 简述差分信号技术特点，并描述反向不归零编码原理。

14. 列举 USB 设备的枚举过程。

15. MSP430 单片机的 USB 模块由哪些部件构成？

16. USB 引擎部件在 USB 通信的过程中有哪些作用？

17. MSP430 单片机的 USB 模块具有哪些通信传输方式？

项目 10 MSP430F5529-EVM 开发板简介

［项目描述］

TI 的 MSP430™ 系列的超低功耗单片机包含数个采用外设集的器件，可广泛应用于各种应用。此架构与多种低功耗模式配合使用，是延长便携式测量应用电池寿命的最优选择。该单片机具有一个强大的 16 位 RISC CPU，使用 16 位寄存器以及常数发生器，以便获得最高编码效率。此 DCO 可使器件在 3.5 μs（典型值）内从低功耗模式唤醒至激活模式。

［项目目标］

1. 通过对 MSP430F5529 开发板学习掌握电路原理图及电子线路相关知识
2. 了解开发板工作原理及性能，掌握元器件及系统故障的排除方法

任务 10.1 开发板硬件资源

为了便于评估和学习 MSP430F552x 系列单片机，我们以 MSP430F5529 为核心芯片设计了一套开发板 MSP430F5529-EVM，如图 10.1 所示。

图 10.1 MSP430F5529-EVM 开发板顶视图

该 MSP430F5529-EVM 开发板上的硬件资源有：

(1)主芯片 MSP430F5529;
(2)2 路 RS232 异步串行接口;
(3)4 路 A/D 输入;
(4)1 个外置 RTC(PCF85263);
(5)1 个 2 KB E_2 PROM;
(6)1 个蜂鸣器;
(7)2 个用户指示灯和 2 个电源指示灯;
(8)5 个用户按键和 1 个复位按键;
(9)1 路 SPI 接口;
(10)1 路 I^2C 接口;
(11)16 路 GPIO 口(含 PWM 输出);
(12)LCD12864 和 LCD1602 接口;
(13)4 位 8 段数码管;
(14)CC2530 与传感器模块接口(支持温度、光照度、湿度、烟雾、火焰、人体红外、声音、震动检测、元件,以及 RFID 读卡器、继电器与直流电机执行传感器模块)。

任务 10.2 开发板特点与应用领域

开发板特点如下:
(1)板厚 1.6 mm;
(2) 4 层 PCB 设计,工作更稳定;
(3)焊盘、过孔均镀金,确保高质量、可靠连接;
(4)所有接插件均选用正凌精工高品质接插件;
(5)所有元器件均为工业级,工作温度范围为-40~85 ℃;
(6)大厂机器焊接,确保电路板的可靠性。
该电路板可用于传感器测量、工业测控和评估 TI MSP430F552x 系列单片机等场合。

任务 10.3 硬件设计说明

10.3.1 电源电路

MSP430F5529-EVM 开发板采用 5 V 供电。电源插座有两种:第一种是采用 2.1 mm 的圆孔插座(J5),供电极性为内正外负;第二种是 3.811 mm 间距的带螺钉插座(J6),1 脚为电源负极,2 脚为正极。外部供电电源的电流要求不少于 500 mA。电源上电后,5 V 电源指示灯 D1 会被点亮。电路如图 10.2 所示。

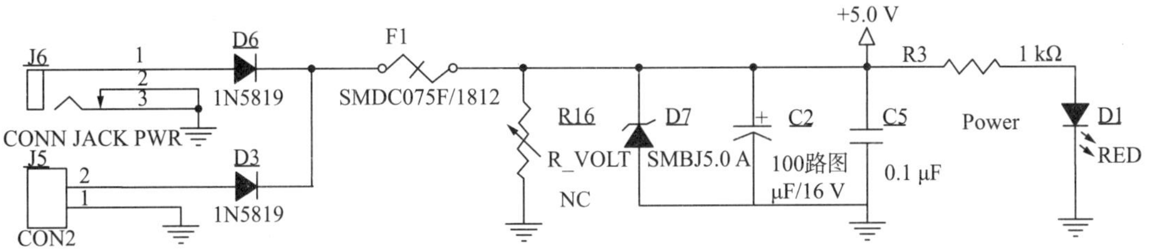

图 10.2　电路图

5 V 电源通过插座进入到开发板后，先经过二极管 D3/D5，二极管的作用是防止用户将电源极性接反而烧坏硬件。F1 为自恢复保险丝，当电流大于 750 mA 时，其电阻变得很大，可防止电路发生故障造成过流而损坏硬件。电源过 F1 后，通过 TVS 管 D7(SMBJ5.0 A)与电源地相接，TVS 管给电路提供了过压保护。图 10.4 中 R16 为压敏电阻，同样可以提供过压保护，但其响应速度远低于 TVS 管，所以我们只焊装 TVS 管，没有焊装压敏电阻。整体电路可对浪涌电流有很好的抑制作用。

MSP430F5529-EVM 开发板上只有 1 个电源管理芯片，型号为 LP38690DT-3.3，提供电路板需要的 3.3 V 工作电压。具体的电源电路如图 10.3 所示。该芯片正常工作后，3.3 V 的电源指示灯 D2 会被点亮。

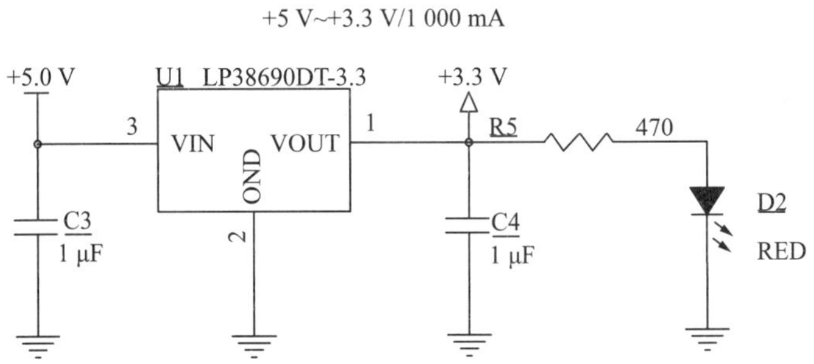

图 10.3　LDO 电源电路

10.3.2　JTAG 接口与复位电路

MSP430F5529-EVM 开发板的 JTAG 电路采用标准的 14 脚调试接口，具体的 JTAG 接口如图 10.4 所示，其中 RESET 信号与 MSP430F5529 的复位引脚(RESET)相连，可实现软件复位。

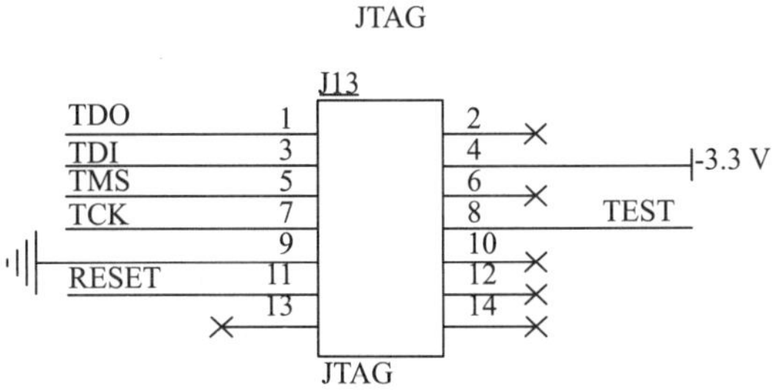

图 10.4　JTAG 接口电路

用户按键复位电路如图 10.5 所示,按一下 SW5 键即可对 MSP430F5529 单片机进行复位。

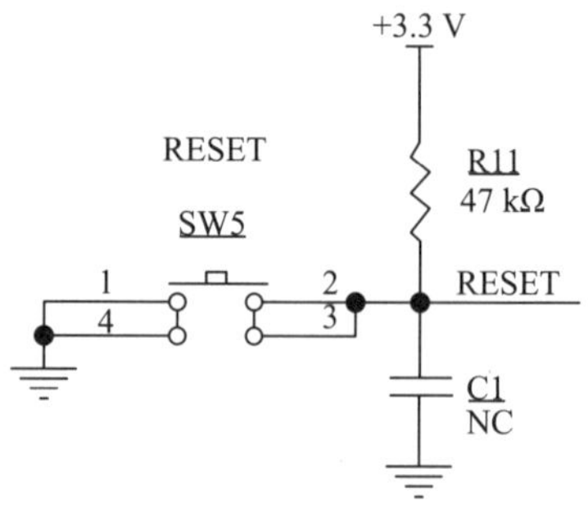

图 10.5　用户按键复位电路

10.3.3　用户按键、指示灯与蜂鸣器电路

TM4C123-EVM 开发板提供了 5 个用户按键、2 个用户指示灯和 1 个蜂鸣器。

用户按键电路如图 10.6 所示,按键输入信号分别与 P2.3~P2.7 引脚相连。由于 P2 口具有触发中断功能,因此按键的状态既可以通过查询其电平的方式进行确定,也可以通过中断的方式来确定,用户可根据需要自行选择。

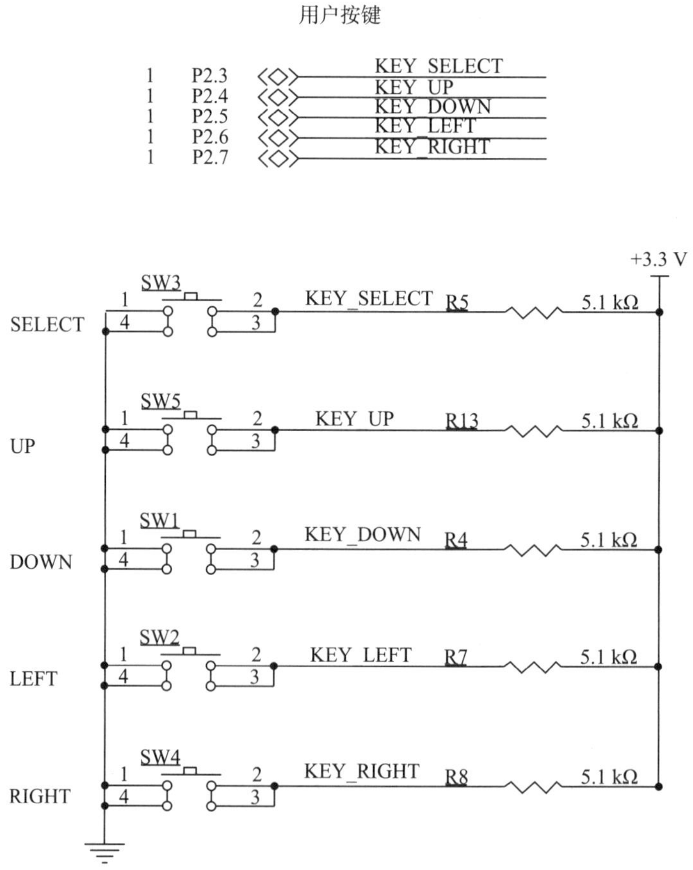

图 10.6　用户按键电路

用户指示灯电路如图 10.7 所示，指示灯 LED1、LED2 分别与 P3.5、P1.6 引脚信号相连，可以用来指示系统运行状态。其中，P3.5 引脚同时也是定时器输出引脚（TB0.5），可以用来指示定时器状态；P1.6 引脚同时也是比较器输出引脚（CBOUT），可以用来指示比较器的状态。用户可根据实际需要，设置指示灯状态所代表的功能。

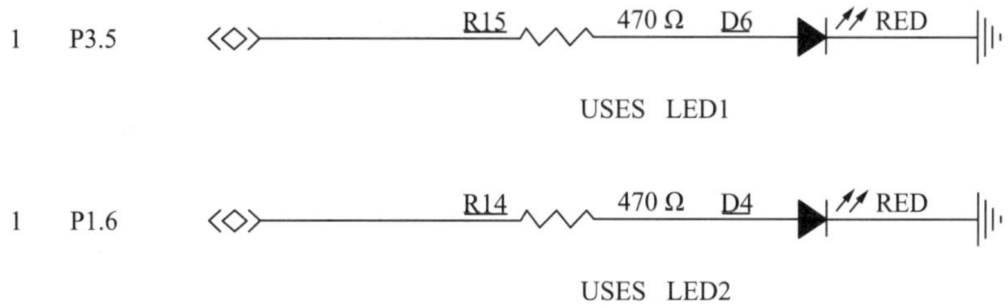

图 10.7 用户指示灯电路

蜂鸣器电路如图 10.8 所示，其控制引脚为 P5.7，该引脚除了具有常规的 GPIO 端口功能外，同时也是定时器的输出引脚（TB0.1）。因此，用户可以通过该引脚输出 PWM 信号，控制蜂鸣器发出简单的音乐。

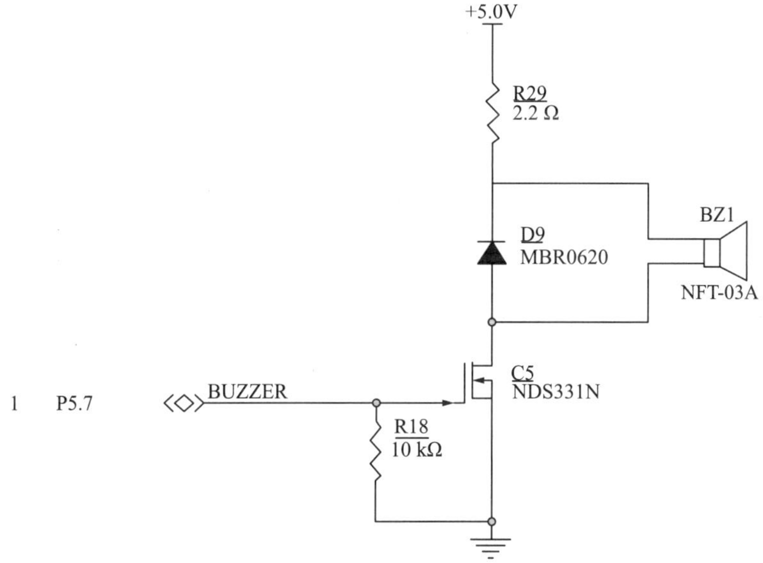

图 10.8 蜂鸣器电路

10.3.4 通用异步串行接口电路(UARTs)

MSP430F5529 片内集成的两个通用的串行通信模块，分别为 USCI_A 和 USCI_B。其中，USCI_A 支持 UART、IrDA 和 SPI 功能；USCI_B 支持 I^2C 和 SPI 功能。

在 MSP430F5529-EVM 的设计中，将 USCI_A 模块设置为两个 UART 功能单元，将 USCI_B 设置为一个 SPI 和一个 I^2C 功能单元。两个 UART 串行接口模块分别为 UART0

和 UART1,电路如图 10.9 所示。其中,UART0 固定为 RS232 电平接口的异步串行接口;UART1 则既可以为 RS232 电平接口的异步串行接口,也可以为 TTL 电平的异步串行接口。当 UART1 选择 RS232 电平时,其外部接口为 J9;当选择 TTL 电平时,则与 CC2530 模块相连进行数据交互。UART1 的功能选择电路如图 10.10 所示。可以看出,当 J7、J8 的 1、2 两脚短接时,其用作 RS232 电平接口;当 2、3 两脚短接时,其用作两个 MCU 之间的通信接口。

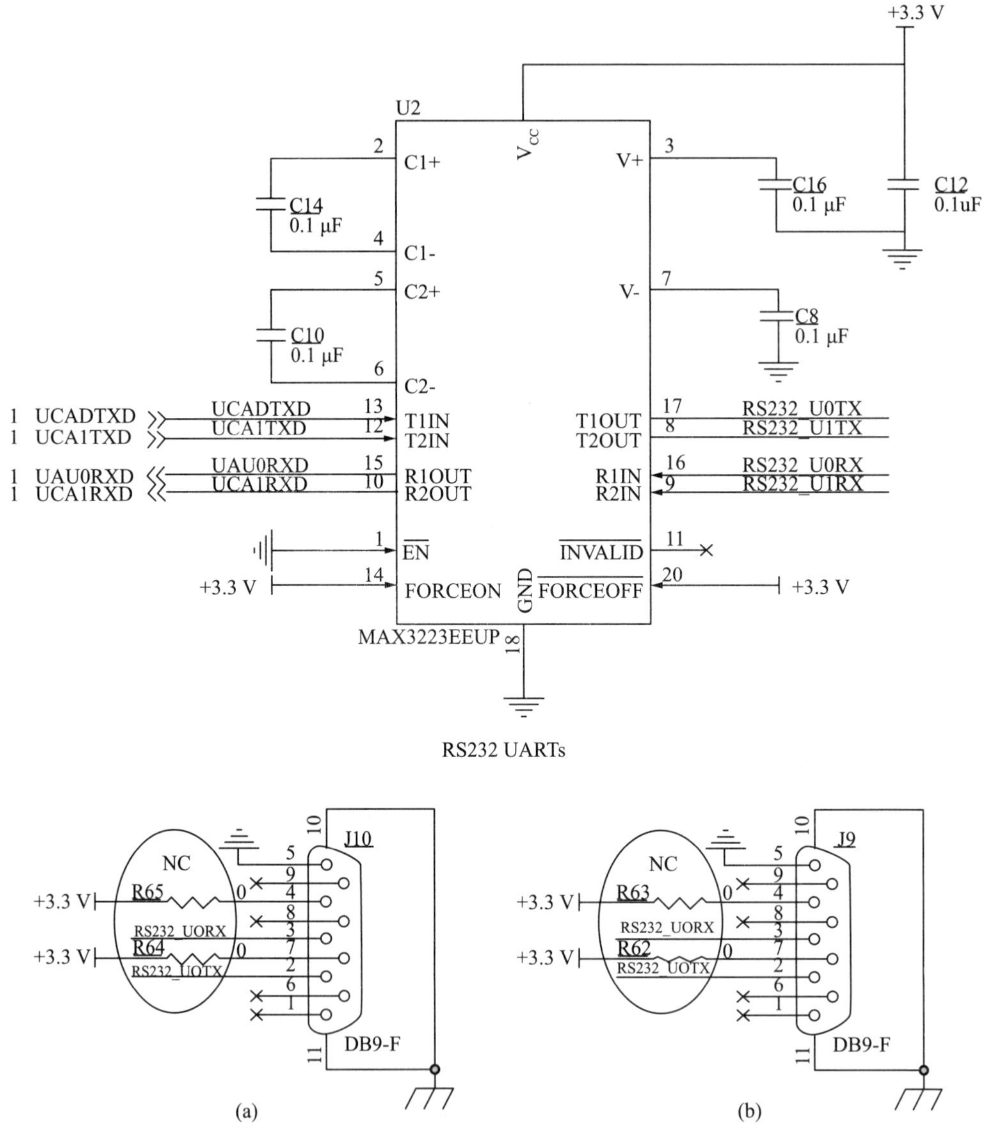

图 10.9 RS232 电平协议的异步串行接口电路

图 10.10 RS232 异步串行接口跳线选择电路

10.3.5 SD 卡接口电路

MSP430F5529-EVM 将 USCI_B 单元中 UCB1 设置为 SPI 串行通信模块,与 SD 卡相接,用于评估 SD 卡的读写操作功能。同时,还将 SPI 引脚信号通过接插件 J21 输出,可用来后续的功能扩展。具体电路如图 10.11 所示。

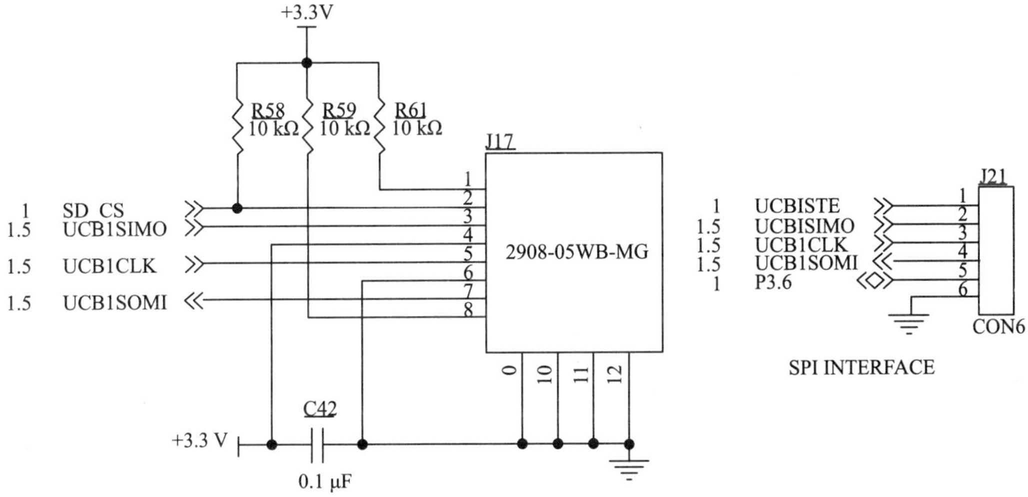

图 10.11 SD 卡接口电路

10.3.6 I²C 接口的 E2PROM 和 RTC

MSP430F5529-EVM 将 USCI_B 单元中 UCB0 设置为 I²C 串行通信模块,与 EEPROM 和 RTC 相接,用于评估 I²C 总线功能。同时,还将 I²C 引脚信号通过接插件 J22 输出,可用来后续的功能扩展。具体电路如图 10.12 所示。

10.3.7 USB 总线接口电路

MSP430F5529 控制器内部集成了全速 USB2.0 模块,传输速率可高达 12 Mbit/s,完全满足一般单片机系统对数据传输的要求。USB 接口电路如图 10.13 所示。

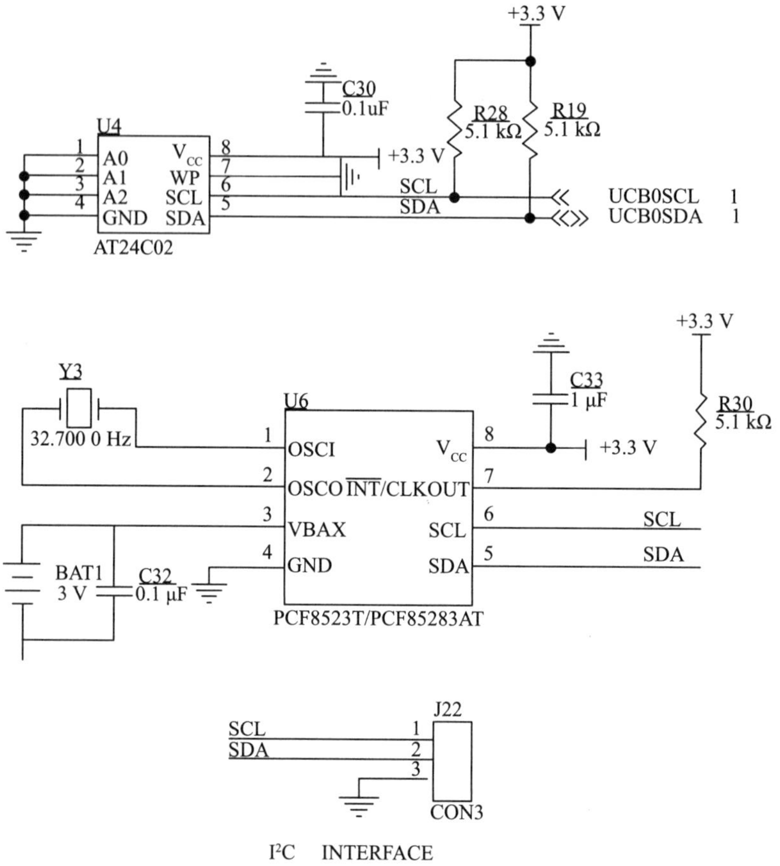

图 10.12 I²C 接口的 EEPROM 和 RTC 电路

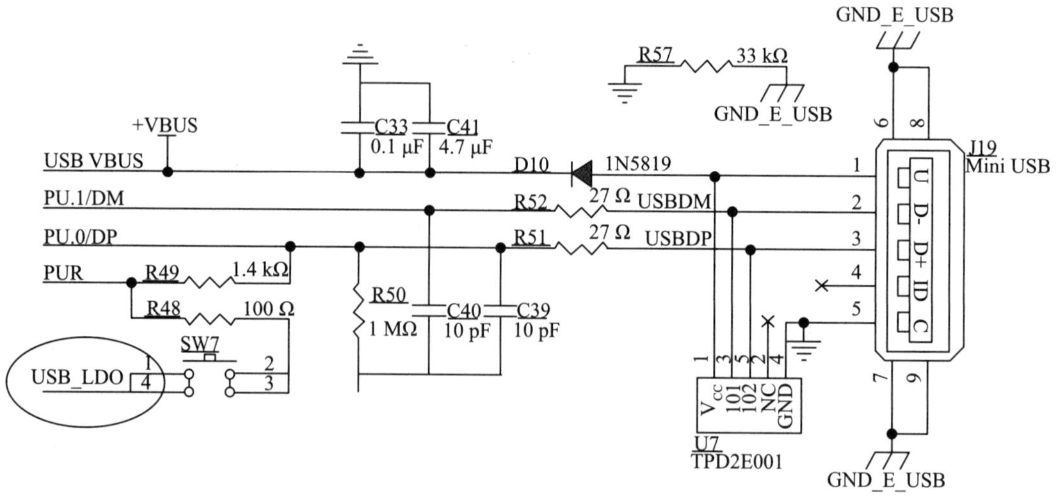

图 10.13 USB 总线接口电路

10.3.8 A/D 输入接口电路

MSP430F5529 单片机片内集成 12 路 12 bit A/D 转换模块,最大转换速率达 200 kbit/s,满足一般应用场合下的需求。MSP430F5529-EVM 配置了 4 路 A/D 输入,其中输入通道 AIN0 是由轮式电位器和外部输入模拟信号复用,在 A/D 功能测试时,可采用轮式电位器输入,其他情况下可设置为外部输入信号。信号的输入方式通过跳线器 J14 进行选择,其 1 脚和 2 脚短接时,选择轮式电位器输入;2 脚和 3 脚短接时,则选择外部信号。具体的 A/D 输入接口电路如图 10.14 所示。

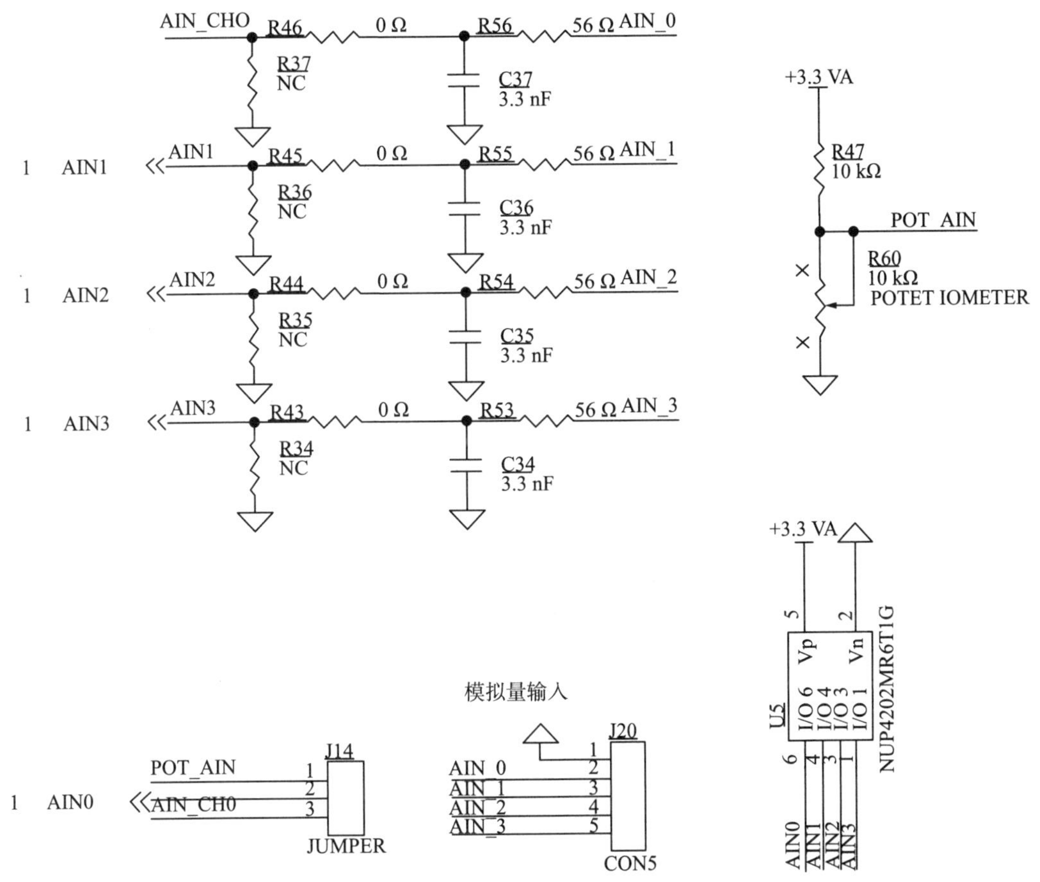

图 10.14 A/D 输入接口电路

10.3.9 LCD 显示接口与数码管驱动电路

MSP430F5529-EVM 开发板配置了三种显示模块,分别是 LCD12864、LCD1602 和 4 位数码管。其中,LCD12864 和 LCD1602 的接口电路如图 10.15 所示;4 位数码管的驱动电路如图 10.16 所示。

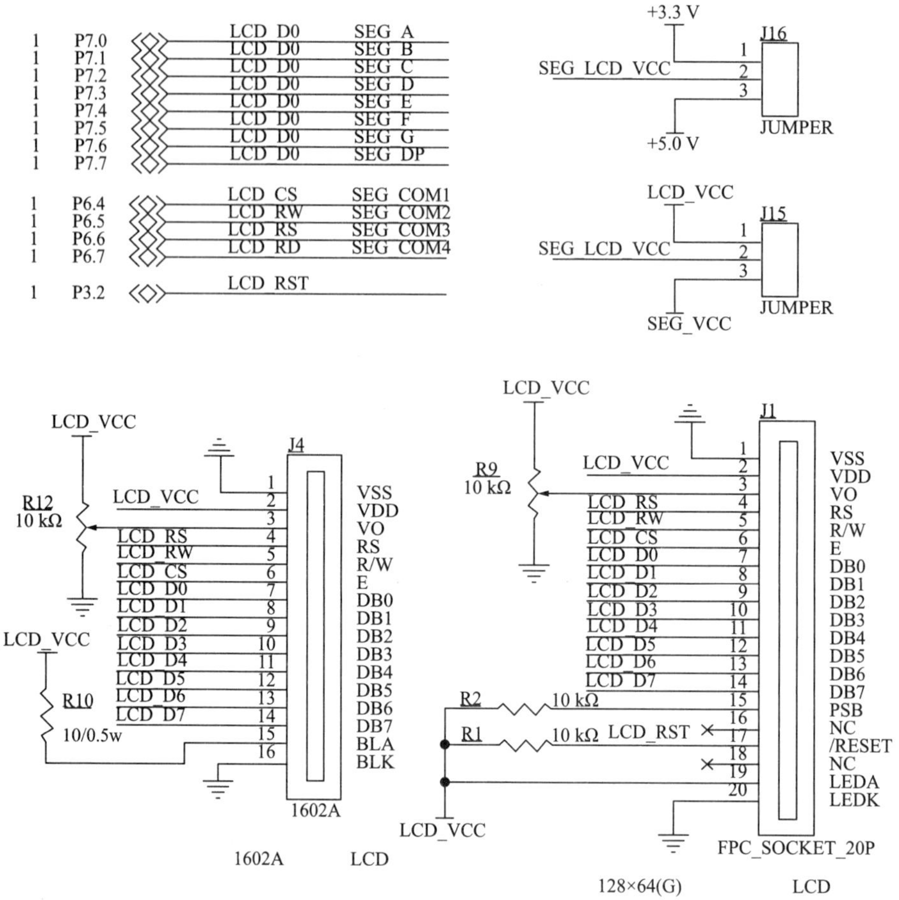

图 10.15 LCD12864 和 LCD1602 接口电路

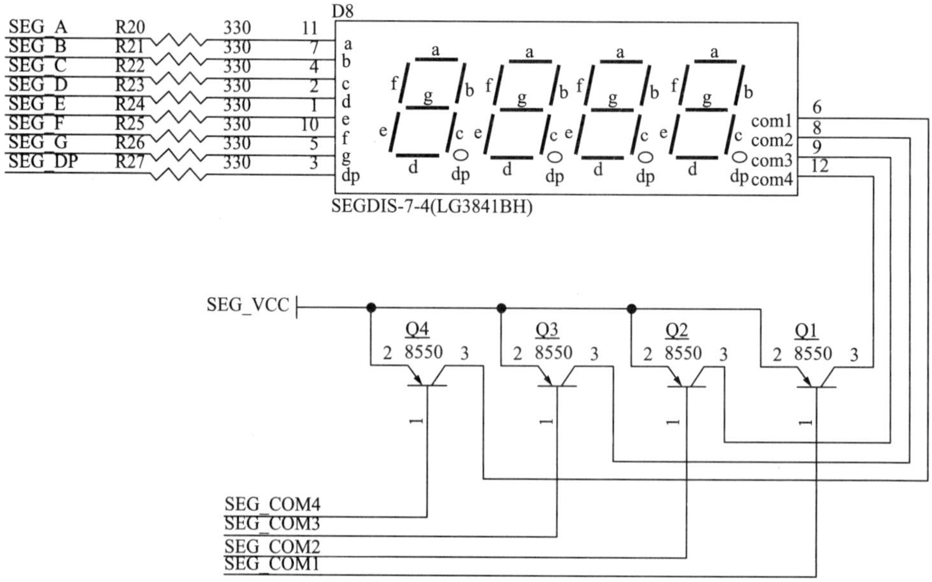

图 10.16 数码管驱动电路

10.3.10 CC2530 模块与传感器接口电路

MSP430F5529-EVM 集成了 CC2530 模块和各类传感器模块的通用接口,传感器包括检测温度、光照度、湿度、烟雾、火焰、人体红外、声音、震动的元件,以及 RFID 读卡器、继电器与直流电机,后续可在此接口上进一步扩展其他类型的传感器。该通用接口的信号定义如图 10.17 所示。

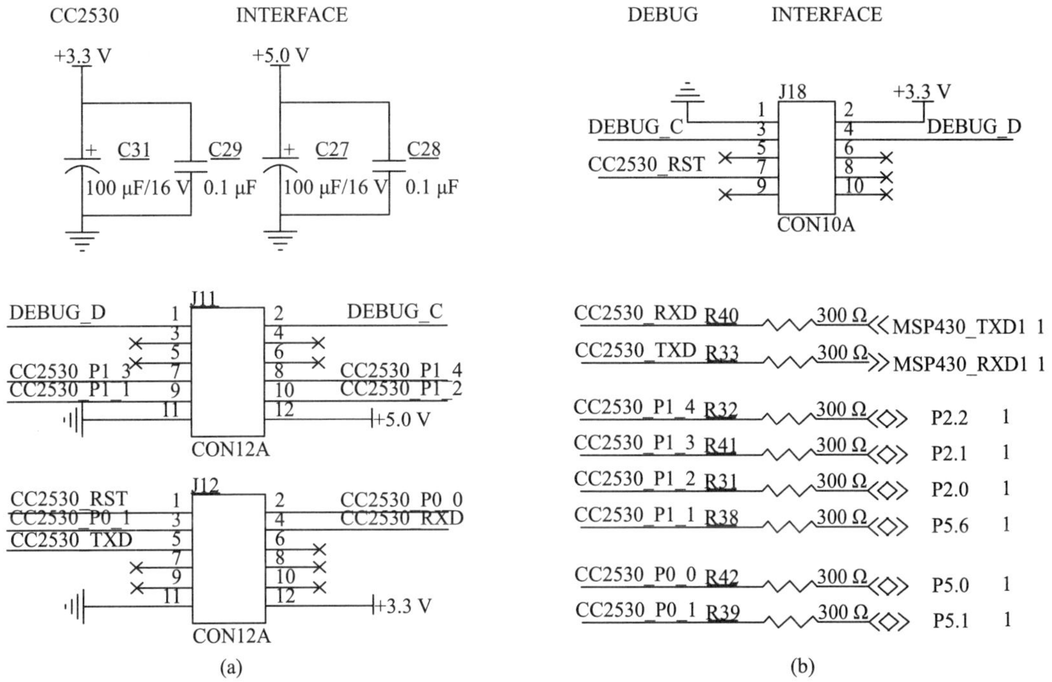

图 10.17 CC2530 模块与传感器接口电路

参 考 文 献

[1]洪利,章扬,李世宝. MSP430 单片机原理与应用实例详解[M]. 北京:北京航空航天大学出版社,2010.

[2]谢楷,赵建. MSP430 系列单片机系统工程设计与实践[M]. 北京:机械工业出版社,2009.

[3]任保宏,徐科军. MSP430 系列单片机原理与应用[M]. 2 版. 北京:电子工业出版社,2018.